中文版
Premiere Pro CC
应用宝典

崔亚量 编著

北京日报出版社

图书在版编目（CIP）数据

中文版 Premiere Pro CC 应用宝典 / 崔亚量编著. --
北京 ：北京日报出版社, 2015.12
ISBN 978-7-5477-1982-4

Ⅰ. ①中… Ⅱ. ①崔… Ⅲ. ①视频编辑软件 Ⅳ.
①TN94

中国版本图书馆 CIP 数据核字(2015)第 314401 号

中文版 Premiere Pro CC 应用宝典

出版发行：北京日报出版社
地　　址：北京市东城区东单三条 8-16 号　东方广场东配楼四层
邮　　编：100005
电　　话：发行部：（010）65255876
　　　　　　总编室：（010）65252135-8043
网　　址：www.beijingtongxin.com
印　　刷：北京凯达印务有限公司
经　　销：各地新华书店
版　　次：2016 年 3 月第 1 版
　　　　　　2016 年 3 月第 1 次印刷
开　　本：787 毫米×1092 毫米　1/16
印　　张：32.5
字　　数：673 千字
定　　价：98.00 元(随书赠送 DVD 一张)

版权所有，侵权必究，未经许可，不得转载

前 言

1 软件简介

　　Premiere Pro CC 是美国 Adobe 公司出品的视 / 音非线性编辑软件，是视频编辑爱好者和专业人士必不可少的编辑工具，可以支持当前所有标清和高清格式的实时编辑。它提供了采集、剪辑、调色、美化音频、字幕添加、输出、DVD 刻录的一整套流程，并和其他 Adobe 软件高效集成，满足用户创建高质量作品的要求。目前，这款软件广泛应用于影视编辑、广告制作和电视节目制作中。

2 本书特色

　　全面内容：6 大篇幅内容安排＋ 22 章软件技术精解＋ 120 多个专家提醒＋ 1680 多张图片全程图解。

　　功能完备：书中详细讲解了 Premiere Pro CC 的工具、功能、命令、菜单、选项，做到完全解析、完全自学，读者可以即查即用。

　　案例丰富：2 大领域专题实战精通＋ 240 多个技能实例演练＋ 360 多分钟视频播放，帮助读者步步精通，成为影视行家！

3 本书内容

　　第 1~4 章，为软件入门篇，主要介绍了 Premiere Pro CC 快速入门的基础知识。

　　第 5~8 章，为进阶篇，主要介绍了视频编辑基本操作、管理影视素材、调整影视素材、剪辑影视素材、色彩校正技巧、图像色调控制技巧等内容。

　　第 9~11 章，为提高篇，主要介绍了设置视频特效参数、制作影视转场特效、制作精彩视频效果等内容。

　　第 12~17 章，为晋级篇，主要介绍了制作影视字幕特效、背景音乐特效等内容。

　　第 18~20 章，为精通篇，主要介绍了制作影视覆叠特效、制作影视运动效果、设置与导出视频文件等内容。

　　第 21~22 章，为实战篇，主要介绍了儿童生活相册——《快乐童年》、婚纱纪念相册——《真爱永恒》的制作。

4 作者售后

　　本书在编写的过程中，得到了柏慧等人的帮助，在此表示感谢。由于作者知识水平有限，书中难免有错误和疏漏之处，恳请广大读者批评、指正，联系邮箱：itsir@qq.com。

5 版权声明

　　本书及光盘中所采用的图片、模型、音频、视频和赠品等素材，均为所属公司、网站或个人所有，本书引用仅为说明（教学）之用，绝无侵权之意，特此声明。

编者

内容提要

本书是一本 Premiere Pro CC 学习宝典，全书通过 240 多个实战案例，以及 360 多分钟全程同步语音教学视频，帮助读者从入门、进阶、精通软件，到成为应用高手！

书中内容包括：了解视频编辑、掌握影视文件格式、Premiere Pro CC 基础入门、Premiere Pro CC 基本操作、添加剪辑影视媒体素材、调整影视素材的技巧、视频的色彩校正技巧、图像色调的调整技巧、编辑与设置转场效果、制作影视转场特效、制作精彩视频特效、编辑与设置视频字幕、填充与描边视频字幕、创建与制作字幕特效、基础操作音频文件、处理与制作音频特效、制作音频特效技巧、制作影视覆叠特效、制作视频运动效果、设置与导出视频文件、制作儿童生活相册——《快乐童年》、制作婚纱纪念相册——《真爱永恒》。

本书结构清晰、语言简洁，适合 Premiere Pro CC 的初级读者阅读，既可作为影视广告设计和影视后期制作的广大从业人员的必备工具书，又可以作为高等院校动画影视相关专业的辅导教材。

CONTENTS 目录

了解视频编辑

学习提示

　　使用 Premiere Pro CC 非线性影视编辑软件编辑视频和音频文件之前，首先需要了解视频相关的基础，如了解视频编辑术语、认识线性与非线性编辑、掌握非线性剪辑软件、了解 EDIUS 应用领域以及掌握素材的获取途径等内容，从而为用户制作绚丽的影视作品奠定良好的基础，通过本章的学习，读者可以掌握视频编辑知识。

本章重点

- 掌握视频编辑术语常识
- 掌握视频编辑的过程
- 掌握视频编辑的类型
- 掌握数字视频相关知识
- 掌握蒙太奇的合成

1.1 掌握视频编辑术语常识

学习 Premiere Pro CC 软件之前，用户必须先了解这个软件编辑视频时的基础知识，以及一些专业术语内容。在 Premiere Pro CC 中，视频编辑的常用术语包括 8 种，如剪辑、帧和场、分辨率、获取与压缩、"数字 / 模拟"转换器、电视制式以及复合视频信号等，只有了解这些影视编辑专业术语基础知识，才能更好的掌握 Premiere Pro CC 软件的精髓之处。

本节主要向读者详细介绍影视编辑专业术语的基础知识，希望读者熟练掌握本节内容。

1.1.1 了解剪辑

剪辑，即将影片制作中所拍摄的大量素材，经过选择、取舍、分解与组接，最终完成一个连贯流畅、含义明确、主题鲜明并有艺术感染力的作品。剪辑既是影片制作工艺过程中一项必不可少的工作，也是影片艺术创作过程中所进行的最后一次再创作。剪辑可以说是视频编辑中最常提到的专业术语，一部完整的好电影通常都需要经过无数的剪辑操作，才能完成。

视频剪辑技术在发展过程中也经历了几次变革，最初的传统影像剪辑采用的是机械和电子剪辑两种方式。机械剪辑是指直接性的对胶卷或者录像带进行物理的剪辑，并重新连接起来。因此，这种剪辑相对比较简单，也容易理解。随着磁性录像带的问世，这种机械剪辑的方式逐渐显现出其缺陷，因为剪辑录像带上的磁性信息除了需要确定和区分视频轨道的位置外，还需要精确切割两帧视频之间的信息，这就增加了剪辑操作的难度。电子剪辑的问世，让这一难题得到了解决。电子剪辑也称为线性录像带电子剪辑，它通过按新的顺序重新录制信息过程。

好的影视作品不单单是故事情节好，还要从剪辑的角度来表现，只有剪辑得生动多彩，才能体现一部作品的优秀。视频剪辑就是组接一系列拍好的镜头，每个镜头必须经过剪裁，才能融合为一部影片。当我们对影片进行剪辑的时候，要充分地考虑到编导的意图和影片的风格，遇到风格和内容相悖的时候，一定要尊重内容，不要出现跑题的现象。在剪辑的过程中会遇到许多镜头都舍不得剪掉的情况，这时候就是考验创作者的时候了，再好的剪辑风格也要符合剧情的发展，要理清故事的发展情节，要取其精华，只有这样才能保证剪辑工作的顺利进行。

1.1.2 了解帧和场

帧是视频技术常用的最小单位，一帧是由两次扫描获得的一幅完整图像的模拟信号，视频信号的每次扫描称为场。视频信号扫描的过程是从图像左上角开始，水平向右到达图像右边后迅速返回左边，并另起一行重新扫描。这种从一行到另一行的返回过程称为水平消隐。每一帧扫描结束后，扫描点从图像的右下角返回左上角，再开始新一帧的扫描。从右下角返回左上角的时间间隔称为垂直消隐。一般行频表示每秒扫描多少行，场频表示每秒扫描多少场，帧频表示每秒扫描多少帧。

1.1.3 了解分辨率

分辨率即帧的大小，表示单位区域内垂直和水平的像素数值，一般单位区域中像素数值越大，图像显示越清晰，分辨率也就越高。分辨率是屏幕画面的精密度，是指显示器所能显示的像素的多少。由于屏幕上的点、线和面都是由像素组成的，显示器可显示的像素越多，画面就越精细，同样的屏幕区域内能显示的信息也越多，所以分辨率是个非常重要的性能指标之一。可以把整个画面想象成是一个大型的棋盘，而分辨率的表示方式就是所有经线和纬线交叉点的数目。不同电视制式的不同分辨率，用途也会有所不同。

1.1.4　了解获取与压缩

　　获取是将模拟的原始影像或声音素材数字化，并通过软件存入电脑的过程，比如拍摄电影的过程就是典型的实时获取。压缩是用于重组或删除数据以减小剪辑文件尺寸的特殊方法。在压缩影像文件时，可在第一次获取到计算机时进行压缩，或者在 EDIUS 7 中进行编辑时再压缩。由于数字视频原有的容量占用空间十分庞大，因此为了方便传送与播放，压缩视频是所有视频编辑者必须掌握的技术。

1.1.5　Quick Time

　　Quick Time 是一款拥有强大的多媒体技术的内置媒体播放器，可让用户以各式各样的文件格式观看互联网视频、高清电影预告片和个人媒体作品，更可让用户以非比寻常的高品质欣赏这些内容。QuickTime 不仅仅是一个媒体播放器，而且是一个完整的多媒体架构，可以用来进行多种媒体的创建、生产和分发，并为这一过程提供端到端的支持，包括媒体的实时捕捉、以编程的方式合成媒体、导入和导出现有的媒体、还有编辑和制作、压缩、分发以及用户回放等多个环节。

　　QuickTime 是一个跨平台的多媒体架构，可以运行在 Mac OS 和 Windows 系统上，如图 1-1 所示。它的构成元素包括一系列多媒体操作系统扩展（在 Windows 系统上实现为 DLL），一套易于理解的 API，一种文件格式，以及一套诸如 QuickTime 播放器、QuickTime ActiveX 控件、QuickTime 浏览器插件这样的应用程序。

图 1-1 QuickTime 播放器

1.1.6 Video Windows

Video Windows 是由 Microsoft 公司开发的一种影像格式，俗称 AVI 电影格式。

Video Windows 有着与 Quick Time 同样能播放数字化电影的功能。Video Windows 可以在 Windows 应用程序中综合声音、影像以及动画。AVI 电影也是一种在个人计算机上播放的数字化电影。

1.2 掌握数字视频相关知识

数字视频是通过视频捕捉设备进行采集，然后将视频信号转换为帧信息，并以每秒约 30 帧的速度播放的运动画面。本节将对数字视频的相关基础知识进行讲解。

1.2.1 数字视频的概念

随着数字技术的迅猛发展，数字视频开始取代模拟视频，并逐渐成为新一代的视频应用标准，现在已广泛应用于商业和网络的传播中。

数字视频就是以数字形式记录的视频，和模拟视频相对的。数字视频有不同的产生方式、存储方式和播出方式，主要用摄像机之类的视频捕捉设备，将外界影像的颜色和亮度信息转变为电信号，再记录到储存介质（如录像带）。

熟悉模拟信号与数字信号的差别后，数字视频的概念就变得很好理解了。数字视频就是使用数字信号来记录、传输、编辑以及修改的视频数据。

1.2.2 模拟信号的概念

模拟信号是指在时间和数值上都是连续且不断变化的信号。模拟信号是指信息参数在给定范围内表现为连续的信号，或在一段连续的时间间隔内，其代表信息的特征量可以在任意瞬间呈现为任意数值的信号。模拟信号的幅度、频率及相位都会随着时间发生变化，如声音信号、图形信号等，如图 1-2 所示。

图 1-2 模拟信号

1.2.3　数字信号的概念

　　数字信号的幅值波形幅度被限制在有限的个数内。数字信号不会受到强烈的干扰，而且有着便于储存、处理和交换，其安全性和设备的集成化等优点。由于数字信号的幅值有限，因此在传输过程中也会受到干扰。然而，数字信号只需要在适当的距离即可重新生成无噪声干扰的数字信号波形，如图 1-3 所示。

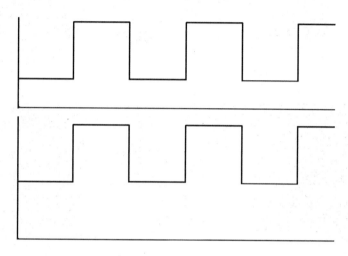

图 1-3　数字信号

1.2.4　数字视频的发展

　　数字视频的发展与计算机的处理能力密切相关。

　　自 20 世纪 40 年代计算机诞生以来，计算机大约经历了计算机阶段、数据处理阶段以及多媒体阶段 3 个发展阶段，下面将对这个 3 个发展阶段进行介绍。

　　＊ 计算机阶段：计算机刚刚问世不久，主要用于科学与工程技术中。因此，40 年代的电脑仅能处理数值数据。

　　＊ 数据处理阶段：随着字符发生器的诞生，计算机不但能处理简单的数值，还可以表示和处理字幕及各类符号。从此，计算机的应用领域得到了进一步扩展。

　　＊ 多媒体阶段：随着各种图形、图像和语音设备的问世，计算机逐渐步进入了突破性的多媒体时代。在这一阶段中，电脑可以直接、生动地传达相关媒体信息，因此多媒体时代是推动数字视频的重要时期。

　专家指点

　　数字视频是对模拟视频信号进行数字化后的产物，是基于数字技术记录视频信息的。

1.2.5　画面运动的原理

　　人们所看到的视频本身是一些静止的图像，当这些静止的图片快速在人们眼中快速、连续的播放时，人们眼中便会出现视觉停留的现象。

　　由于物体影像会在人的视网膜上停留 0.1 ～ 0.4 秒，因此导致视觉停留时间不同的原因在于物体的运动速度和每个人之间的个体差异，如图 1-4 所示。

图 1-4 画面运动原理

1.2.6 音频压缩标准

音频信号是多媒体信息的重要组成部分。音频压缩标准主要是指将占用空间容量较大的音频文件进行压缩操作，以节省空间。

数字音频压缩技术标准分为电话语音压缩、调幅广播语音压缩和调频广播及 CD 音质的宽带音频压缩 3 种。

电话（200Hz~3.4kHz）语音压缩标准主要有 ITU 的 G.722（64kb/s）、G.721（32kb/s）、G.728（16kb/s）和 G729（8kb/s）等建议，用于数字电话通信。

调幅广播（50Hz~7kHz）语音压缩标准主要采用 ITU 的 ITU722（64kb/s）建议，用于优质语音、音乐、音频会议和视频会议等。

调频广播（20Hz~15kHz）及 CD 音质（20Hz~20kHz）的宽带音频压缩标准主要采用 MPPEG-1 或 MPEG-2 双杜比 AC-3 等建议，用于 CD、MD、MPC、VCD、DVD、HDTV 和电影配音。

1.2.7 视频压缩标准

由于数字视频原有的形式占用空间十分庞大，因此为了方便传送和视频播放的便捷，人们开始压缩数字视频。

数字视频的压缩技术采用的是特殊的记录方式保存数字视频信号，使用最多的数字视频压缩标准为 MPEG 标准。

MPEG 标准是由 ISO 国际标准化组织所制定并发布的视频、音频以及数据压缩技术，为存储高清晰度的视频数据奠定了坚实的基础。

专家指点

目前，使用较多的数字视频压缩技术除了 MPEG 外，还有一种 H.26X 的压缩技术，这种技术可以让用户获得更为清晰的高质量视频画面。

1.2.8 数字视频的分辨率

像素是组成画面的最小单位，通常一个像素点中由"红"、"绿"、"蓝"3 个颜色点组成，分辨率是指屏幕上像素的数量。

像素和分辨率都是影响每幅画面清晰程度的重要因素。因此，分辨率越大、像素数量越多，则视频画面的清晰度就越高，如图 1-5 所示。

图 1-5 分辨率高的照片与分辨率低的视频画面

专家指点

每个像素内不同颜色点之间的强弱比例，可以控制画面最终的颜色。通过对红、绿、蓝 3 个不同颜色因子的控制，像素点可以在显示设备中显示出任何颜色。

1.2.9 数字视频的颜色深度

颜色深度是指最多支持的颜色种类，一般用"位"来描述。

不同格式的图像呈现出的颜色种类会有所不同，如 GIF 格式图片所支持的是 256 种颜色，则需要使用 256 个不同的数值来表示不同的颜色，即从 0 到 255。

　　颜色深度越小，色彩的鲜艳度就相对较低，如图 1-6 所示；反之，颜色的深度越大，图片占用的空间也会越大，色彩的鲜艳度也会越高，如图 1-7 所示。

专家指点

　　剪辑工作的基本流程如下。

　　准备工作：（1）熟悉素材并修改拍摄提纲。（2）准备设备。（3）与有关人员进行协商。（4）整理素材。

　　剪辑阶段：（1）纸上剪辑（编辑设想）。（2）初剪。（3）精剪。

　　检查阶段：（1）检查意义表达。（2）检查画面。（3）检查声音。

图 1-6 颜色深度低的图像　　　　　　　　图 1-7 颜色深度高的图像

1.3　掌握视频编辑的过程

　　一段完整的视频需要经过烦琐的编制过程，包括取材、整理与策划、剪辑与编辑、后期加工、添加字幕以及后期配音等。本节将介绍视频制作过程的基础知识。

1.3.1　取材

　　所谓的取材可以简单的理解为收集原始素材或收集未处理的视频及音频文件。在进行视频取材时，用户可以通过录像机、数码相机、扫描仪以及录音机等数字设备进行收集。图 1-8 所示为摄像机。

图 1-8 摄像机

1.3.2 整理与策划

使用整理和策划,可以制作出一个完美的视频片段的思路,下面将介绍整理与策划的基础内容。

当拥有了众多的素材文件后,用户需要做的第一件事就是整理杂乱的素材,并将其策划出来。策划是一个简单的编剧过程,一部影视节目往往需要从剧本编写到分镜头脚本的编写,最终到交付使用或放映。相对影视节目来说,家庭影视在制作过程中会显得随意一些。

1.3.3 剪辑与编辑

视频的剪辑与编辑是整个制作过程中最重要的一个项目。

剪辑(Film Editing),即将影片制作中所拍摄的大量素材,经过选择、取舍、分解与组接,最终完成一个连贯流畅、含义明确、主题鲜明并有艺术感染力的作品。

视频的剪辑与编辑决定着最终的视频效果,如图 1-9 所示。因此,用户除了需要拥有充足的素材外,还要对视频编辑软件有一定的熟练程度。

图 1-9 剪辑效果图

专家指点

在学习剪辑与编辑影视时,用户需要对蒙太奇的概念有所了解。蒙太奇(Montage)在法语是"剪接"的意思,可解释为有内涵的跨越时空的拼贴剪辑手法。当不同的镜头拼接在一起时,往往又会产生各个镜头单独存在时所不具有的含义,可以称蒙太奇为画面与声音的语言。

1.3.4 后期加工

后期加工主要是指在制作完视频的简单编辑后,对视频进行一些特殊的编辑操作。经过了剪辑和编辑后,用户可以为视频添加一些特效和转场动画,这些后期加工可以增加视频的艺术效果,如图 1-10 所示。

专家指点

在影视的后期制作与剪辑中，Premiere 占据重要的地位，被人们用来剪辑、合成视频片段，以及制作简单的后期特效等，运用 Premiere 在后期制作中，还可以加入声音，以及渲染输出多种格式的视频文件等。

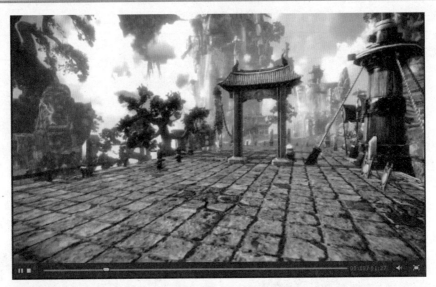

图 1-10 后期加工的黑白艺术画面

1.3.5 添加字幕

在制作视频时，为视频文件添加字幕效果，可以凸显出视频的主题意思。

在众多视频编辑软件中都提供了独特的文字编辑功能，用户可以展现自己的想象空间，利用这些工具添加各种字幕效果，如图 1-11 所示。

图 1-11 字幕效果图

1.3.6 后期配音

摄制组工作的后期阶段是将记录在胶片上的每一个镜头由导演、剪接师经心筛选与取舍后，按一场戏、一场戏地顺序组接起来，形成画面连接的半成品；再由导演和录音师把各场戏的对白（角色所说的话）、效果、音响、音乐（包括电影中的歌曲）等录制在磁片上，经混合录制成各种音响连接的另一半成品；最后经由摄影师对组接好的画面进行配光、调色等工艺处理，然后把全部音响以光学手段混合录制在画面的胶片上，成为一部成品，即完成拷贝。此时影片的全部制作才算完成。

后期配音是指为影片或多媒体加入声音的过程。大多数视频制作都会将配音放在最后一步，这样可以节省很多不必要的重复工作。音乐的加入可以很直观传达视频中的情感和氛围。

1.4 掌握蒙太奇的合成

"蒙太奇"的原意为文学、音乐与美术的结合，在影视中表示的是一种将影片内容展现给观众的一种叙述手法和表现形式。本节将对蒙太奇、镜头组接规律以及镜头组接节奏等基础知识。

1.4.1 蒙太奇的含义

蒙太奇在影视编辑领域中被划分为狭义和广义两种。

从狭义的蒙太奇来讲，蒙太奇指的就是在后期制作过程中将镜头画面、以及色彩等元素组合、编排，从而构成一步影视作品。

 专家指点

蒙太奇的功能主要如下：

通过镜头、场面、段落的分切与组接，对素材进行选择和取舍，以使表现内容主次分明，达到高度的概括和集中。

引导观众的注意力，激发观众的联想。每个镜头虽然只表现一定的内容，但组接一定顺序的镜头，能够规范和引导观众的情绪和心理，启迪观众思考。

创造独特的影视时间和空间。每个镜头都是对现实时空的记录，经过剪辑，实现对时空的再造，形成独特的影视时空。

1.4.2 表现蒙太奇

制作悬念便是蒙太奇思想的一种常见的表现形式，也是当代影视作品吸引观众注意力、激发观众联想的最常用的技巧之一。

表现蒙太奇又称为列蒙太奇，是根据画面的内在联系，通过画面与画面及画面与声音之间的变化和冲击，造成单个画面本身无法产生的概念与寓意，激发观众联想。表现蒙太奇分为并列式、交叉式、比喻式以及象征式。图 1-12 和图 1-13 所示为比喻式和象征式蒙太奇。

图 1-12 比喻式蒙太奇　　　　　　　　　　　　图 1-13 象征式蒙太奇

1.4.3　叙述蒙太奇

叙述蒙太奇分为顺叙、倒叙、插叙以及分叙等多种类型。

叙述蒙太奇是按照事物的发展规律、内在联系以及时间顺序，把不同的镜头连接在一起，叙述一个情节，展示一系列事件的剪接方法。

1.4.4　镜头组接规律概念

为了能够更加明确地向观众表达出作者的思想和信息，组接镜头必须要符合观众的思维方式以及影片的表现规律。

一般来说，拍摄一个场景的时候，景的发展不宜过分剧烈，否则就不容易连接起来。相反，景的变化不大，同时拍摄角度变换亦不大，拍出的镜头也不容易组接。由于以上原因，在拍摄的时候景的发展变化需要采取循序渐进的方法。循序渐进地变换不同视觉距离的镜头，可以造成顺畅的连接，形成了各种蒙太奇句型。

专家指点

在影视创作中，摇镜头可以用于介绍环境、人物的运动、主观视线的转移以及人物内心的感受等。

1.4.5　前进式句型

前进式句型是指景物由远景、全景向近景以及特写过渡。前进式句型用来表现由低沉到高昂向上的情绪和剧情的发展，如图 1-14 所示。

图 1-14 前进式句型

用户在组接前进式句型镜头的时候，如果遇到同一机位、同一景别又是同一主体的画面是不能进行组接的，因为这样的镜头组接在一起看起来很雷同。

 专家指点

如果镜头之间主体运动不连贯，或者画面之间有停顿，则必须在前一个镜头内完成一套动作，才能组接下一个镜头。

1.4.6　后退式句型

后退式句型是与前进式句型相反的一种表现形式。

后退式句型表示由高贵到低沉、压印的情绪，在影片中表现细节到扩展的全部，如图 1-15 所示。

 专家指点

前进式句型和后退式句型一般采用五段式、三段式、两级式三种形式：（1）五段式：远景、全景、中景、近景、特写。（2）三段式：远景、中景、特写。（3）两级式：用表现同一主体的两个景别跨度很大的镜头组接在一起，如远景、大全景接特写。

图 1-15 后退式句型

1.4.7 循环式句型

循环式句型是把前进式和后退式的句子结合在一起使用。

循环式句型由"全景→中景→近景→特写",再由"特写→近景→中景→远景",如图 1-16 所示,甚至还可以反过来运用。它从揭示事物的发展规律上是从宏观到微观,又从微观到宏观的认识事物的方法,或者相反。但从哲学意义上,并不是简单的回归,而是对客观事物从表象到本质的更深刻的认识。主要表现情绪由低沉到高昂,再由高昂转向低沉,这类的句型一般在影视故事片中较为常用。

图 1-16 循环式句型

1.4.8 镜头组接节奏

　　镜头组接节奏是指通过演员的表演、镜头的转换和运动等因素，让观众直观地感受到人物的情绪、剧情的跌宕起伏、环境气氛的变化。

　　影片内每一个镜头的组接都需要以影片内容为出发点，并在此基础的前提下调整或控制影片的节奏，如图 1-17 所示。

图 1-17 镜头组接

　　处理影片节目的任何一个情节或一组画面，都是从影片表达的内容出发来处理节奏问题。如果在一个宁静祥和的环境里用了快节奏的镜头转换，就会使得观众觉得突兀跳跃，心理难以接受。然而在一些节奏强烈，激荡人心的场面中，就应该考虑到种种冲击因素，使镜头的变化速度与观众的心理要求一致，以增强观众的激动情绪达到吸引和模仿的目的。

1.5 掌握视频编辑的类型

　　在影视视频编辑的发展过程中，先后出现了线性编辑和非线性编辑两个编辑方式。本节主要介绍影视编辑的两种类型。

1.5.1 线性编辑

　　线性编辑是利用电子手段，按照播出节目的需求对原始素材进行顺序剪接处理，最终形成新的连续画面。

　　线性编辑是指源文件从一端进来做标记、分割和剪辑，然后从另一端出去。该编辑的主要特点是录像带必须按照顺序进行编辑。

线性编辑的优点是技术比较成熟，操作相对比较简单。线性编辑可以直接、直观地对素材录像带进行操作，因此操作起来较为简单。

线性编辑系统所需的设备也为编辑过程带来了众多的不便，全套的设备不仅需要投放较高的资金、而且设备的连线多，故障发生也频繁，维修起来更是比较复杂。这种线性编辑技术的编辑过程只能按时间顺序进行编辑，无法删除、缩短以及加长中间某一段的视频。

1.5.2 非线性编辑

非线性编辑的实现主要靠软硬件的支持，两者的组合便称之为非线性编辑系统。

随着计算机软硬件的发展，非线性编辑借助计算机软件数字化的编辑，几乎将所有的工作都在计算机中完成。这不仅节省了众多外部设备和故障的发生频率，更是突破了单一事件顺序编辑的限制。

非线性编辑是指应用计算机图形、图像技术等，在计算机中对各种原始素材进行编辑操作，并将最终结果输出到电脑硬盘、光盘以及磁带等记录设备上的这一系列完整工艺过程。一个完整的非线性编辑系统主要由计算机、视频卡（或 IEEE1394 卡）、声卡、高速硬盘、专用特效卡以及外围设备构成，如图 1-18 所示。

图 1-18 非线性编辑系统

相比线性编辑，非线性编辑的优点与特点主要集中在素材的预览、编辑点定位、素材调整的优化、素材组接、素材复制、特效功能、声音的编辑以及视频的合成等。

专家指点

就目前的计算机配置来讲，一台家用电脑添加一张 IEEE1394 卡，在配合 Premiere Pro 这类专业的视频编辑软件，就可以构成一个非线性编辑系统。

掌握影视文件格式

学习提示

　　本章主要向读者介绍了 Premiere Pro CC 软件所支持的图像格式、视频格式以及音频格式，掌握这些格式之后用户可以很好地选用 Premiere Pro CC 视频素材。

本章重点

- 了解支持的图像格式
- 了解支持的音频格式
- 了解支持的视频格式

2.1 了解支持的图像格式

在 Premiere Pro CC 软件中，支持多种类型的图像格式，用户可以将需要的图像格式导入到时间线面板的视频轨道中。EDIUS 支持的图像格式包括 JPEG 格式、PNG 格式、BMP 格式、GIF 格式以及 TIF 格式等，本节将向读者进行简单介绍。

2.1.1 JPEG 格式

JPEG（Joint Photographic Experts Group）是在国际标准化组织（ISO）领导之下制定静态图像压缩标准的委员会，第一套国际静态图像压缩标准 ISO 10918-1（JPEG）就是该委员会制定的。由于 JPEG 优良的品质，使它在短短几年内获得了成功，被广泛应用于互联网和数码相机领域，网站上 80% 的图像都采用了 JPEG 压缩标准。

JPEG 格式是一种有损压缩格式，能够将图像压缩在很小的储存空间，图像中重复或不重要的资料会被丢失，因此容易造成图像数据的损伤。尤其是使用过高的压缩比例，将使最终解压缩后恢复的图像质量明显降低，如果追求高品质图像，不宜采用过高压缩比例。

但是 JPEG 压缩技术十分先进，它用有损压缩方式去除冗余的图像数据，在获得极高的压缩率的同时能展现十分丰富生动的图像，换句话说，就是可以用最少的磁盘空间得到较好的图像品质。而且 JPEG 是一种很灵活的格式，具有调节图像质量的功能，允许用不同的压缩比例对文件进行压缩，支持多种压缩级别，压缩比率通常在 10:1 到 40:1 之间，压缩比越大，品质就越低；相反地，品质就越高。

JPEG 格式的应用非常广泛，特别是在网络和光盘读物上，都能找到它的身影。各类浏览器均支持 JPEG 这种图像格式，因为 JPEG 格式的文件尺寸较小，下载速度快。如图 2-1 所示。

图 2-1 JPEG 图像画质

2.1.2　PNG 格式

PNG 图像文件存储格式的目的是试图替代 GIF 和 TIFF 文件格式，同时增加一些 GIF 文件格式所不具备的特性。可移植网络图形格式（Portable Network Graphic Format，PNG）名称来源于非官方的"PNG's Not GIF"，是一种位图文件（Bitmap File）存储格式，读成"ping"。

PNG 用来存储灰度图像时，灰度图像的深度可多到 16 位，存储彩色图像时，彩色图像的深度可多到 48 位，并且还可存储多到 16 位的通道数据。PNG 使用从 LZ77 派生的无损数据压缩算法。一般应用于 JAVA 程序中，或网页或 S60 程序中是因为它压缩比高，生成文件容量小。PNG 格式具有许多特性，下面进行简单介绍。

＊ 体积小。网络通讯中因受带宽制约，在保证图片清晰、逼真的前提下，网页中不可能大范围的使用文件较大的 bmp、jpg 格式文件。

＊ 无损压缩。PNG 文件采用 LZ77 算法的派生算法进行压缩，其结果是获得高的压缩比，不损失数据。它利用特殊的编码方法标记重复出现的数据，因而对图像的颜色没有影响，也不可能产生颜色的损失，这样就可以重复保存而不降低图像质量。

＊ 索引彩色模式。PNG-8 格式与 GIF 图像类似，同样采用 8 位调色板将 RGB 彩色图像转换为索引彩色图像。图像中保存的不再是各个像素的彩色信息，而是从图像中挑选出来的具有代表性的颜色编号，每一编号对应一种颜色，图像的数据量也因此减少，这对彩色图像的传播非常有利。

＊ 更优化的网络传输显示。PNG 图像在浏览器上采用流式浏览，即使经过交错处理的图像会在完全下载之前提供浏览者一个基本的图像内容，然后再逐渐清晰起来。它允许连续读出和写入图像数据，这个特性很适合于在通信过程中显示和生成图像。

＊ 支持透明效果。PNG 可以为原图像定义 256 个透明层次，使得彩色图像的边缘能与任何背景平滑地融合，从而彻底地消除锯齿边缘，这种功能是 GIF 和 JPEG 没有的。

＊ PNG 同时还支持真彩和灰度级图像的 Alpha 通道透明度。

2.1.3　BMP 格

BMP（全称 Bitmap）是 Windows 操作系统中的标准图像文件格式，可以分成两类：设备相关位图（DDB）和设备无关位图（DIB），使用非常广。它采用位映射存储格式，除了图像深度可选以外，不采用其他任何压缩。因此，BMP 文件所占用的空间很大。BMP 文件的图像深度可选 1bit、4bit、8bit 及 24bit。BMP 文件存储数据时，图像的扫描方式是按从左到右、从下到上的顺序。由于 BMP 文件格式是 Windows 环境中交换与图有关的数据的一种标准，因此在 Windows 环境中运行的图形图像软件都支持 BMP 图像格式。

2.1.4　PCX 格式

PCX 是最早支持彩色图像的一种文件格式，现在最高可以支持 256 种颜色。

PCX 格式的图像文件由文件头和实际图像数据构成。文件头由 128 字节组成，描述版本信息和图像显示设备的横向、纵向分辨率以及调色板等信息，在实际图像数据中，表示图像数据类型和彩色类型。PCX 图像文件中的数据都是用 PCXREL 技术压缩后的图像数据。

2.1.5 GIF 格式

GIF（Graphics Interchange Format）的原义是"图像互换格式"，是 CompuServe 公司在 1987 年开发的图像文件格式。GIF 文件的数据，是一种基于 LZW 算法的连续色调的无损压缩格式。其压缩率一般在 50% 左右，它不属于任何应用程序。目前几乎所有相关软件都支持它，公共领域有大量的软件在使用 GIF 图像文件。GIF 图像文件的数据是经过压缩的，而且是采用了可变长度等压缩算法。GIF 格式的另一个特点是其在一个 GIF 文件中可以存多幅彩色图像，如果把存于一个文件中的多幅图像数据逐幅读出并显示到屏幕上，就可构成一种最简单的动画。

GIF 格式自 1987 年由 CompuServe 公司引入后，因其体积小而成像相对清晰，特别适合于初期慢速的互联网，而从此大受欢迎。它采用无损压缩技术，只要图像不多于 256 色，则可既减少文件的大小，又保持成像的质量（当然，现在也存在一些 hack 技术，在一定的条件下克服 256 色的限制，具体参见真彩色）。然而，256 色的限制大大局限了 GIF 文件的应用范围，如彩色相机等（当然采用无损压缩技术的彩色相机照片亦不适合通过网络传输）。另一方面，在高彩图片上有着不俗表现的 JPG 格式却在简单的折线上效果难以让人满意。因此，GIF 格式普遍适用于图表、按钮等等只需少量颜色的图像（如黑白照片）。

2.1.6 TIFF 格式

TIFF 格式为图像文件格式，此图像格式复杂，存储内容多，占用存储空间大，其大小是 GIF 图像的 3 倍，是相应的 JPEG 图像的 10 倍，最早流行于 Macintosh，现在 Windows 主流的图像应用程序都支持此格式。

TIFF 与 JPEG 和 PNG 一起成为流行的高位彩色图像格式。TIFF 格式在业界得到了广泛的支持，如 Adobe 公司的 Photoshop、Jasc 的 GIMP、Ulead PhotoImpact 和 Paint Shop Pro 等图像处理应用、QuarkXPress 和 Adobe InDesign 这样的桌面印刷和页面排版应用，扫描、传真、文字处理、光学字符识别和其他一些应用等都支持这种格式。从 Aldus 获得了 PageMaker 印刷应用程序的 Adobe 公司现在控制着 TIFF 规范。TIFF 文件格式适用于在应用程序之间和计算机平台之间的交换文件，它的出现使得图像数据交换变得简单。

TIFF 最初的设计目的是为了 1980 年代中期桌面扫描仪厂商达成一个公用的统一的扫描图像文件格式，而不是每个厂商使用自己专有的格式。在刚开始的时候，TIFF 只是一个二值图像格式，因为当时的桌面扫描仪只能处理这种格式，随着扫描仪的功能越来越强大，并且计算机的磁盘空间越来越大，TIFF 逐渐支持灰阶图像和彩色图像。

TIFF 是最复杂的一种位图文件格式。TIFF 是基于标记的文件格式，它广泛地应用于对图像质量要求较高的图像的存储与转换。由于它的结构灵活和包容性大，它已成为图像文件格式的一种标准，绝大多数图像系统都支持这种格式。

2.1.7 TGA 格式

TGA 属于一种图形、图像数据的通用格式，在多媒体领域有很大影响，是计算机生成图像向电视转换的一种首选格式。

TGA（Targa）格式是计算机上应用最广泛的图像格式，在兼顾了 BMP 的图像质量的同时又兼顾了 JPEG 的体积优势，并且还有自身的特点：通道效果、方向性。TGA 在 CG 领域常作为影视动画的序列输出格式，因为兼具体积小和效果清晰的特点。

TGA 格式（Tagged Graphics）是由美国 Truevision 公司为其显示卡开发的一种图像文件格式，文件后缀为 ".tga"，已被国际上的图形、图像工业所接受。TGA 的结构比较简单，属于一种图形、图像数据的通用格式，在多媒体领域有很大影响，是计算机生成图像向电视转换的一种首选格式。TGA 图像格式最大的特点是可以做出不规则形状的图形、图像文件，一般图形、图像文件都为四方形，若需要有圆形、菱形甚至是缕空的图像文件时，TGA 可就派上用场了。TGA 格式支持压缩，使用不失真的压缩算法，其图像画质如图 2-2 所示。

图 2-2 TGA 图像画质

2.1.8 EXIF 格式

EXIF 的图像格式是 1994 年富士公司提倡的数码相机图像文件格式，其实与 JPEG 格式相同。

EXIF 格式就是在 JPEG 格式头部插入了数码照片的信息，包括拍摄时的光圈、快门、白平衡、ISO、焦距、日期时间等各种和拍摄条件以及相机品牌、型号、色彩编码、拍摄时录制的声音以及全球定位系统（GPS）、缩略图等。简单地说，EXIF ＝ JPEG ＋拍摄参数。因此，用户可以利用任何可以查看 JPEG 文件的看图软件浏览 EXIF 格式的照片，但并不是所有的图形程序都能处理 EXIF 信息。

2.1.9 FPX 格式

FPX 是一个拥有多重分辨率的影像格式，即影像被存储成一系列高低不同的分辨率。

FPX 格式的好处是当影像被放大时仍可维持影像的质量。另外，当修饰 FPX 影像时，只会处理被修饰的部分，不会把整幅影像一并处理，从而减小处理器及记忆体的负担，使影像处理时间减少。

2.1.10 PSD 格式

　　PSD 文件格式是 Photoshop 图像处理软件的专用文件格式，可以支持图层、通道、蒙板和不同色彩模式的各种图像特征。

　　PSD/PDD 是 Adobe 公司的图形设计软件 Photoshop 的专用格式。PSD 文件可以存储成 RGB或 CMYK 模式，还能够自定义颜色数并加以存储，还可以保存 Photoshop 的图层、通道、路径等信息，是目前唯一能够支持全部图像色彩模式的格式。PSD 文件的体积庞大，在大多平面软件内部可以通用（如 CDR、AI.、AE 等），另外在一些其他类型编辑软件内也可使用，例如 OFFICE系列。由于 PSD 格式的图像文件很少为其他软件和工具所支持，所以在图像制作完成后，通常需要转化为一些比较通用的图像格式，以便于输出到其他软件中继续编辑。PSD 格式的图像画质如图 2-3 所示。

图 2-3 PSD 图像画质

2.1.11 CDR 格式

　　CDR 是绘图软件 CorelDraw 的专用图形格式。由于 CorelDraw 是矢量图形绘制软件，所以CDR 可以记录文件的属性、位置和分页等。

　　CDR 文件属于 CorelDraw 专用文件存储格式，必须使用匹配软件才能打开浏览，用户需要安装 CorelDraw 相关软件后才能打开该图形文件。但 CDR 格式的兼容性比较差，所以只能在CorelDraw 应用程序中使用，其他图像编辑软件均不能打开此类文件。

2.2 了解支持的视频格式

　　数字视频是用于压缩图像和记录声音数据及回放过程的标准，同时包含了 DV 格式的设备和数字视频压缩技术本身。

在视频捕获的过程中，必须通过特定的编码方式对数字视频文件进行压缩，在尽可能地保证影像质量的同时，有效地减小文件大小，否则会占用大量的磁盘空间，对数字视频进行压缩编码的方法有很多，也因此产生了多种数字视频格式。本节主要向读者介绍在 Premiere Pro CC 中支持的视频格式。

2.2.1 AVI 格式

AVI 英文全称为 Audio Video Interleaved，即音频视频交错格式，是将语音和影像同步组合在一起的文件格式。它对视频文件采用了一种有损压缩方式，但压缩比较高，因此尽管画面质量不是太好，但其应用范围仍然非常广泛。AVI 支持 256 色和 RLE 压缩，AVI 信息主要应用在多媒体光盘上，用来保存电视、电影等各种影像信息。

AVI 格式于 1992 年被 Microsoft 公司推出，随 Windows3.1 一起被人们所认识和熟知。所谓"音频视频交错"，就是可以将视频和音频交织在一起进行同步播放。这种视频格式的优点是可以跨多个平台使用，其缺点是体积过于庞大，而且更加糟糕的是压缩标准不统一，最普遍的现象就是高版本 Windows 媒体播放器播放不了采用早期编码编辑的 AVI 格式视频，而低版本 Windows 媒体播放器又播放不了采用最新编码编辑的 AVI 格式视频，所以用户在进行一些 AVI 格式的视频播放时常会出现由于视频编码问题而造成的视频不能播放或即使能够播放，但存在不能调节播放进度和播放时只有声音没有图像等一些莫名其妙的问题，如果用户在进行 AVI 格式的视频播放时遇到了这些问题，可以通过下载相应的解码器来解决。

AVI 格式是视频文件的主流格式，这种格式的文件随处可见，比如一些游戏、教育软件的片头、多媒体光盘中，都会有不少的 AVI 文件。

2.2.2 MJPEG 格式

MJPEG 类型的视频文件是 Motion JEPG 的简称，即动态 JPEG。MJPEG 格式以 25 帧 / 秒的速度使用 JPEG 算法压缩视频信号，完成动态视频的紧缩。

MJPEG 广泛应用于非线性编辑领域，可精确到帧编辑和多层图像处理，把运动的视频序列作为连续的静止图像来处理，这种压缩方式单独完整地压缩每一帧，在编辑过程中可随机存储每一帧，此外 MJPEG 的压缩和解压缩是对称的，可由相同的硬件和软件实现。但 MJPEG 只对帧内的空间冗余进行压缩，不对帧间的时间冗余进行压缩，故压缩效率不高。

2.2.3 MPEG 格式

MPEG（Motion Picture Experts Group）类型的视频文件是由 MPEG 编码技术压缩而成的视频文件，被广泛应用于 VCD/DVD 及 HDTV 的视频编辑与处理中。

MPEG 标准的视频压缩编码技术主要利用了具有运动补偿的帧间压缩编码技术以减小时间冗余度，利用 DCT 技术以减小图像的空间冗余度，利用熵编码则在信息表示方面减小了统计冗余度。这几种技术的综合运用，大大增强了压缩性能。

MPEG 包括 MPEG-1、MPEG-2、MPEG-4、MPEG-7 及 MPEG-21 等，下面进行简单介绍。

MPEG-1

MPEG-1 是用户接触得最多的，因为被广泛应用在 VCD 的制作及下载一些视频片段的网络上，一般的 VCD 都是应用 MPEG-1 格式压缩的（注意：VCD 2.0 并不是说 VCD 是用 MPEG-2 压缩的）。使用 MPEG-1 的压缩算法，可以把一部 120 分钟长的电影压缩到 1.2 GB 左右。

MPEG-2

MPEG-2 主要应用在制作 DVD 方面，同时在一些高清晰电视广播（HDTV）和一些高要求的视频编辑、处理上也有广泛应用。使用 MPEG-2 的压缩算法压缩一部 120 分钟长的电影，可以将其压缩到 4 ～ 8GB。

MPEG-4

MPEG-4 是一种新的压缩算法，使用这种算法的 ASF 格式可以把一部 120 分钟长的电影压缩到 300M 左右，可以在网上观看。其他的 DIVX 格式也可以压缩到 600M 左右，但其图像质量比 ASF 要好很多。

MPEG-7

MPEG-7 于 1996 年 10 月开始研究。确切来讲，MPEG-7 并不是一种压缩编码方法，其目的是生成一种用来描述多媒体内容的标准，这个标准将对信息含义的解释提供一定的自由度，可以被传送给设备和电脑程序，或者被设备或电脑程序查取。MPEG-7 并不针对某个具体的应用，而是针对被 MPEG-7 标准化了的视频元素，这些元素将支持尽可能多的各种应用。建立 MPEG-7 标准的出发点是依靠众多的视频参数对与声音文件实现分类，并对它们的数据库实现查询，就像查询文本数据库那样。

MPEG-21

MPEG 在 1999 年 10 月的 MPEG 会议上提出了"多媒体框架"的概念，同年 12 月的 MPEG 会议确定了 MPEG-21 的正式名称是"多媒体框架"或"数字视听框架"，它以将标准集成起来支持协调的技术以管理多媒体商务为目标，目的就是理解如何将不同的技术和标准结合在一起需要什么新的标准以及完成不同标准的结合工作。

2.2.4　MOV 格式

MOV 即 QuickTime 影片格式，它是 Apple 公司开发的一种音频、视频文件格式，用于存储常用数字媒体类型。当选择 QuickTime（*.mov）作为"保存类型"时，动画将保存为 .mov 文件。

QuickTime（MOV）是苹果公司提供的系统及代码的压缩包，它拥有 C 和 Pascal 的编程界面，更高级的软件可以用它来控制时基信号。应用程序可以用 QuickTime 来生成、显示、编辑、复制、压缩影片和影片数据。除了处理视频数据以外，诸如 QuickTime 3.0 还能处理静止图像、动画图像、矢量图、多音轨以及 MIDI 音乐等对象。

QuickTime 因具有跨平台、存储空间要求小等技术特点，而采用了有损压缩方式的 MOV 格式文件，画面效果较 AVI 格式要稍微好一些。到目前为止，QuickTime 共有四个版本，其中以 4.0 版本的压缩率最好，是一种优秀的视频格式。这种编码支持 16 位图像深度的帧内压缩和帧间压缩，帧率每秒 10 帧以上。这种格式有些非编软件也可以对它进行实时处理，其中包括 Premiere、会声会影、Aftereffect 和 EDIUS 等专业级非编软件。MOV 格式的视频画质如图 2-4 所示。

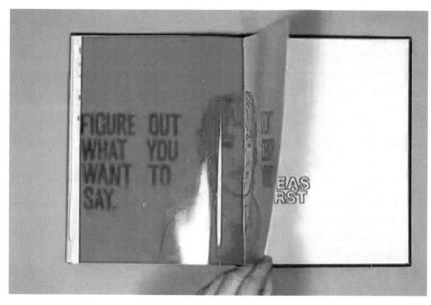

图 2-4 MOV 视频画质

2.2.5 RM/RMVB 格式

RM 格式和 RMVB 格式都是由 Real Networks 公司制定的视频压缩规范创建的文件格式。

RM 格式是 Real Networks 公司开发的一种流媒体视频文件格式，可以根据网络数据传输的不同速率制定不同的压缩比率，从而实现低速率的 Internet 上进行视频文件的实时传送和播放。它主要包含 RealAudio、RealVideo 和 RealFlash 三部分。

RMVB 是一种视频文件格式，RMVB 中的 VB 指（VBR Variable Bit Rate，可改变之比特率），较上一代 RM 格式画面要清晰了很多，原因是降低了静态画面下的比特率，可以用 RealPlayer、暴风影音、QQ 影音等播放软件来播放。

由于 RM 格式的视频只能适合于本地播放，然而 RMVB 格式除了可以进行本地播放外，还可以通过互联网播放。因此，更多的用户青睐于使用 RMVB 视频格式。

2.2.6 WMV 格式

随着网络化的迅猛发展，互联网实时传播的视频文件 WMV 视频格式逐渐流行起来。

WMV 是微软推出的一种流媒体格式。在同等视频质量下，WMV 格式的体积非常小，因此很适合在网上播放和传输。WMV 格式的主要优点在于可扩充的媒体类型、本地或网络回放、可伸缩的媒体类型、多语言支持以及可扩展性等。

2.2.7 FLV 格式

FLV 格式是 FLASH VIDEO 的简称，FLV 流媒体格式是随着 Flash MX 的推出发展而来的视频格式。由于它形成的文件极小、加载速度极快，使得网络观看视频文件成为可能，它的出现有效地解决了视频文件导入 Flash 后，使导出的 SWF 文件体积庞大，不能在网络上很好的使用等缺点。

FLV 格式是被众多新一代视频分享网站所采用的，是目前最为广泛的视频传播格式之一，是在 Sorenson 公司的压缩算法的基础上开发出来的。FLV 格式不仅可以轻松的导入 Flash 中，速度极快，并且能起到保护版权的作用，并且可以不通过本地的微软或者 REAL 播放器播放视频。

2.3　了解支持的音频格式

数字音频是用来表示声音强弱的数据序列，由模拟声音经抽样、量化和编码后得到。简单地说，数字音频的编码方式就是数字音频格式，不同的数字音频设备对应着不同的音频文件格式，如 WAV、MP3、MIDI 以及 WMA 等。下面将介绍数字音频格式的基础知识，以供读者掌握。

2.3.1　MP3 格式

MP3 格式诞生于 20 世纪 80 年代的德国，是采用了有损压缩算法的音频文件格式。

MP3 音频的编码采用了 10:1 ～ 12:1 的高压缩率，并且保持低音频部分不失真，为了文件的尺寸，MP3 声音牺牲了声音文件中的 12kHz 到 16kHz 高音频部分的质量。

然而，MP3 成为了目前最为流行的一种音乐文件，原因是 MP3 可以根据不同需要采用不同的采样率进行编码。其中，127kbps 采样率的音质接近于 CD 音质，而其大小仅为 CD 音乐的 10%。MP3 格式图标如图 2-5 所示。

图 2-5　MP3 图标

2.3.2　WAV 格式

WAV 音频格式是一种 Windows 本身存放数字声音的标准格式，它符合 RIFF（Resource Interchange File Format）文件规范。

WAV 格式用于保存 Windows 平台的音频信息资源，被 Windows 平台及其应用程序所广泛支持，该格式也支持 MSADPCM、CCITT A LAW 等多种压缩运算法，支持多种音频数字、取样频率和声道。标准格式化的 WAV 文件和 CD 格式一样，也是 44.1kHz 的取样频率，16 位量化数字，因此在声音文件质量和 CD 相差无几。WAV 音频文件的音质在各种音频文件中是最好的，同时其体积也是最大的，因此不适合用于网络上进行传播。

2.3.3 MIDI 格式

MIDI 并不能算是一种数字音频文件格式，而是电子乐器传达给计算机的一组指令，让其音乐信息在计算机中重现。

MIDI 是一种电子乐器之间以及电子乐器与电脑之间的统一交流协议。很多流行的游戏、娱乐软件中都有不少以 MID、RMI 为扩展名的 MIDI 格式音乐文件。

MIDI 文件是一种描述性的"音乐语言"，它将所要演奏的乐曲信息用字节进行描述。譬如在某一时刻，使用什么乐器，以什么音符开始，以什么音调结束，加以什么伴奏等，也就是说 MIDI 文件本身并不包含波形数据，所以 MIDI 文件非常小巧。

2.3.4 WMA 格式

WMA 是微软公司推出的，与 MP3 格式齐名的一种音频格式。

由于 WMA 在压缩比和音质方面都超过了 MP3，更是远胜于 RA（Real Audio），即使在较低的采样频率下也能产生较好的音质。一般使用 Windows Media Audio 编码格式的文件以 WMA 作为扩展名，一些使用 Windows Media Audio 编码格式编码其所有内容的纯音频 ASF 文件也使用 WMA 作为扩展名。

Premiere Pro CC 基础入门

学习提示

　　Premiere Pro CC 是由 Adobe 公司开发的一款非线性视频编辑软件，其强大、专业的功能和简便的操作方法，受到了广大专业视频编辑人员的喜欢，是目前影视编辑领域内应用最为广泛的视频编辑处理软件。本章主要介绍 Premiere Pro CC 的工作界面以及基本操作等知识。

本章重点

- 了解 Premiere Pro CC 的主要功能
- Premiere Pro CC 的工作界面
- 启动与退出 Premiere Pro CC
- Premiere Pro CC 的新增功能
- Premiere Pro CC 的操作界面

3.1 了解 Pmiere Pro CC 的主要功能

Premiere Pro CC 是一款具有强大编辑功能的视频编辑软件，其简单的操作步骤、简明的操作界面、多样化的效果受到广大用户的青睐。本节将对 Premiere Pro CC 的主要功能进行详细的介绍。

3.1.1 捕捉功能

在 Premiere Pro CC 中，捕捉功能主要用来捕捉素材至软件中，进行其他操作。Premiere Pro CC 可以直接从便携式数字摄像机、数字录像机、麦克风或者其他输入设备进行素材的捕捉。单击"窗口" | "捕捉"命令，即可弹出"捕捉"对话框，如图 3-1 所示。

图 3-1 "捕捉"对话框

3.1.2 效果滤镜添加功能

添加效果可以使得原始素材更具有艺术氛围。在最新版本的 Premiere Pro CC 中，系统自带有许多不同风格的效果滤镜，为视频或素材图像添加效果滤镜，可以增加素材的美感度，如图 3-2 所示。

图 3-2 风格化滤镜效果

3.1.3 添加转场效果功能

段落与段落、场景与场景之间的过渡或转换，就叫做转场。

Premiere Pro CC 中能够让各种镜头实现自然的过渡，如黑场、淡入、淡出、闪烁、翻滚以及 3D 转场效果，用户可以通过这些常用的转场让镜头之间的衔接更加完美。如图 3-3 所示为向上折叠转场效果。

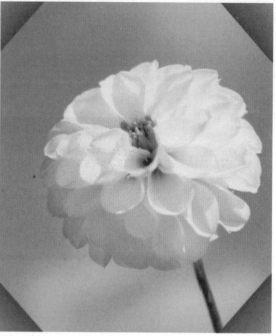

图 3-3 向上折叠转场效果

3.1.4 剪辑与编辑功能

经过多次的升级与修正，Premiere Pro CC 拥有许多种编辑工具。Premiere Pro CC 中的剪辑与编辑功能，除了可以轻松剪辑视频与音频素材外，还可以直接改变素材的播放速度、排列顺序等。

3.1.5 字幕工具功能

字幕指以文字形式显示电视、电影、舞台作品里面的对话等非影像内容，也泛指影视作品后期加工的文字。

字幕在电影银幕或电视机荧光屏下方出现的外语对话的译文或其他解说文字以及种种文字，如影片的片名、演职员表、唱词、对白、说明词、人物介绍、地名和年代等。将节目的语音内容以字幕方式显示，可以帮助听力较弱的观众理解节目内容。另外，字幕也能用于翻译外语节目，让不理解该外语的观众，既能听见原作的声带，同时理解节目内容。

字幕工具能够创建出各种效果的静态或动态字幕，灵活运用这些工具可以使影片的内容更加丰富多彩，如图 3-4 所示。

图 3-4 渐变填充字幕效果

3.1.6 音频处理功能

在为视频素材中添加音乐文件后，用户可以对添加的音乐文件进行特殊的处理效果。用户在 Premiere Pro CC 中不仅可以处理视频素材，还为用户提供了强大的音频处理功能，能直接剪辑音频素材，而且可以添加一些音频效果。

3.1.7 效果输出功能

输出主要是对制作的文件进行导出的操作。

Premiere Pro CC 拥有强大的输出功能，可以将制作完成后的视频文件输出成多种格式的视频或图片文件，如图 3-5 所示，还可以将文件输出到硬盘或刻录成 DVD 光盘。

图 3-5 "导出"菜单命令

3.1.8 强大的兼容性

随着视频文件格式的层出不穷，许多设备和视频文件格式往往不能被软件兼容。

所谓兼容性，就是指各个硬件之间、各个软件之间或者是各个软硬件之间的相互配合的程度。

在 Premiere Pro CC 中为多格式视频文件的兼容性进行了调整，让更多格式的文件与 Premiere Pro CC 软件得到兼容。

3.1.9 强大的项目管理功能

在最新版本中的 Premiere Pro CC 中，对于每个项目都拥有单独的保存工作区。

在 Premiere Pro CC 中，独有的 Rapid Find 搜索功能能让用户查看并搜索需要的结果。除此之外，独立设置每个序列让用户方便的将多个序列分别应用不同的编辑和渲染设置，如图 3-6 所示。

图 3-6 "项目"面板

3.1.10 软件的协调性

协调性是指各个不同软件中的一些功能通过协调后，可以进行使用。

Premiere Pro CC 与 Adobe 公司的其他产品组件之间有着优良的协调性，比如支持 Photoshop 中的混合模式、能够与 Adobe Illustrator 协调使用等。

3.1.11 时间的精确显示

控制时间的精确显示可以对影片中的每一个时间进行调整。

Premiere Pro CC 拥有更加完善的时间显示功能，使得影片的每一个环节都能得到精确的控制，如图 3-7 所示。

图 3-7 时间的精确显示

3.2 Premiere Pro CC 的新增功能

Premiere Pro CC 专业性强，操作更简便，可以对声音、图像、动画、视频、文件等多种素材进行处理和加工，从而得到令人满意的影视文件。本节将对 Premiere Pro CC 的一些新增功能进行详细的介绍。

3.2.1 同步设置 Adobe Creative Cloud

Premiere Pro CC 新增的"同步设置"命令使用户可以将其首选项、预设和设置同步到 Creative Cloud，如图 3-8 所示。用户在多台计算机上使用 Premiere Pro CC，则借助"同步设置"功能很容易使各计算机之间的设置保持同步，同步将通过 Adobe Creative Cloud 帐户进行，将所有设置上载到 Creative Cloud 帐户，然后再下载并应用到其他计算机上。

图 3-8 "同步设置"菜单命令

单击"文件"|"同步设置"|"管理同步设置"命令，弹出"首选项"对话框，用户可以在此设置同步首选项的设置参数、工作区的布局样式、键盘快捷键，如图 3-9 所示。

图 3-9 "首选项"对话框

3.2.2 集成 Adobe Anywhere

Adobe Anywhere 可以让各视频团队有效协作并跨标准网络访问共享媒体。用户可以使用本地或远程网络同时访问、处理以及使用远程存储的媒体，不需要大型文件传输重复的媒体和代理文件。

要在 Premiere Pro CC 中使用 Adobe Anywhere，单击"文件"|Adobe Anywhere|"登录"命令，如图 3-10 所示。弹出"Adobe Anywhere 登录"对话框，在其中输入所需信息，如图 3-11 所示。单击"确定"按钮，即可登陆 Adobe Anywhere 使用远程存储的媒体。

图 3-10 Adobe Anywhere   图 3-11 "Adobe Anywhere"对话框

3.2.3 音频增效工具管理器

"音频增效工具管理器"适用于处理音频效果，如图 3-12 所示。用户可从"音频轨道混合器"和"效果"面板中访问音频增效工具管理器，也可从"音频首选项"对话框中访问音频增效工具管理器。Premiere Pro CC 现在支持第三方 VST3 增效工具。

图 3-12 "音频增效工具管理器"对话框

3.2.4 项目导入 / 导出

在新版的 Premiere Pro CC 中，进一步地改进和增强了项目的导入或导出功能，用户能够导入更大的保真度 AAF 项目，并支持更多的视频格式，如图 3-13 所示。

图 3-13 项目导入 / 导出支持更多格式

3.3 Premiere Pro CC 的工作界面

在启动 Premiere Pro CC 后，便可以看到 Premiere Pro CC 简洁的工作界面。界面中主要包括标题栏、"监视器"面板以及"历史记录"面板等。本节将对 Premiere Pro CC 工作界面的一些常用内容进行介绍。

3.3.1 标题栏

标题栏位于 Premiere Pro CC 软件窗口的最上方，显示了系统当前正在运行的程序名及文件名等信息。

Premiere Pro CC 默认的文件名称为"未命名"，单击标题栏右侧的按钮组 ，可以最小化、最大化或关闭应用 Premiere Pro CC 程序窗口。

3.3.2 监视器面板的显示模式

启动 Premiere Pro CC 软件并任意打开一个项目文件后，此时默认的"监视器"面板分为"素材源"和"节目监视器"两部分，如图 3-14 所示，用户也可以将其设置为"浮动窗口"模式，如图 3-15 所示。

图 3-14 默认显示模式

图 3-15 "浮动窗口"模式

3.3.3　监视器面板中的工具

"监视器"面板可以分为以下两种：

"源监视器"面板：在该面板中可以对项目进行剪辑和预览。

"节目监视器"面板：在该面板中可以预览项目素材，如图 3-16 所示。

图 3-16 "源监视器"面板

在"节目监视器"面板中各个图标的含义如下：

❶ 添加标记：单击该按钮可以显示隐藏的标记。

❷ 标记入点：单击该按钮可以将时间轴标尺所在的位置标记为素材入点。

❸ 标记出点：单击该按钮可以将时间轴标尺所在的位置标记为素材出点。

❹ 转到入点：单击该按钮可以跳转到入点。

❺ 逐帧后退：每单击该按钮一次即可将素材后退一帧。

❻ 播放停止切换：单击该按钮可以播放所选的素材，再次单击该按钮，则会停止播放。

❼ 逐帧前进：每单击该按钮一次即可将素材前进一帧。

❽ 转到出点：单击该按钮可以跳转到出点。

❾ 插入：单击该按钮可以将在播放窗口中标注的素材从"时间轴"面板中提出，其他素材的位置不变。

❿ 提升：单击该按钮可以将在播放窗口中标注的素材从"时间轴"面板中提出，其他素材的位置不变。

⓫ 提取：单击该按钮可以将在播放窗口中标注的素材从"时间轴"面板中提取，后面的素材位置自动向前对齐填补间隙。

⓬ 按钮编辑器：单击该按钮将弹出"按钮编辑器"面板，在该面板中可以重新布局"监视器"面板中的按钮。

3.3.4 "历史记录"面板

在 Premiere Pro CC 中，"历史记录"面板主要用于记录编辑操作时执行的每一个命令。

用户可以通过在"历史记录"面板中删除指定的命令，来还原之前的编辑操作，如图 3-17 所示。当用户选择"历史记录"面板中的历史记录后，单击"历史记录"面板右下角的"删除重做操作"按钮，即可将当前历史记录删除。

图 3-17 "历史记录"面板

3.3.5 "信息"面板

"信息"面板用于显示所选素材以及当前序列中素材的信息。"信息"面板中包括素材本身的帧速率、分辨率、素材长度和素材在序列中的位置等，如图 3-18 所示。在 Premiere Pro CC 中不同的素材类型，"信息"面板中所显示的内容也会不一样。

图 3-18 "信息"面板

3.3.6 Premiere Pro CC 的菜单栏

与 Adobe 公司其他产品一样，标题栏位于 Premiere Pro CC 工作界面的最上方，菜单栏提供了 8 组菜单选项，位于标题栏的下方。Premiere Pro CC 的菜单栏由"文件"、"编辑"、"剪辑"、"序列"、"标记"、"字幕"、"窗口"和"帮助"菜单组成。下面将对各菜单的含义进行介绍。

＊ "文件"菜单："文件"菜单主要用于对项目文件进行操作。在"文件"菜单中包含"新建"、"打开项目"、"关闭项目"、"保存"、"另存为"、"保存副本"、"捕捉"、"批量捕捉"、"导入"、"导出"以及"退出"等命令，如图 3-19 所示。

＊ "编辑"菜单："编辑"菜单主要用于一些常规编辑操作。在"编辑"菜单中包含"撤消"、"重做"、"剪切"、"复制"、"粘贴"、"清除"、"波纹删除"、"全选"、"查找"、"标签"、"快捷键"以及"首选项"等命令，如图 3-20 所示。

专家指点

当用户将鼠标指针移至菜单中带有三角图标的命令时，该命令将会自动弹出子菜单；如果命令呈灰色显示，表示该命令在当前状态下无法使用；单击带有省略号的命令，将会弹出相应的对话框。

＊ "剪辑"菜单："剪辑"菜单用于实现对素材的具体操作，Premiere Pro CC 中剪辑影片的大多数命令都位于该菜单中，如"重命名"、"修改"、"视频选项"、"捕捉设置"、"覆盖"以及"替换素材"等命令，如图 3-21 所示。

＊ "序列"菜单：Premiere Pro CC 中的"序列"菜单主要用于对项目中当前活动的序列进行编辑和处理。在"序列"菜单中包含"序列设置"、"渲染音频"、"提升"、"提取"、"放大"、"缩小"、"吸附"、"添加轨道"以及"删除轨道"等命令，如图 3-22 所示。

图 3-19 "文件"菜单

3-20 "编辑"菜单

图 3-21 "剪辑"菜单

图 3-22 "序列"菜单

＊ "标记"菜单："标记"菜单用于对素材和场景序列的标记进行编辑处理。在"标记"菜单中包含"标记入点"、"标记出点"、"跳转入点"、"跳转出点"、"添加标记"以及"清除当前标记"等命令，如图 3-23 所示。

＊ "字幕"菜单："字幕"菜单主要用于实现字幕制作过程中的各项编辑和调整操作。在"字幕"菜单中包含"新建字幕"、"字体"、"大小"、"文字对齐"、"方向"、"标记"、"选择"以及"排列"等命令，如图 3-24 所示。

图 3-23 "标记"菜单   图 3-24 "字幕"菜单

✳ "窗口"菜单："窗口"菜单主要用于实现对各种编辑窗口和控制面板的管理操作。在"窗口"菜单中包含"工作区"、"扩展"、"事件"、"信息"、"字幕属性"以及"效果控制台"等命令，如图 3-25 所示。

✳ "帮助"菜单：Premiere Pro CC 中的"帮助"菜单可以为用户提供在线帮助。在"帮助"菜单中包含"Adobe Premiere Pro 帮助"、"Adobe Premiere Pro 支持中心"、"键盘"、"登录"以及"更新"等命令，如图 3-26 所示。

图 3-25 "窗口"菜单   图 3-26 "帮助"菜单

3.4 Premiere Pro CC 的操作界面

除了菜单栏与标题栏外，"项目"面板、"效果"面板、"时间线"面板以及"工具"面板等都是 Premiere Pro CC 操作界面中十分重要的组成部分。

3.4.1 "项目"面板

Premiere Pro CC 的"项目"面板主要用于输入和储存供"时间线"面板编辑合成的素材文件。"项目"面板由三个部分构成，最上面的一部分为素材预览区；在预览区下方的查找区；位于最中间的是素材目录栏；最下面是工具栏，也就是菜单命令的快捷按钮，单击这些按钮可以方便地实现一些常用操作，如图 3-27 所示。默认情况下，"项目"面板是不会显示素材预览区，只有单击面板右上角的下三角按钮，在弹出的列表框中选择"预览区域"选项，如图 3-28 所示，才可显示素材预览区。

图 3-27 "项目"面板

图 3-28 选择"预览区域"选项

在"项目"面板中各个图标的含义如下：

① 素材预览区：该选项区主要用于显示所选素材的相关信息。

② 查找区：该选项区主要用于查找需要的素材。

③ 素材目录栏：该选项区的主要作用是将导入的素材按目录的方式编排起来。

④ 列表视图：单击该按钮可以将素材以列表形式显示，如图 3-29 所示。

⑤ 图标视图：单击该按钮可以将素材以图标形式显示。

⑥ "缩小"按钮：单击该按钮可以将素材缩小显示。

⑦ "放大"按钮：单击该按钮可以将素材放大显示。

⑧ "排序图标"按钮：单击该按钮可以弹出"排序图标"列表框，选择相应的选项可以按一定顺序将素材进行排序，如图 3-30 所示。

⑨ "自动匹配序列"按钮：单击该按钮可以将"项目"面板中所选的素材自动排列到"时间轴"面板的时间轴页面中。单击"自动匹配序列"按钮，将弹出"序列自动化"对话框，如图3-31所示。

⑩ "新建素材箱"按钮：单击该按钮可以在素材目录栏中新建素材箱，如图3-32所示，在素材箱下面的文本框中输入文字，单击空白处即可确认素材箱的名字。

⑪ "查找"按钮：单击该按钮可以根据名称、标签或入出点在"项目"面板中定位素材。单击"查找"按钮，将弹出"查找"对话框，如图3-33所示，在该对话框的"查找目标"下方的文本框中输入需要查找的内容，单击"查找"按钮即可。

图 3-29 将素材以列表形式显示

图 3-30 "排序图标"列表框

图 3-31 "序列自动化"对话框

图 3-32 新建素材箱

图 3-33 "查找"对话框

3.4.2 "效果"面板

在 Premierer Pro CC 中,"效果"面板中包括"预设"、"视频效果"、"音频效果"、"音频切换效果"和"视频切换效果"选项。

在"效果"面板中各种选项以效果类型分组的方式存放视频、音频的效果和转场。通过对素材应用视频效果,可以调整素材的色调、明度等效果,应用音频效果可以调整素材音频的音量和均衡等效果,如图 3-34 所示。在"效果"面板中,单击"视频过渡"效果前面的三角形按钮,即可展开"视频过渡"效果列表,如图 3-35 所示。

图 3-34 "效果"面板

图 3-35 "视频过渡"效果列表

3.4.3 "效果控件"面板

"效果控件"面板主要用于控制对象的运动、透明度、切换效果以及改变效果的参数等,如图 3-36 所示。图 3-37 所示为设置视频效果的属性。

专家指点

> 在"效果"面板中选择需要的视频效果，将其添加至视频素材上，然后选择视频素材，进入"效果控件"面板，就可以为添加的效果设置属性。如果用户在工作界面中没有找到"效果控件"面板，可以单击"窗口"|"效果控件"命令，即可展开"效果控件"面板。

图 3-36 "效果控件"面板

图 3-37 设置视频效果的属性

3.4.4 工具箱

工具箱位于"时间轴"面板的左侧，主要包括选择工具 、轨道选择工具 、波纹编辑工具 、滚动编辑工具 、比率拉伸工具 、剃刀工具 、外滑工具 、内滑工具 、钢笔工具 、手形工具 、缩放工具 ，如图 3-38 所示，下面将介绍各工具的选项含义。

图 3-38 工具箱

在工具箱中各个工具的含义如下：

❶ 选择工具：该工具主要用于选择素材、移动素材以及调节素材关键帧。将该工具移至素材的边缘，光标将变成拉伸图标，可以拉伸素材为素材设置入点和出点。

② 轨道选择工具：该工具主要用于选择某一轨道上的所有素材，按住【Shift】键的同时单击鼠标左键，可以选择所有轨道。

③ 波纹编辑工具：该工具主要用于拖动素材的出点可以改变所选素材的长度，而轨道上其他素材的长度不受影响。

④ 滚动编辑工具：该工具主要用于调整两个相邻素材的长度，两个被调整的素材长度变化是一种此消彼长的关系，在固定的长度范围内，一个素材增加的帧数必然会从相邻的素材中减去。

⑤ 比率拉伸工具：该工具主要用于调整素材的速度。缩短素材则速度加快，拉长素材则速度减慢。

⑥ 剃刀工具：该工具主要用于分割素材，将素材分割为两段，产生新的入点和出点。

⑦ 外滑工具：选择此工具时，可同时更改"时间轴"内某剪辑的入点和出点，并保留入点和出点之间的时间间隔不变。例如，如果将"时间轴"内的一个 10 秒剪辑修剪到了 5 秒，可以使用外滑工具来确定剪辑的哪个 5 秒部分显示在"时间轴"内。

⑧ 内滑工具：选择此工具时，可将"时间轴"内的某个剪辑向左或向右移动，同时修剪周围的两个剪辑。三个剪辑的组合持续时间以及该组在"时间轴"内的位置将保持不变。

⑨ 钢笔工具：该工具主要用于调整素材的关键帧。

⑩ 手形工具：该工具主要用于改变"时间轴"面板的可视区域，在编辑一些较长的素材时，使用该工具非常方便。

⑪ 缩放工具：该工具主要用于调整"时间轴"面板中显示的时间单位，按住【Alt】键，可以在放大和缩小模式间进行切换。

专家指点

工具箱主要是使用选择工具对"时间轴"面板中的素材进行编辑、添加或删除。因此，默认状态下工具箱将自动激活选择工具。

3.4.5 "时间轴"面板

"时间轴"面板是 Premiere Pro CC 中进行视频、音频编辑的重要窗口之一，如图 3-39 所示，在面板中可以轻松实现对素材的剪辑、插入、调整以及添加关键帧等操作。

图 3-39 "时间轴"面板

专家指点

在 Premiere Pro CC 版本中，"时间轴"面板经过了重新设计，用户可以自定义"时间轴"的轨道头，并可以确定显示哪些控件。由于视频和音频轨道的控件各不相同，因此每种轨道类型各有单独的按钮编辑器。右键单击视频或音频轨道，在弹出的快捷菜单中选择"自定义"命令，然后可以根据需要拖放按钮。

3.5 启动与退出 Premiere Pro CC

了解完 Premiere Pro CC 的各个功能后，用户应该非常想尝试使用这一强大的软件了。在运用 Premiere Pro CC 进行视频编辑之前，用户首先要学习一些最基本的操作：启动与退出 Premiere Pro CC 程序。

3.5.1 启动 Premiere Pro CC

将 Premiere Pro CC 安装到计算机中后，就可以启动 Premiere Pro CC 程序，进行影视编辑操作。

素材文件	无
效果文件	无
视频文件	光盘 \ 视频 \ 第 3 章 \3.5.1 启动 Premiere Pro CC.mp4

实战 启动 Prem

步骤 01 用鼠标左键双击桌面上的 Premiere Pro CC 程序图标，如图 3-40 所示。

步骤 02 启动 Premiere Pro CC 程序，弹出"欢迎使用 Adobe Premiere Pro"对话框，单击"新建项目"链接，如图 3-41 所示。

图 3-40 双击程序图标　　　　　　图 3-41 显示程序启动信息

步骤 03 弹出"新建项目"对话框，设置项目名称与位置，然后单击"确定"按钮，如图 3-42 所示。

步骤 04 执行操作后，即可新建项目，进入 Premiere Pro CC 工作界面，如图 3-43 所示。

专家指点

　　在安装 Adobe Premiere Pro CC 时，软件默认不在桌面创建快捷图标。用户可以在电脑左下方的"开始"程序列表中，在 Adobe Premiere Pro CC 命令上单击鼠标左键并拖曳，至桌面上的空白位置处释放鼠标左键，即可在桌面上创建 Premiere Pro CC 的快捷方式图标；或是单击鼠标右键发送到"桌面快捷方式"，以后在桌面上双击 Premiere Pro CC 程序图标，即可启动 Premiere Pro CC 程序。

图 3-42　单击"新建项目"按钮　　　　　　图 3-43　Premiere Pro CC 工作界面

　专家指点

　　户还可以通过以下 3 种方法启动 Premiere Pro CC 软件：

　　程序菜单：单击"开始"按钮，在弹出的"开始"菜单中，单击"Adobe""Adobe Premiere Pro CC"命令。

　　　快捷菜单：在 Windows 桌面上选择 Premiere Pro CC 图标，单击鼠标右键，在弹出的快捷菜单中，选择"打开"选项。

　　　用户也可以在电脑中双击 prproj 格式的项目文件，即可启动 Adobe Premiere Pro CC 应用程序并打开项目文件。

3.5.2　退出 Premiere Pro CC

　　在 Premiere Pro CC 中保存项目后，单击"文件"|"退出"命令，如图 3-44 所示。执行操作后，即可退出 Premiere Pro CC 程序。

　　当用户完成影视的编辑后，不再需要使用 Premiere Pro CC，则可以退出该程序。

　　退出 Premiere Pro CC 程序有以下 6 种方法：

＊ 按"Ctrl ＋ Q"组合键，即可退出程序。

＊ 在 Premiere Pro CC 操作界面中，单击右上角的"关闭"按钮，如图 3-45 所示。

图 3-44 单击"退出"命令　　　　　　　　图 3-45 单击"关闭"按钮

＊ 双击"标题栏"左上角的 **Pr** 图标，即可退出程序。

＊ 单击"标题栏"左上角的 **Pr** 图标，在弹出的列表框中选择"关闭"选项，如图 3-46 所示，即可退出程序。

＊ 按"Alt ＋ F4"组合键，即可退出程序。

＊ 在任务栏的 Premiere Pro CC 程序图标上，单击鼠标右键，在弹出的快捷菜单中选择"关闭窗口"选项，如图 3-47 所示，也可以退出程序。

图 3-46 选择"关闭"选项　　　　　　　　图 3-47 选择"关闭窗口"选项

3.6　更改 Premiere Pro CC 快捷键

在 Premiere Pro CC 中，用户可以根据自己习惯，设置操作界面、视频采集以及缓存设置、快捷键等。本节将详细介绍快捷键的自定义操作方法。

3.6.1　更改键盘快捷键

更改按键需要在"键盘快捷键"对话框中进行编辑，下面将介绍更改键盘快捷键的操作方法。

	素材文件	无
	效果文件	无
	视频文件	光盘 \ 视频 \ 第 3 章 \3.6.1 更改键盘快捷键 .mp4

实战 更改键盘快捷键

步骤 01 单击"编辑"|"快捷键"命令，弹出"键盘快捷键"对话框，如图 3-48 所示。

步骤 02 在列表框中选择需要设置快捷键的选项，并选择"快捷键"列表框中的对应选项，如图 3-49 所示。

图 3-48 弹出"键盘快捷键"对话框

图 3-49 选择对应选项

步骤 03 单击"编辑"按钮，在键盘上按【Tab】键，再单击"确定"按钮，即可更改键盘快捷键。

3.6.2 更改面板快捷键

更改面板快捷键与更改键盘快捷键的方法一样，下面介绍更改面板快捷键的操作方法。

	素材文件	无
	效果文件	无
	视频文件	光盘 \ 视频 \ 第 3 章 \3.6.2 更改面板快捷键 .mp4

实战 更改面板快捷键

步骤 01 单击"编辑"|"快捷键"命令，将弹出"键盘快捷键"对话框，选择"面板"选项，如图 3-50 所示。

步骤 02 在列表框中，依次选择"音轨混合器"|"音轨混合器面板菜单"|"显示 / 隐藏轨道"选项，如图 3-51 所示。

图 3-50 选择"面板"选项　　　　　图 3-51 选择"显示／隐藏轨道"选项

步骤 03 单击"编辑"按钮，在键盘上按【Back Space】键，单击"确定"按钮，即可更改面板快捷键。

专家指点

在更改快捷键后，用户还可以对快捷键进行清除操作，或重新进行布局等。在 Premiere Pro CC 的"键盘快捷键"对话框中，用户可以单击"键盘布局预设"右侧的下三角按钮，在弹出的列表框中可以根据需要选择 Premiere 不同版本选项，自定义键盘布局。另外，还可以在"键盘快捷键"对话框中修改键盘快捷键后，单击右上角的"另存为"按钮，另存为布局预设。

Premiere Pro CC 基本操作

学习提示

　　Premiere Pro CC 是一款优秀的的视频编辑软件，其强大的编辑功能、简洁的操作步骤得到广大视频用户的青睐。本章将详细介绍项目文件的创建、项目文件的打开、项目文件的保存和关闭以及素材文件的编辑操作等内容，以供读者掌握。

本章重点

- 实战——通过"文件"菜单创建文件
- 实战——冰水特效
- 实战——动感水杯
- 实战——城市的脚步
- 实战——玫瑰绽放
- 实战——沱江风光
- 实战——电子广告
- 实战——冰糖葫芦
- 实战——流水瀑布
- 实战——幸福一生

4.1 项目文件的创建

在启动 Premiere Pro CC 后，用户首先需要做的就是创建一个新的工作项目。为此，Premiere Pro CC 提供了多种创建项目的方法。

4.1.1 在欢迎界面中创建项目

在"欢迎使用 Adobe Premiere Pro"对话框中，可以执行相应的操作进行项目创建。

当用户启动 Premiere Pro CC 后，系统将自动弹出欢迎界面，界面中有"新建项目"、"打开项目"和"帮助"三个拥有不同的功能的按钮，此时用户可以单击"新建项目"按钮，如图 4-1 所示，即可创建一个新的项目。

图 4-1 "欢迎使用 Adobe Premiere Pro"对话框

4.1.2 通过"文件"菜单创建项

用户除了通过欢迎界面新建项目外，也可以进入到 Premiere 主界面中，通过"文件"菜单进行创建。

素材文件	无	
效果文件	无	
视频文件	光盘 \ 视频 \ 第 4 章 \4.1.2 通过"文件"菜单创建项目 .mp4	

实战 通过"文件"菜单创建项目

步骤 01 单击"文件"|"新建"|"项目"命令，如图 4-2 所示。

步骤 02 弹出"新建项目"对话框，单击"浏览"按钮，如图 4-3 所示。

步骤 03 弹出"请选择新项目的目标路径"对话框，选择合适的文件夹，如图 4-4 所示。

步骤 04 单击"选择文件夹"按钮，返回到"新建项目"对话框，设置"名称"为"新建项目"，如图 4-5 所示。

步骤 05 单击"确定"按钮，单击"文件"|"新建"|"序列"命令，弹出"新建序列"对话框，单击"确定"按钮，如图 4-6 所示，即可使用"文件"菜单创建项目文件。

图 4-2 单击"项目"命令

图 4-3 单击"浏览"按钮

图 4-4 选择合适的文件夹

图 4-5 设置项目名称

图 4-6 "新建序列"对话框

专家指点

除了上述两种创建新项目的方法外，用户还可以使用快捷键【Ctrl ＋ Alt ＋ N】组合键，实现快速创建一个项目文件。

4.2 项目文件的打开

当用户启动 Premiere Pro CC 后，可以选择打开一个项目的方式进入系统程序，本节将介绍打开项目的 3 种方法。

4.2.1 在欢迎界面中打开项目

在欢迎界面中除了可以创建项目文件外，还可以打开项目文件。

当用户启动 Premiere Pro CC 后，系统将自动弹出欢迎界面。此时，用户可以单击"打开项目"按钮，如图 4-7 所示，即可弹出"打开项目"对话框，选择需要打开的编辑项目，单击"打开项目"按钮即可。

图 4-7 单击"打开项目"按钮

4.2.2 通过"文件"菜单打开项目

在 Premiere Pro CC 中，用户可以根据需要打开保存的项目文件。下面介绍使用"文件"菜单打开项目的操作方法。

	素材文件	光盘 \ 素材 \ 第 4 章 \ 冰水特效 .prproj
	效果文件	无
	视频文件	光盘 \ 视频 \ 第 4 章 \4.2.2 通过"文件"菜单打开项目 .mp4

实战 冰水特效

步骤 01 单击"文件"|"打开项目"命令，如图 4-8 所示。

步骤 02 弹出"打开项目"对话框，打开本书配套光盘中的"素材 \ 第 4 章 \ 冰水特效 .prproj"文件，如图 4-9 所示。

步骤 03 单击"打开"按钮，即可使用"文件"菜单打开项目文件，如图 4-10 所示。

图 4-8 单击"打开项目"命令　　　　　　　　图 4-9 选择项目文件

图 4-10 打开项目文件

4.2.3 打开最近使用项目

使用"打开最近使用项目"功能可以快速地打开项目文件。

进入欢迎界面后，用户可以单击位于欢迎界面中间部分的"最近使用项目"来打开上次编辑的项目，如图 4-11 所示。

另外，用户还可以进入 Premiere Pro CC 操作界面，通过单击菜单命令中的"文件"|"打开最近项目"命令，如图 4-12 所示，在弹出的子菜单中单击需要打开的项目。

专家指点

用户还可通过以下方式打开项目文件：

通过按【Ctrl ＋ Alt ＋ O】组合键，打开 bridge 浏览器，在浏览器中选择需要打开的项目或者素材文件。

使用快捷键进行项目文件的打开操作，按【Ctrl ＋ O】组合键，在弹出的"打开项目"对话框中选择需要打开的文件，单击"打开"按钮，即可打开当前选择的项目。

图 4-11 最近使用项目　　　　　　　　　图 4-12 单击"打开最近使用的内容"命令

4.3 项目文件的保存和关闭

除了上一节介绍的创建项目和打开项目的操作方法，用户还可以对项目文件进行保存和关闭操作。本节将详细介绍保存和关闭项目文件的操作方法，以供读者掌握。

4.3.1 通过"文件"菜单保存项目

为了确保用户所编辑的项目文件不会丢失，当用户编辑完当前项目文件后，可以将项目文件进行保存，以便下次进行修改操作。

素材文件	光盘＼素材＼第 4 章＼动感水杯 .prproj
效果文件	无
视频文件	光盘＼视频＼第 4 章＼4.3.1 通过"文件"菜单保存项目 .mp4

实战 动感水杯

步骤 01　按【Ctrl＋O】组合键，打开本书配套光盘中的"素材＼第 4 章＼动感水杯 .prproj"文件，如图 4-13 所示。

步骤 02　在"时间线"面板中调整素材的长度，如图 4-14 所示。

图 4-13 打开项目文件　　　　　　　　　图 4-14 调整素材长度

步骤 03　单击"文件"｜"保存"命令，如图 4-15 所示。

步骤 04　弹出"保存项目"对话框，显示保存进度，即可保存项目，如图 4-16 所示。

图 4-15 单击"保存"命令

图 4-16 显示保存进度

4.3.2 使用快捷键保存项目

使用快捷键保存项目是一种快捷的保存方法,用户可以按【Ctrl＋S】组合键来弹出"保存项目"对话框。如果用户已经对文件进行过一次保存,则再次保存文件时将不会弹出"储存项目"对话框。

也可以按【Ctrl＋Alt＋S】组合键,在弹出的"保存项目"对话框中将项目作为副本保存,如图 4-17 所示。

图 4-17 "保存项目"对话框

4.3.3 关闭项目文件

当用户完成所有的编辑操作并将文件进行了保存,可以将当前项目关闭。

下面将介绍关闭项目的 3 种方法:

* 用户如果需要关闭项目,可以单击"文件"|"关闭"命令,如图 4-18 所示。

* 单击"文件"|"关闭项目"命令,如图 4-19 所示。

* 按【Ctrl＋W】组合键,或者按【Ctrl＋Alt＋W】组合键,执行关闭项目的操作。

图 4-18 单击"关闭"命令   图 4-19 单击"关闭项目"命令

4.4 素材文件的基本操作

在 Premiere Pro CC 中，掌握了项目文件的创建、打开、保存和关闭操作外，用户还可以在项目文件中进行素材文件的相关基本操作。

4.4.1 素材文件的导入

导入素材是 Premiere 编辑的首要前提，通常所指的素材包括视频文件、音频文件、图像文件等。

	素材文件	光盘 \ 素材 \ 第 4 章 \ 城市的脚步 .prproj
	效果文件	无
	视频文件	光盘 \ 视频 \ 第 4 章 \4.4.1 素材文件的导入 .mp4

实战 城市的脚步

步骤 01 按【Ctrl ＋ Alt ＋ N】组合键，弹出"新建项目"对话框，单击"确定"按钮，如图 4-20 所示，即可创建一个项目文件，按【Ctrl ＋ N】组合键新建序列。

步骤 02 单击"文件"|"导入"命令，如图 4-21 所示。

步骤 03 弹出"导入"对话框，在对话框中，选择本书配套光盘中的"素材 \ 第 4 章 \ 城市的脚步 .jpg"文件，单击"打开"按钮，如图 4-22 所示。

步骤 04 执行操作后，即可在"项目"面板中查看导入的图像素材文件，如图 4-23 所示。

步骤 05 将图像素材拖曳至"时间线"面板中，并预览图像效果，如图 4-24 所示。

图 4-20 单击"确定"按钮　　　　　　　　图 4-21 单击"导入"命令

图 4-22 单击"打开"按钮　　　　　　　　图 4-23 查看素材文件

图 4-24 预览图像效果

4.4.2 项目素材的应用

当用户使用的素材数量较多时，除了使用"项目"面板来对素材进行管理外，还可以将素材进行统一规划，并将其归纳于同一文件夹内。

打包项目素材的具体方法是：首先，单击"文件"|"项目管理"命令，如图 4-25 所示，在弹出的"项目管理"对话框中，选择需要保留的序列；接下来，在"生成项目"选项区内设置项目文件归档方式，单击"确定"按钮，如图 4-26 所示。

图 4-25 单击"项目管理"命令　　　　图 4-26 单击"确定"按钮

4.4.3 导入素材的播放

在 Premiere Pro CC 中，导入素材文件后，用户可以根据需要播放导入的素材。

素材文件	光盘 \ 素材 \ 第 4 章 \ 玫瑰绽放 .prproj
效果文件	无
视频文件	光盘 \ 视频 \ 第 4 章 \4.4.3 导入素材文件的播放 .mp4

实战 玫瑰绽放

步骤 01 按【Ctrl + O】组合键，打开本书配套光盘中的"素材 \ 第 4 章 \ 玫瑰绽放 .prproj"文件，如图 4-27 所示。

步骤 02 在"节目监视器"面板中，单击"播放 - 停止切换"按钮，如图 4-28 所示。

步骤 03 执行操作后，即可播放导入的素材，在"节目监视器"面板中可预览图像素材效果，如图 4-29 所示。

图 4-27 打开项目文件

图 4-28 单击"播放 - 停止切换"按钮

图 4-29 预览图像素材效果

4.4.4 编组素材文件

当用户添加两个或两个以上的素材文件时,可能会同时对多个素材进行整体编辑操作。

素材文件	光盘 \ 素材 \ 第 4 章 \ 沱江风光 .prproj
效果文件	无
视频文件	光盘 \ 视频 \ 第 4 章 \4.4.4 编组素材文件 .mp4

实战 沱江风光

步骤 01 按【Ctrl + O】组合键,打开本书配套光盘中的"素材 \ 第 4 章 \ 沱江风光 .prproj"文件,选择两个素材,如图 4-30 所示。

步骤 02 在"时间轴"的素材上,单击鼠标右键,在弹出的快捷菜单中选择"编组"选项,如图 4-31 所示。

步骤 03 执行操作后,即可编组素材文件。

图 4-30 选择两个素材　　　　　　　　图 4-31 选择"编组"选项

4.4.5 嵌套素材文件

Premiere Pro CC 中的嵌套功能是将一个时间线嵌套至另一个时间线中，成为一整段素材使用，并且很大程度上提高了工作效率。

素材文件	光盘 \ 素材 \ 第 4 章 \ 电子广告 .prproj
效果文件	无
视频文件	光盘 \ 视频 \ 第 4 章 \4.4.5 嵌套素材文件 .mp4

实战 电子广告

步骤 01 按【Ctrl + O】组合键，打开本书配套光盘中的"素材 \ 第 4 章 \ 电子广告 .prproj"文件，选择两个素材，如图 4-32 所示。

图 4-32 选择两个素材

步骤 02 在"时间轴"面板的素材上，单击鼠标右键，弹出快捷菜单，选择"嵌套"选项，如图 4-33 所示。

步骤 03 执行操作后，即可嵌套素材文件，在"项目"面板中将增加一个"嵌套序列 01"的文件，如图 4-34 所示。

图 4-33 选择"嵌套"选项　　　　　　　　图 4-34 增加"嵌套序列 01"文件

专家指点

　　当用户为一个嵌套的序列应用特效时，Premiere Pro CC 将自动将特效应用于嵌套序列内的所有素材中，这样可以将复杂的操作简单化。

4.4.6 在"源监视器"面板中插入编辑

　　插入编辑是在当前"时间线"面板中没有该素材的情况下，使用"源监视器"面板中的"插入"功能向"时间线"面板中插入素材。

　　在 Premiere Pro CC 中，将当前时间指示器移至"时间线"面板中已有素材的中间，单击"源监视器"面板中的"插入"按钮，如图 4-35 所示。执行操作后，即可将"时间线"面板中的素材一分为二，并将"源监视器"面板中的素材插入至两者素材之间，如图 4-36 所示。

图 4-35 单击"插入"按钮　　　　　　　　图 4-36 插入素材效果

4.4.7 素材文件的覆盖编辑

　　覆盖编辑是指将新的素材文件替换原有的素材文件。当"时间线"面板中已经存在一段素材文件时，在"源监视器"面板中调出"覆盖"按钮，然后单击"覆盖"按钮，如图 4-37 所示，执行操作后，"时间线"面板中的原有素材内容将被覆盖，如图 4-38 所示。

图 4-37 单击"覆盖"按钮

图 4-38 覆盖素材效果

专家指点

当"监视器"面板的底部放置按钮的空间不足时，软件会自动隐藏一些按钮。用户可以单击右下角的 按钮，在弹出的列表框中选择被隐藏的按钮。

4.5 素材文件的编辑操作

Premiere Pro CC 中为用户提供了各种实用的工具，并将其集中在工具栏中。用户只有熟练地掌握各种工具的操作方法，才能够更加熟练地掌握 Premiere Pro CC 的编辑技巧。

4.5.1 运用选择工具选择素材

选择工具作为 Premiere Pro CC 使用最为频繁的工具之一，其主要功能是选择一个或多个片段。

如果用户需要选择单个片段，可以单击鼠标左键即可，如图 4-39 所示；如果用户需要选择多个片段，可以单击鼠标左键并拖曳，框选需要选择的多个片段，如图 4-40 所示。

图 4-39 选择单个素材

图 4-40 选择多个素材

4.5.2 运用剃刀工具剪切素材

剃刀工具可以将一段选中的素材文件进行剪切，将其分成两段或几段独立的素材片段。

素材文件	光盘 \ 素材 \ 第 4 章 \ 冰糖葫芦 .prproj
效果文件	无
视频文件	光盘 \ 视频 \ 第 4 章 \4.4.5 运用剃刀工具剪切素材 .mp4

实战 冰糖葫芦

步骤 01 按【Ctrl + O】组合键，打开本书配套光盘中的"素材\第4章\冰糖葫芦.prproj"文件，如图 4-41 所示。

步骤 02 选取剃刀工具，在"时间轴"面板的素材上依次单击鼠标左键，即可剪切素材，如图 4-42 所示。

图 4-41 打开项目文件

图 4-42 剪切素材效果

4.5.3 运用滑动工具移动素材

滑动工具用于移动"时间轴"面板中素材的位置，该工具会影响相邻素材片段的出入点和长度，滑动工具包括外滑工具与内滑工具。

1. 外滑工具

使用外滑工具时，可以同时更改"时间轴"内某剪辑的入点和出点，并保留入点和出点之间的时间间隔不变。

素材文件	光盘 \ 素材 \ 第 4 章 \ 流水瀑布 .prproj
效果文件	无
视频文件	光盘 \ 视频 \ 第 4 章 \4.5.3 外滑工具 .mp4

实战 流水瀑布

步骤 01 按【Ctrl + O】组合键，打开本书配套光盘中的"素材\第4章\流水瀑布.prproj"文件，如图 4-43 所示。

步骤 02 在 V1 轨道上添加"流水瀑布 3"素材，并覆盖部分"流水瀑布 2"素材，选取外滑工具，如图 4-44 所示。

图 4-43 打开项目文件　　　　　　　图 4-44 选择外滑工具

步骤 03 在 V1 轨道上的"流水瀑布 2"素材对象上单击鼠标左键并拖曳，在"节目监视器"面板中显示更改素材入点和出点的效果，如图 4-45 所示。

图 4-45 显示更改素材入点和出点的效果

2. 内滑工具

使用内滑工具时，可将"时间轴"内的某个剪辑向左或向右移动，同时修剪其周围的两个剪辑。三个剪辑的组合持续时间以及该组在"时间轴"内的位置将保持不变。

素材文件	光盘 \ 素材 \ 第 4 章 \ 流水瀑布 .prproj
效果文件	无
视频文件	光盘 \ 视频 \ 第 4 章 \4.5.3 内滑工具 .mp4

实战 流水瀑布 1

步骤 01 在工具箱中选择内滑工具，在 V1 轨道上的"流水瀑布 2"素材对象上单击鼠标左键并拖曳，即可将"流水瀑布 2"素材向左或向右移动，同时修剪其周围的两个视频文件，如图 4-46 所示。

步骤 02 释放鼠标后，即可确认更改"流水瀑布 2"素材的位置，如图 4-47 所示。

步骤 03 将时间指示器定位在"流水瀑布 1"素材的开始位置，在"节目监视器"面板中单击"播放 - 停止切换"按钮，即可观看更改后的视频效果，如图 4-48 所示。

专家指点

内滑工具与外滑工具最大的区别在于，使用内滑工具剪辑只能剪辑相邻的素材，而本身的素材不会被剪辑。

图 4-46 移动素材文件   图 4-47 更改"流水瀑布 2"素材的位置

图 4-48 观看视频效果

4.5.4 运用比率拉伸工具调整素材速度

比率拉伸工具主要用于调整素材的速度。使用比率拉伸工具在"时间轴"面板中缩短素材，则会加快视频的播放速度；反之，拉长素材则速度减慢。下面介绍使用比率拉伸工具编辑素材的操作方法。

素材文件	光盘 \ 素材 \ 第 4 章 \ 水珠 .prproj
效果文件	无
视频文件	光盘 \ 视频 \ 第 4 章 \4.5.4 运用比率拉伸工具调整素材速度 .mp4

实战 水珠

步骤 01 在 Premiere Pro CC 工作界面中，打开本书配套光盘中的"素材 \ 第 4 章 \ 水珠 .prproj"文件，如图 4-49 所示。

步骤 02 在"项目"面板中选择导入的素材文件，并将其拖曳至"时间轴"面板中的 V1 轨道上，在工具箱中选择比率拉伸工具，如图 4-50 所示。

图 4-49 导入素材文件

图 4-50 选择比率拉伸工具

步骤 03 将鼠标移至添加的素材文件的结束位置，当鼠标变成比率拉伸图标 时，单击鼠标左键并向左拖曳至合适位置上，释放鼠标，可以缩短素材文件，如图 4-51 所示。

步骤 04 在"节目监视器"面板中单击"播放 - 停止切换"按钮，即可观看缩短素材后的视频播放效果，如图 4-52 所示。

图 4-51 缩短素材对象

图 4-52 比率拉伸工具编辑视频的效果

专家指点

　　用与上同样的操作方法，拉长素材对象，在"节目监视器"面板中单击"播放"按钮，即可观看拉长素材后的视频播放效果。

4.5.5 运用波纹编辑工具改变素材长度

　　使用波纹编辑工具拖曳素材的出点可以改变所选素材的长度，而轨道上其它素材的长度不受影响。

素材文件	光盘\素材\第4章\幸福一生.prproj
效果文件	无
视频文件	光盘\视频\第4章\4.5.5 运用波纹编辑工具改变素材长度.mp4

实战 幸福一生

步骤 01 按【Ctrl + O】组合键，打开本书配套光盘中的"素材\第4章\幸福一生.prproj"文件，选取工具箱中的波纹编辑工具 ，如图4-53所示。

步骤 02 选择最下方素材向右拖曳至合适位置，即可改变素材长度，如图4-54所示。

图 4-53 选取波纹编辑工具

图 4-54 改变素材长度

4.5.6 运用轨道选择工具选择素材

　　轨道选择工具用于选择某一轨道上的所有素材，当用户按住【Shift】键的同时，可以切换到多轨道选择工具。

素材文件	光盘\素材\第4章\幸福一生.prproj
效果文件	光盘\效果\第4章\幸福一生.prproj
视频文件	光盘\视频\第4章\4.5.5 运用轨道选择工具选择素材.mp4

实战 幸福一生1

步骤 01 打开本书配套光盘中的"素材\第4章\幸福一生.prproj"文件，选取工具箱中的轨道选择工具 ，如图4-55所示。

步骤 02 在最上方轨道上，单击鼠标左键，即可选择轨道上的素材，如图 4-56 所示。

图 4-55 选取轨道选择工具　　　　　　　　　　　　　　图 4-56 选择轨道上的素材

步骤 03 执行上述操作后，即可在"节目监视器"面板中查看视频效果，如图 4-57 所示。

图 4-57 视频效果

05 添加剪辑影视媒体素材

学习提示

Premiere Pro CC 是一款适应性很强的视频编辑软件，它的专业性强，操作简便，可以对视频、图像以及音频等多种素材进行处理和加工，从而得到令人满意的影视文件。本章主要介绍添加剪辑素材的操作方法和技巧。

本章重点

- 实战——录制音频素材
- 实战——幸福人生
- 实战——音乐
- 实战——耳机广告
- 实战——奔跑

- 实战——水晶特效
- 实战——黑暗骑士
- 实战——护肤品广告
- 实战——闪光
- 实战——采花

5.1 操作素材的捕捉

素材的捕捉是进行视频影片编辑前的一个准备性工作，这项工作直接关系到后期编辑和最终输出的影片质量问题，具有重要的意义。

5.1.1 了解 1394 卡

视频捕捉是一个 A/D 转换的过程，所以需要特定的硬件设备，Premiere Pro CC 可以通过 1394 卡或者具有 1394 接口的捕捉卡来捕捉视频素材信号和输出影片。现在常用到的视频捕捉卡多是被继承为视音频处理套卡，如图所示 5-1 为 1394 卡。

图 5-1 1394 卡

现在一般采用数码摄像机进行实地拍摄，可以直接得到自己需要的视频素材内容，因而实地拍摄是取得素材最常用的方法。拍摄完毕后，将数码摄像机的 IEEE1394 接口与电脑连接好，就可以开始传输视频文件。在传输视频文件之前，用户首先需要掌握好安装与设置 1394 卡的方法，只有正常的安装了 1394 卡，才能顺利的采集视频文件。

5.1.2 1394 卡的安装

对于业余爱好者来说，有一般的 IEEE 1934 接口卡和一款不错的视频采集软件就足以应付平时的使用了。在绝大多数场合中，1394 卡只是作为一种影像采集设备用来连接 DV 和电脑，其本身并不具备视频的采集和压缩功能，它只是为用户提供多个 1394 接口，以便连接 1394 硬件设备。下面将介绍安装 1394 视频采集卡的操作方法。

（1）准备好 1394 视频卡，关闭计算机电源，并拆开机箱，找到 1394 卡的 PCI 插槽，如图 5-2 所示。

（2）找到 PCI 插槽后，将 1394 视频卡插入主板的 PCI 插槽上，如图 5-3 所示。

图 5-2 找到 1394 卡的 PCI 插槽

图 5-3 插入主板的 PCI 插槽上

（3）运用螺钉紧固 1394 卡，如图 5-4 所示。

（4）执行上述操作后，即可完成 1394 卡的安装，如图 5-5 所示。

图 5-4 运用螺钉紧固 1394 卡

图 5-5 完成 1394 卡的安装

专家指点

　　用户在选购视频捕获卡前，需要先考虑自己的计算机是否能够胜任视频捕获、压缩及保存工作，因为视频编辑对 CPU、硬盘、内存等硬件的要求较高。另外，用户在购买前还应了解购买捕获卡的用途，根据需要选择不同档次的产品。

5.1.3　1394 卡的查看

完成 1394 卡的安装工作后，启动计算机，系统会自动查找并安装 1394 卡的驱动程序。若需要确认 1394 卡是否安装成功，用户可以自行查看。

（1）在"计算机"图标上，单击鼠标右键，在弹出的快捷菜单中，选择"管理"选项，如图 5-6 所示。

（2）打开"计算机管理"窗口，在左侧窗格中选择"设备管理器"选项，在右侧窗格中即可查看"IEEE 1394 总线主控制器"选项，如图 5-7 所示。

图 5-6　选择"管理"选项　　　　　　　　　　　　图 5-7　查看安装的 1394 卡

5.1.4　连接台式机

安装好 IEEE 1394 视频卡后，接下来就需要使用 1394 视频卡连接计算机，这样才可以进入视频的捕获阶段。目前，台式电脑已经成为大多数家庭或企业的首选。因此，掌握运用 1394 视频线与台式电脑的 1394 接口的连接显得相当重要。

（1）将 IEEE1394 视频线取出，在台式电脑的机箱后找到 IEEE1394 卡的接口，并将 IEEE1394 视频线一端的接头插入接口处，如图 5-8 所示。

（2）将 IEEE1394 视频线的另一端连接到 DV 摄像机，如图 5-9 所示，即可完成与台式电脑 1394 接口的连接操作。

图 5-8　将视频线一端的接头插入接口处　　　　　图 5-9　另一端连接到 DV 摄像机

👨‍🎓 专家指点

　　通常使用 4-Pin 对 6-Pin 的 1394 线连接摄像机和台式机，这种连线的一端接口较大，另一端接口就比较小。接口较小一端与摄像机连接，接口较大一端与台式电脑上安装的 1394 卡连接。

5.1.5 连接笔记本

　　随着电脑技术的飞速发展，许多笔记本电脑中都集成了 IEEE1394 接口，下面介绍连接笔记本上 1394 接口的操作方法。

　　（1）将 4-Pin 对 IEEE1394 视频线取出，在笔记本电脑的后方找到 4-Pin 的 IEEE1394 卡的接口，如图 5-10 所示。

　　（2）将视频线插入笔记本电脑的 1394 接口处，如图 5-11 所示，即可将 DV 摄像机中的视频内容捕获至笔记本电脑中。

图 5-10 找到 4-Pin 的 IEEE1394 卡的接口

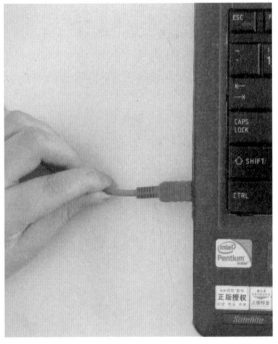

图 5-11 插入笔记本电脑的 1394 接口处

5.1.6 界面的捕捉

　　视频捕捉对话框中包括状态显示区、预览窗口、参数设置面板、窗口菜单和设备控制面板 5 个部分。

　　当用户启动完 Premiere Pro CC 后，首先单击"文件"|"捕捉"命令，此时，系统将弹出"捕捉"对话框，如图 5-12 所示。另外，用户可以单击"设置"标签，即可切换至"设置"选项卡，如图 5-13 所示。

图 5-12 "捕捉"对话框　　　　　　　　　　图 5-13 切换至"设置"选项卡

5.1.7　设置捕捉参数

在进行视频捕捉之前，首先需要对捕捉参数进行设置。在 Premiere Pro CC 中，单击"编辑"|"首选项"|"设备控制"命令，即可弹出"首选项"对话框，如图 5-14 所示，用户可以在对话框中设置视频输入设备的标准。

图 5-14 "首选项"对话框

专家指点

在设置完捕捉参数后，可以对视频文件进行捕捉操作。捕捉视频大致可以为三个步骤，首先，用户在"设备控制"面板中单击"录制"按钮，即可开始捕捉所需要的视频素材；接下来，当视频捕捉结束后，用户可以再次单击"录制"按钮，系统将自动弹出"保存已捕捉素材"对话框；最后，用户可以设置素材的保存位置及素材的名称等，完成后单击"确定"按钮，即可完成捕捉。

5.1.8 录制音频素材

录制音频的方法很多，其中 Windows 中就自带有录音设备。用户可以使用 Windows 中的录音机程序进行录制。

素材文件	无
效果文件	无
视频文件	光盘 \ 视频 \ 第 5 章 \5.1.8 录制音频素材 .mp4

实战 录制音频素材

步骤 01 单击"开始"按钮，在弹出的"开始"菜单中单击"所有程序"命令，如图 5-15 所示。

步骤 02 单击"附件" | "录音机"命令，如图 5-16 所示。

图 5-15 单击"所有程序"命令　　　　　　　　图 5-16 单击"录音机"命令

步骤 03 执行操作后，系统将自动弹出"录音机"对话框，如图 5-17 所示。

步骤 04 单击"录音机"对话框中的"开始录制"按钮，即可开始录制音频素材，如图 5-18 所示。

图 5-17 弹出"录音机"对话框　　　　　　　　图 5-18 开始录制音频素材

步骤 05 录制完成后，用户可以单击"停止录制"按钮，如图 5-19 所示。

步骤 06 即可弹出"另存为"对话框，设置文件名和保存路径，单击"保存"按钮即可录制音频素材，如图 5-20 所示。

图 5-19 单击"停止录制"按钮　　　　　　图 5-20 "另存为"对话框

5.2 影视素材的添加

制作视频影片的首要操作就是添加素材，本节主要介绍在 Premiere Pro CC 中添加影视素材的方法，包括添加视频素材、音频素材、静态图像及图层图像等。

5.2.1 添加视频素材

添加一段视频素材是一个将源素材导入到素材库，并将素材库的原素材添加到"时间轴"面板中的视频轨道上的过程。

素材文件	光盘 \ 素材 \ 第 5 章 \ 幸福人生 .prproj
效果文件	光盘 \ 效果 \ 第 5 章 \ 幸福人生 .prproj
视频文件	光盘 \ 视频 \ 第 5 章 \5.2.1 添加视频素材 .mp4

实战	幸福人生

步骤 **01** 在 Premiere Pro CC 界面中，打开随书附带光盘的"素材 \ 第 5 章 \ 幸福人生 .prproj"文件，单击"文件" | "导入"命令，如图 5-21 所示。

步骤 **02** 弹出"导入"对话框，选择"幸福人生"视频素材，如图 5-22 所示。

图 5-21 单击"文件" | "导入"命令　　　　　图 5-22 选择视频素材

步骤 03 单击"打开"按钮，将视频素材导入至"项目"面板中，如图5-23所示。

步骤 04 在"项目"面板中，选择视频文件，将其拖曳至"时间轴"面板的V1轨道中，如图5-24所示。

步骤 05 执行上述操作后，即可添加视频素材。

专家指点

　　在Premiere Pro CC，导入素材除了运用上述方法外，还可以双击"项目"面板空白位置，快速弹出"导入"对话框。

图5-23 导入视频素材

图5-24 拖曳至"时间轴"面板

5.2.2 添加音频素材

　　为了使影片更加完善，用户可以根据需要为影片添加音频素材，下面将介绍其操作方法。

素材文件	光盘\素材\第5章\音乐.prproj
效果文件	光盘\效果\第5章\音乐.prproj
视频文件	光盘\视频\第5章\5.2.2 添加音频素材.mp4

实战 音乐

步骤 01 按【Ctrl＋O】组合键，打开随书附带光盘的"素材\第5章\音乐.prproj"文件，单击"文件"|"导入"命令，弹出"导入"对话框，选择需要添加的音频素材，如图5-25所示。

步骤 02 单击"打开"按钮，将音频素材导入至"项目"面板中，选择素材文件，将其拖曳至"时间轴"面板的A1轨道中，即可添加音频素材，如图5-26所示。

图 5-25 选择需要添加的音频素材　　　　　　　　　图 5-26 添加音频文件

5.2.3 添加静态图像

为了使影片内容更加丰富多彩，在进行影片编辑的过程中，用户可以根据需要添加各种静态的图像。

	素材文件	光盘 \ 素材 \ 第 5 章 \ 耳机广告 .prproj
	效果文件	光盘 \ 效果 \ 第 5 章 \ 耳机广告 .prproj
	视频文件	光盘 \ 视频 \ 第 5 章 \5.2.3 添加静态图像 .mp4

实战 耳机广告

步骤 01 按【Ctrl ＋ O】组合键，打开随书附带光盘的"素材 \ 第 5 章 \ 耳机广告 .prproj"文件，单击"文件"|"导入"命令，弹出"导入"对话框，选择需要的图像，单击"打开"按钮，导入一幅静态图像，如图 5-27 所示。

步骤 02 在"项目"面板中，选择图像素材文件，将其拖曳至"时间轴"面板的 V1 轨道中，即可添加静态图像，如图 5-28 所示。

图 5-27 选择要添加的图像　　　　　　　　　图 5-28 添加静态图像

5.2.4 添加图层图像

在 Premiere Pro CC 中，不仅可以导入视频、音频以及静态图像素材，还可以导入图层图像素材。

	素材文件	光盘 \ 素材 \ 第 5 章 \ 奔跑 .prproj
	效果文件	光盘 \ 效果 \ 第 5 章 \ 奔跑 .prproj
	视频文件	光盘 \ 视频 \ 第 5 章 \5.2.4 添加图层图像 .mp4

实战 奔跑

步骤 01 按【Ctrl + O】组合键，打开随书附带光盘的"素材\第 5 章\奔跑 .prproj"文件，单击"文件"|"导入"命令，弹出"导入"对话框，选择需要的图像，如图 5-29 所示，单击"打开"按钮。

步骤 02 弹出"导入分层文件：奔跑"对话框，单击"确定"按钮，如图 5-30 所示，将所选择的 PSD 图像导入至"项目"面板中。

图 5-29 选择需要的素材图

图 5-30 单击"确定"按钮

步骤 03 选择导入的 PSD 图像，并将其拖曳至"时间轴"面板的 V1 轨道中，即可添加图层图像，如图 5-31 所示。

步骤 04 执行操作后，在"节目监视器"面板中可以预览添加的图层图像效果，如图 5-32 所示。

图 5-31 添加图层图像

图 5-32 预览图层图像效果

5.3 影视素材的编辑

对影片素材进行编辑是整个影片编辑过程中的一个重要环节，同样也是 Premiere Pro CC 大功能体现。本节将详细介绍编辑影视素材的操作方法。

5.3.1 基本操作素材

在编辑影视时，常常会用到的一些简单的基本操作，如复制和粘贴素材、分离与组合素材、删除素材等。

1. 复制和粘贴

"复制"与"粘贴"对于使用过电脑的用户来说，这两个命令已经再熟悉不过了，其作用是将选择的素材文件进行复制，然后将其粘贴。

 专家指点

用户在使用"复制"与"粘贴"命令对素材进行操作时，可以按【Ctrl ＋ C】组合键，进行复制操作，按【Ctrl ＋ V】组合键，进行粘贴操作。

2. 分离与组合

"分离"与"组合"是作用于两个或两个以上素材使用的命令，当序列中有一段有音频的视频文件需要重新配音时，用户可以通过分离素材的方法，将音乐与视频进行分离，然后重新为视频素材添加新的音频。

3. 删除视频素材

当用户对添加的视频素材不满意时，可以将其删除，并重新导入新的视频素材。

4. 重命名视频素材

"重命名"素材可以将导入视频素材的名称进行修改。

5. 设置素材显示方式

Premiere Pro CC，素材的显示方法分为两种，一种为列表式，另一种为图标式。用户可以通过修改"项目"面板下方的图标按钮，改变素材的显示方法。

6. 设置素材入点与出点

素材的入点和出点功能可以表示素材可用部分的起始时间与结束时间，其作用是让用户在添加素材之前，将素材内符合影片需求的部分挑选出来。

7. 设置素材标记

标记的作用是在素材或时间轴上添加一个可以达到快速查找视频帧的记号，还可以快速对齐其他素材。

专家指点

　　在含有相关联系的音频和视频素材中，用户添加的编号标记将同时作用于素材的音频部分和视频部分。

8. 锁定和解锁轨道

　　锁定轨道的作用是为了防止编辑后的特效被修改，因此用户常常将确定不需要修改的轨道进行锁定。当用户需要再次修改锁定的轨道时，可以将轨道解锁。

5.3.2　复制粘贴影视视频

　　复制也称拷贝，指将文件从一处复制一份完全一样的到另一处，而原来的一份依然保留。复制影视视频的具体方法是：在"时间轴"面板中，选择需要复制的视频文件，单击"编辑"|"复制"命令即可复制影视视频。

　　粘贴素材可以为用户节约许多不必要的重复操作，让用户的工作效率得到提高。

素材文件	光盘 \ 素材 \ 第 5 章 \ 水晶特效 .prproj
效果文件	光盘 \ 效果 \ 第 5 章 \ 水晶特效 .prproj
视频文件	光盘 \ 视频 \ 第 5 章 \5.3.2 复制粘贴影视视频 .mp4

实战　水晶特效

步骤 01　按【Ctrl ＋ O】组合键，打开随书附带光盘的"素材 \ 第 5 章 \ 水晶特效 .prproj"文件，在视频轨道上，选择视频文件，如图 5-33 所示。

步骤 02　将时间轴移至 00:00:05:00 的位置，单击"编辑"|"复制"命令，如图 5-34 所示。

图 5-33 选择视频文件

图 5-34 单击"复制"命令

步骤 03　执行操作后，即可复制文件，按【Ctrl ＋ V】组合键，即可将复制的视频粘贴至 V1 轨道中的时间轴位置，如图 5-35 所示。

步骤 04　将时间轴移至视频的开始位置，单击"播放停止切换"按钮，即可预览视频效果，如图 5-36 所示。

图 5-35 粘贴视频文件

图 5-36 预览视频效果

5.3.3 分离影视视频

为了使影视获得更好的音乐效果，许多影视都会在后期重新配音，这时需要用到分离影视素材的操作。

素材文件	光盘 \ 素材 \ 第 5 章 \ 黑暗骑士 .prproj
效果文件	光盘 \ 效果 \ 第 5 章 \ 黑暗骑士 .prproj
视频文件	光盘 \ 视频 \ 第 5 章 \5.3.3 分离影视视频 .mp4

实战 黑暗骑士

步骤 01 按【Ctrl ＋ O】组合键，打开随书附带光盘的"素材\第 5 章\黑暗骑士 .prproj"文件，如图 5-37 所示。

步骤 02 选择 V1 轨道上的视频素材，单击"剪辑"|"取消链接"命令，如图 5-38 所示。

图 5-37 打开项目文件   图 5-38 单击"取消链接"命令

步骤 03 即可将视频与音频分离，选择 V1 轨道上的视频素材，单击鼠标左键并拖曳，即可单独移动视频素材，如图 5-39 所示。

图 5-39 移动视频素材

步骤 04 在"节目监视器"面板上，单击"播放 - 停止切换"按钮，预览视频效果，如图 5-40 所示。

图 5-40 分离影片的效果

专家指点

　　使用"取消链接"命令可以将视频素材与音频素材分离后单独进行编辑，防止编辑视频素材时，音频素材也被修改。

5.3.4 组合影视视频

　　在对视频文件和音频文件重新进行编辑后，可以将其进行组合操作。

素材文件	光盘 \ 素材 \ 第 5 章 \ 护肤品广告 .prproj
效果文件	光盘 \ 效果 \ 第 5 章 \ 护肤品广告 .prproj
视频文件	光盘 \ 视频 \ 第 5 章 \5.3.4 组合影视视频 .mp4

实战 护肤品广告

步骤 01 按【Ctrl ＋ O】组合键，打开随书附带光盘的"素材 \ 第 5 章 \ 护肤品广告 .prproj"文件，如图 5-41 所示。

步骤 02 在"时间轴"面板中，选择所有的素材，如图 5-42 所示。

图 5-41 打开项目文件

图 5-42 选择所有的素材

步骤 03 单击"剪辑"|"链接"命令，如图 5-43 所示。

步骤 04 执行操作后，即可组合影视视频，如图 5-44 所示。

图 5-43 单击"链接"命令

图 5-44 组合影视视频

5.3.5 删除影视视频

在进行影视素材编辑的过程中，用户可能需要删除一些不需要的视频素材。

素材文件	光盘 \ 素材 \ 第 5 章 \ 闪光 .prproj
效果文件	光盘 \ 效果 \ 第 5 章 \ 闪光 .prproj
视频文件	光盘 \ 视频 \ 第 5 章 \5.3.5 删除影视视频 .mp4

实战 闪光

步骤 01 按【Ctrl ＋ O】组合键，打开随书附带光盘的"素材\第5章\闪光.prproj"文件，如图 5-45 所示。

步骤 02 在"时间轴"面板中选择中间的"闪光"素材，单击"编辑"|"清除"命令，如图 5-46 所示。

图 5-45 打开项目文件　　　　　　　　图 5-46 单击"清除"命令

步骤 03 执行上述操作后，即可删除目标素材，在 V1 轨道上选择左侧的"闪光"素材，如图 5-47 所示。

步骤 04 单击鼠标右键，在弹出的快捷菜单中选择"波纹删除"选项，如图 5-48 所示。

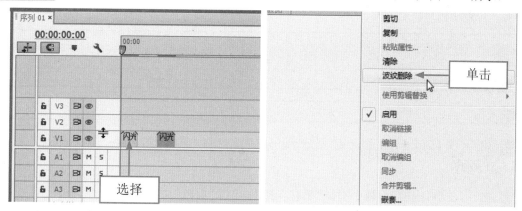

图 5-47 选择左侧素材　　　　　　　　图 5-48 单击"选择波纹删除"命令

步骤 05 执行上述操作后，即可在 V1 轨道上删除"白光"素材，此时，第 3 段素材将会移动到第 2 段素材的位置，如图 5-49 所示。

步骤 06 在"节目监视器"面板上，单击"播放 - 停止切换"按钮，预览视频效果，如图 5-50 所示。

🎓 专家指点

　　在 Premiere Pro CC 中除了上述方法可以删除素材对象外，用户还可以在选择素材对象后，使用以下快捷键：

　　按【Delete】键，快速删除选择的素材对象。

　　按【Backspace】键，快速删除选择的素材对象。

　　按【Shift + Delete】组合键，快速对素材进行波纹删除操作。

　　按【Shift + Backspace】组合键，快速对素材进行波纹删除操作。

图 5-49 删除"白光"素材

图 5-50 预览视频效果

5.3.6 重命名影视素材

影视素材名称是用来方便用户查询的目标位置，用户可以通过重命名的操作来更改素材默认的名称，以便于用户快速查找。

	素材文件	光盘 \ 素材 \ 第 5 章 \ 采花 .prproj
	效果文件	光盘 \ 效果 \ 第 5 章 \ 采花 prproj
	视频文件	光盘 \ 视频 \ 第 5 章 \5.3.6 重命名影视素材 .mp4

实战 采花

步骤 01 按【Ctrl ＋ O】组合键，打开随书附带光盘的"素材 \ 第 5 章 \ 采花 .prproj"文件，如图 5-51 所示。

步骤 02 在"时间轴"面板中选择"采花"素材，单击"剪辑"|"重命名"命令，如图 5-52 所示。

图 5-51 打开项目文件

图 5-52 单击"重命名"命令

步骤 03 弹出"重命名剪辑"对话框，将"剪辑名称"改为"可爱"，如图 5-53 所示。

步骤 04 单击"确定"按钮，即可在 V1 轨道上重命名"采花"素材，如图 5-54 所示。

图 5-53 "重命名剪辑"对话框   图 5-54 重命名"采花"素材

 专家指点

在 Premiere Pro CC 中除了上述方法可以重命名素材对象外，用户还可以选择素材对象后，素材名称进入编辑状态，此时即可重新设置视频素材的名称，输入新的名称，并按【Enter】键确认，即可重命名影视素材。

5.3.7 设置显示方式

在 Premiere Pro CC，素材拥有多种显示方式，如默认的"合成视频"模式、Alpha 模式以及"所有示波器"模式等。

	素材文件	光盘 \ 素材 \ 第 5 章 \ 色彩 .prproj
	效果文件	光盘 \ 效果 \ 第 5 章 \ 色彩 .prproj
	视频文件	光盘 \ 视频 \ 第 5 章 \5.3.7 设置显示方式 .mp4

实战 色彩

步骤 01 按【Ctrl＋O】组合键，打开随书附带光盘的"素材 \ 第 5 章 \ 色彩 .prproj"文件，如图 5-55 所示。

步骤 02 使用鼠标左键双击导入的素材文件，在"源监视器"面板中显示该素材，如图 5-56 所示。

步骤 03 单击"源监视器"面板右上角的下三角按钮，在弹出的列表框中选择"所有示波器"选项，如图 5-57 所示。

步骤 04 执行操作后，即可改变素材的显示方式，"源监视器"面板中的素材将以"所有示波器"方式显示，如图 5-58 所示。

图 5-55 打开素材文件　　　　　　　　　图 5-56 显示素材

图 5-57 选择"所有示波器"选项　　　　图 5-58 以"所有示波器"方式显示

5.3.8　设置素材入点

在 Premiere Pro CC 中，设置素材的入点可以标识素材起始点时间的可用部分。

素材文件	光盘 \ 素材 \ 第 5 章 \ 色彩 .prproj
效果文件	光盘 \ 效果 \ 第 5 章 \ 色彩 1.prproj
视频文件	光盘 \ 视频 \ 第 5 章 \5.3.8 设置素材入点 .mp4

实战　色彩 1

步骤　01　以上例的素材为例，在"节目监视器"面板中拖曳"当前时间指示器"至合适位置，如图 5-59 所示。

步骤　02　单击"标记" |"标记入点"命令，如图 5-60 所示，执行操作后，即可设置素材的入点。

图 5-59 拖曳当前时间指示器　　　　　　　　图 5-60 单击"标记入点"命令

5.3.9 设置素材出点

在 Premiere Pro CC 中，设置素材的出点可以标识素材结束点时间的可用部分。

素材文件	光盘 \ 素材 \ 第 5 章 \ 色彩 .prproj
效果文件	光盘 \ 效果 \ 第 5 章 \ 色彩 2.prproj
视频文件	光盘 \ 视频 \ 第 5 章 \5.3.9 设置素材出点 .mp4

实战 色彩 2

步骤 01　以上例的素材为例，在"节目监视器"面板中拖曳"当前时间指示器"至合适位置，如图 5-61 所示。

步骤 02　单击"标记"|"标记出点"命令，如图 5-62 所示，执行操作后，即可设置素材的出点。

图 5-61 拖曳当前时间指示器　　　　　　　　图 5-62 单击"标记出点"命令

5.3.10 设置素材标记

用户在编辑影视时，可以在素材或时间轴中添加标记。为素材设置标记后，可以快速切换至标记的位置，从而快速查询视频帧。

素材文件	光盘 \ 素材 \ 第 5 章 \ 娇艳玫瑰 .prproj
效果文件	光盘 \ 效果 \ 第 5 章 \ 娇艳玫瑰 .prproj
视频文件	光盘 \ 视频 \ 第 5 章 \5.3.10 设置素材标记 .mp4

 实战 妖艳玫瑰

步骤 01 按【Ctrl + O】组合键，打开随书附带光盘的"素材 \ 第 5 章 \ 娇艳玫瑰 .prproj"文件，如图 5-63 所示。

步骤 02 在"时间轴"面板中拖曳"当前时间指示器"至合适位置，如图 5-64 所示。

专家指点

标记能用来确定序列或素材中重要的动作或声音，有助于定位和排列素材，使用标记不会改变素材内容。

图 5-63 打开项目文件　　　　　　图 5-64 拖曳当前时间指示器

步骤 03 单击"标记"|"添加标记"命令，如图 5-65 所示。

步骤 04 执行操作后，即可设置素材标记，如图 5-66 所示。

图 5-65 单击"添加标记"命令　　　　　　图 5-66 设置素材标记

专家指点

在 Premiere Pro CC 中，除了可以运用上述方法为素材添加标记外，用户还可以使用以下两种方法添加标记。

在"时间轴"面板中将播放指示器拖曳至合适位置，然后单击面板左上角的"添加标记"按钮，可以设置素材标记。

在"节目监视器"面板中单击"按钮编辑器"按钮，弹出"按钮编辑器"面板，在其中将"添加标记"按钮拖曳至"节目监视器"面板的下方，即可在"节目监视器"面板中使用"添加标记"按钮为素材设置标记。

5.3.11 锁定轨道

锁定轨道可以防止用户编辑的素材特效被修改，下面将介绍锁定轨道的方法。

锁定轨道的具体方法是：在"时间轴"面板中选择 A1 轨道中的素材文件，然后选中轨道左侧的"轨道锁定开关"选项，即可锁定该轨道，如图 5-67 所示。

图 5-67 锁定轨道

 专家指点

虽然无法对已锁定轨道中的素材进行修改，但是当用户预览或导出序列时，这些素材也将包含在其中。

5.3.12 解锁轨道

当用户需要再次对该轨道中的素材进行编辑时，可以将其解锁，然后进行修改与操作。

解锁轨道的具体方法是：在"时间轴"面板中选择 A1 轨道中的素材文件，然后取消选中轨道左侧的"轨道锁定开关"选项，即可解锁该轨道，如图 5-68 所示。

图 5-68 解锁轨道

06 调整影视素材的技巧

学习提示

  Premiere Pro CC 软件主要用于对影视视频文件进行编辑，在编辑影片时，有时需要调整项目尺寸来放大显示素材，更要掌握剪辑影视素材中的三点和四点编辑的编辑操作方法，本章将详细介绍调整影视素材和剪辑影视素材的操作技巧。

本章重点

- 实战——白云
- 实战——旋转
- 实战——书的魅力
- 实战——龙凤

- 实战——落叶
- 实战——音乐剪辑
- 实战——风景
- 实战——手机广告

6.1 "时间线"面板的认识

"时间线"面板由"时间标尺"、"当前时间指示器"、"时间显示"、"查看区域栏"、"工作区栏"以及"设置无编号标记"6部分组成，下面将对"时间线"面板中各选项进行介绍。

1. 认识时间标尺

时间标尺是一种可视化时间间隔显示工具。时间标尺位于"时间线"面板的上部。时间标尺位于"时间线"面板的上部，时间标尺的单位为"帧"，即素材画面数。在默认情况下，以每秒所播放画面的数量来划分时间线，从而对应于项目的帧速率。

2. 认识"当前时间指示器

"当前时间指示器"是一个蓝色的三角形图标。当前时间指示器的作用是查看当前视频的帧。当前时间指示器的作用是查看当前视频的帧，以及在当前序列中的位置。用户可以直接在时间标尺中拖动"当前时间指示器"来查看内容。

3. 认识时间显示

时间显示"当前时间指示器"所在位置的时间。拖曳时间显示区域时，则"当前时间指示器"图标也会发生改变。当用户在"时间线"面板的时间显示区域上左右拖曳时，"当前时间指示器"的图标位置也会随之改变。

4. 认识查看区域栏

在查看区域栏中，确定在"时间线"面板中上的视频帧数量。拖曳查看区域两段的锚点，改变时间线上的时间间隔。用户可以通过拖曳查看区域两段的锚点，改变时间线上的时间间隔，同时改变显示视频帧的数量。

5. 认识工作区栏

工作区栏位于查看区域栏和时间线之间。工作区栏的作用是导出或渲染的项目区域。工作区栏的作用是导出或渲染的项目区域，用户可以通过拖曳工作区栏任意一段的方式进行调整。

6. 认识设置"无编号标记"按钮

使用"设置无编号标记"按钮可以添加相应的标记对象。使用"设置无编号标记"按钮，可以在编辑素材时能够快速跳转到这些点所在位置处的视频帧上。"设置无编号标记"按钮的作用是在当前时间指示器位置添加标记，从而在编辑素材时能够快速跳转到这些点所在位置处的视频帧上。

6.2 调整影视素材

在编辑影片时，有时需要调整项目尺寸来放大显示素材，有时需要调整播放时间或播放速度，这些操作可以在 Premiere Pro CC 中实现。

6.2.1 调整项目尺寸

在编辑影片时，由于素材的尺寸长短不一，常常需要通过时间标尺栏上的控制条来调整项目尺寸的长短。

实战 白云

步骤 01 在 Premiere Pro CC 欢迎界面中，单击"新建项目"按钮，弹出"新建项目"对话框，设置"名称"为"白云"，单击"确定"按钮，即可新建一个项目文件，如图 6-1 所示。

步骤 02 按【Ctrl + N】组合键弹出"新建序列"对话框，单击"确定"按钮即可新建一个"序列 01"序列，如图 6-2 所示。

图 6-1 单击"确定"按钮

图 6-2 新建序列

步骤 03 单击"文件"|"导入"命令，弹出"导入"对话框，选择随书附带光盘的"素材 \ 第 6 章 \ 白云 .jpg"文件，如图 6-3 所示。

步骤 04 单击"打开"按钮，导入素材文件，如图 6-4 所示。

图 6-3 "导入"对话框

图 6-4 打开素材

步骤 05 选择"项目"面板中的素材文件，并将其拖曳至"时间线"面板的 V1 轨道中，如图 6-5 所示。

步骤 06 选择素材文件，将鼠标移至时间标尺栏上方的控制条上，单击鼠标左键并向右拖曳，即可加长项目的尺寸，如图 6-6 所示。

图 6-5 将素材拖到"时间轴"面板

图 6-6 加长项目的尺寸

步骤 07 执行上述操作后,在控制条上双击鼠标左键,即可将控制条调整至与素材相同的长度,如图 6-7 所示。

图 6-7 调整项目的尺寸

6.2.2 调整播放时间

在编辑影片的过程中,很多时候需要对素材本身的播放时间进行调整。

调整播放时间的具体方法是:选取选择工具,选择视频轨道上的素材,并将鼠标拖曳至素材的右端的结束点,当鼠标呈双向箭头形状时,单击鼠标左键并拖曳,即可调整素材的播放时间,如图 6-8 所示。

图 6-8 调整素材的播放时间

6.2.3 调整播放速度

每一种素材都具有特定的播放速度，对于视频素材，可以通过调整视频素材的播放速度来制作快镜头或慢镜头效果。

	素材文件	光盘 \ 素材 \ 第 6 章 \ 旋转 .prproj
	效果文件	光盘 \ 效果 \ 第 6 章 \ 旋转 .prproj
	视频文件	光盘 \ 视频 \ 第 6 章 \6.2.3 调整播放速度 .mp4

实战 旋转

步骤 **01** 在 Premiere Pro CC 欢迎界面中，单击"新建项目"按钮，弹出"新建项目"对话框，设置"名称"为"旋转"，单击"确定"按钮，即可新建项目文件，如图 6-9 所示。

步骤 **02** 按【Ctrl + N】组合键弹出"新建序列"对话框，新建一个"序列 01"序列，单击"确定"按钮即可创建序列，如图 6-10 所示。

图 6-9 新建项目文件　　　　　　　　　图 6-10 新建序列

步骤 **03** 按【Ctrl + I】组合键，弹出"导入"对话框，选择随书附带光盘的"素材 \ 第 6 章 \ 旋转 .wmv"文件，如图 6-11 所示。

步骤 **04** 单击"打开"按钮，导入素材文件，如图 6-12 所示。

图 6-11 "导入"对话框　　　　　　　　　　　　图 6-12 打开素材

步骤 05 选择"项目"面板中的素材文件，并将其拖曳至"时间线"面板的 V1 轨道中，如图 6-13 所示。

步骤 06 选择 V1 轨道上的素材，单击鼠标右键，在弹出的快捷菜单中，选择"速度/持续时间"选项，如图 6-14 所示。

图 6-13 将素材拖到"时间轴"面板　　　　　　图 6-14 选择"速度/持续时间"选项

步骤 07 弹出"剪辑速度/持续时间"对话框，设置"速度"为 220%，如图 6-15 所示。

步骤 08 设置完成后，单击"确定"按钮，即可在"时间线"面板中查看调整播放速度后的效果，如图 6-16 所示。

专家指点

在"剪辑速度/持续时间"对话框中，可以设置"速度"值来控制剪辑的播放时间。当"速度"值设置在 100% 以上时，值越大则速度越快，播放时间就越短；当"速度"值设置在 100% 以下时，值越大速度越慢，播放时间就越长。

图 6-15 设置参数值　　　　　　　　　　图 6-16 查看调整播放速度后的效果

6.2.4　调整播放位置

如果对添加到视频轨道上的素材位置不满意，可以根据需要对其进行调整，并且可以将素材调整到不同的轨道位置。

素材文件	光盘 \ 素材 \ 第 6 章 \ 书的魅力 .prproj
效果文件	光盘 \ 效果 \ 第 6 章 \ 书的魅力 .prproj
视频文件	光盘 \ 视频 \ 第 6 章 \6.2.4 调整播放位置 .mp4

实战 书的魅力

步骤 01 在 Premiere Pro CC 欢迎界面中，单击"新建项目"按钮，弹出"新建项目"对话框，设置"名称"为"书的魅力"，单击"确定"按钮，即可新建一个项目文件，如图 6-17 所示。

步骤 02 按【Ctrl ＋ N】组合键弹出"新建序列"对话框，单击"确定"按钮即可新建一个"序列 01"序列，如图 6-18 所示。

图 6-17 单击"确定"按钮　　　　　　　　图 6-18 单击"确定"按钮

步骤 03 按【Ctrl＋I】组合键，弹出"导入"对话框，选择随书附带光盘的"素材\第6章\书的魅力.jpg"文件，如图6-19所示。

步骤 04 单击"打开"按钮，导入素材文件，如图6-20所示。

图6-19 "导入"对话框　　　　　　　　　　　　图6-20 打开素材

步骤 05 选取工具箱中的选择工具，选择视频轨道中的一个素材文件，单击鼠标左键并拖曳至合适位置，调整素材的位置，如图6-21所示。

步骤 06 执行上述操作后，选择V1轨道中的素材文件，并将其拖曳至V2轨道中，如图6-22所示。

图6-21 调整素材的位置　　　　　　　　　　　图6-22 拖曳至其它轨道

6.3 剪辑影视素材

剪辑就是通过为素材设置出点和入点，从而截取其中较好的片段，然后将截取的影视片断与新的素材片段组合。三点和四点编辑便是专业视频影视编辑工作中常常运用到的编辑方法。本节主要介绍在Premiere Pro CC中剪辑影视素材的方法。

6.3.1 三点剪辑技术

"三点剪辑技术"是用于将素材中的部分内容替换影片剪辑中的部分内容。

在进行剪辑操作时，需要三个重要的点，下面将分别进行介绍。

✳ 素材的入点：是指素材在影片剪辑内部首先出现的帧。

✳ 剪辑的入点：是指剪辑内被替换部分在当前序列上的第一帧。

✳ 剪辑的出点：是指剪辑内被替换部分在当前序列上的最后一帧。

6.3.2 "适配素材"对话框

在"适配素材"对话框中，主要用于设置影视素材长度匹配的相关参数。"源"素材的长度与"节目"素材的长度不匹配，系统将自动弹出"适配素材"对话框，如图 6-23 所示。

图 6-23 "适配素材"对话框

❶ 更改素材速度（充分匹配）：选中该单选按钮后调整素材时，Premiere Pro CC 将会根据实际情况来加快或减慢所插入的素材速度。

❷ 忽略源入点：是以序列入点的持续时间为准，从左侧删除素材的出入点区域内的部分内容，让素材更加适应前者。

❸ 忽略源出点：是以序列出点的持续时间为准，从右侧删除素材的出入点区域内的部分内容，让素材更加适应后者。

❹ 忽略序列入点：该单选按钮是在素材的出点与入点对齐的情况下，将素材内多出的部分覆盖序列入点之前的部分内容。

❺ 忽略序列出点：该单选按钮是在素材入点与序列入点对齐的情况下，将素材内多出的部分覆盖序列的出点之后的内容。

6.3.3 三点剪辑素材

三点剪辑是指将素材中的部分内容替换影片剪辑中的部分内容，下面介绍运用三点剪辑素材的操作方法。

	素材文件	光盘 \ 素材 \ 第 6 章 \ 龙凤 .prproj
	效果文件	光盘 \ 效果 \ 第 6 章 \ 龙凤 .prproj
	视频文件	光盘 \ 视频 \ 第 6 章 \6.3.3 三点剪辑素材 .mp4

实战 龙凤

步骤 **01** 在 Premiere Pro CC 欢迎界面中，单击"新建项目"按钮，弹出"新建项目"对话框，设置"名称"为"龙凤"，如图 6-24 所示，单击"确定"按钮，即可新建一个项目文件。

步骤 **02** 按【Ctrl ＋ N】组合键弹出"新建序列"对话框，单击"确定"按钮即可新建一个"序列 01"序列，如图 6-25 所示。

图 6-24 新建项目文件

图 6-25 新建序列

步骤 **03** 按【Ctrl ＋ I】组合键，弹出"导入"对话框，选择随书附带光盘的"素材 \ 第 6 章 \ 龙凤 .mpg"文件，如图 6-26 所示。

步骤 **04** 单击"打开"按钮，导入素材文件，如图 6-27 所示。

图 6-26 "导入"对话框

图 6-27 打开素材

步骤 **05** 选择"项目"面板中的视频素材文件，并将其拖曳至"时间线"面板的 V1 轨道中，如图 6-28 所示。

步骤 **06** 设置时间为 00:00:02:02，单击"标记入点"按钮，添加标记，如图 6-29 所示。

图 6-28 将素材拖到"时间轴"面板

图 6-29 添加标记

步骤 07 在"节目监视器"面板中设置时间为 00:00:04:00，并单击"标记出点"按钮，如图 6-30 所示。

步骤 08 在"项目"面板双击视频，在"源监视器"面板中设置时间为 00:00:01:12，并单击"标记入点"按钮，如图 6-31 所示。

图 6-30 单击"标记出点"

图 6-31 单击"标记入点"

步骤 09 执行操作后，单击"源监视器"面板中的"覆盖"按钮，即可将当前序列的 00:00:02:02 ～ 00:00:04:00 时间段的内容替换为从 00:00:01:12 为起始点至对应时间段的素材内容，如图 6-32 所示。

图 6-32 三点剪辑素材效果

6.3.4 四点剪辑技术

"四点剪辑技术"比三点剪辑多一个点，需要设置源素材的出点。"四点编辑技术"同样需要运用到设置入点和出点的操作。

素材文件	光盘 \ 素材 \ 第 6 章 \ 落叶 .prproj	
效果文件	光盘 \ 效果 \ 第 6 章 \ 落叶 .prproj	
视频文件	光盘 \ 视频 \ 第 6 章 \6.3.4 四点剪辑技术 .mp4	

实战 落叶

步骤 01　在 Premiere Pro CC 界面中，按【Ctrl ＋ O】组合键，打开随书附带光盘的 "素材 \ 第 6 章 \ 落叶 .prproj" 文件，如图 6-33 所示。

步骤 02　选择 "项目" 面板中的视频素材文件，并将其拖曳至 "时间线" 面板的 V1 轨道中，如图 6-34 所示。

图 6-33 打开项目文件　　　　　　图 6-34 拖曳素材至视频轨道

步骤 03　在 "节目监视器" 面板中设置时间为 00:00:02:20，并单击 "标记入点" 按钮，如图 6-35 所示。

步骤 04　在 "节目监视器" 面板中设置时间为 00:00:14:00，并单击 "标记出点" 按钮，如图 6-36 所示。

图 6-35 单击 "标记入点"　　　　　　图 6-36 单击 "标记出点"

🎓 专家指点

　　在 Premiere Pro CC 中编辑某个视频作品，只需要使用中间部分或者视频的开始部分、结尾部分，此时就可以通过四点剪辑素材实现操作。

步骤 **05** 在"项目"面板中双击视频素材，在"源监视器"面板中设置时间为 00:00:07:00，并单击"标记入点"按钮，如图 6-37 所示。

步骤 **06** 在"源监视器"面板中设置时间为 00:00:28:00，并单击"标记出点"按钮，如图 6-38 所示。

图 6-37 单击"标记入点"

图 6-38 单击"标记出点"

步骤 **07** 在"源监视器"面板中单击"覆盖"按钮，即可完成四点剪辑的操作，如图 6-39 所示。

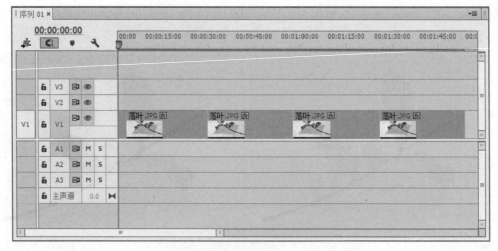

图 6-39 四点剪辑素材效果

步骤 **08** 单击"播放"按钮，预览视频画面效果，如图 6-40 所示。

图 6-40 预览视频效果

6.3.5 滚动编辑工具

在 Premiere Pro CC 中，使用滚动编辑工具剪辑素材时，在"时间线"面板中拖曳素材文件的边缘可以同时修整素材的进入端和输出端。下面介绍运用滚动编辑工具剪辑素材的操作方法。

	素材文件	光盘\素材\第6章\音乐剪辑.prproj
	效果文件	光盘\效果\第6章\音乐剪辑.prproj
	视频文件	光盘\视频\第6章\6.3.5 滚动编辑工具.mp4

实战 音乐剪辑

步骤 01 按【Ctrl＋O】组合键，打开随书附带光盘的"素材\第6章\音乐剪辑.prproj"文件，如图 6-41 所示。

步骤 02 选择"项目"面板中的素材文件，并将其拖曳至"时间线"面板的 V1 轨道中，如图 6-42 所示。

图 6-41 打开项目文件　　　　　　图 6-42 拖曳素材至视频轨道

步骤 03 在工具箱中选择滚动编辑工具，将鼠标指针移至"时间线"面板中的两个素材之间，当鼠标呈双向箭头时向右拖曳，如图 6-43 所示。

步骤 **04** 至合适位置后释放鼠标左键，即可使用滚动编辑工具剪辑素材，轨道上的其它素材也发生了变化，如图 6-44 所示。

图 6-43 向右拖曳　　　　　　　　图 6-44 使用滚动编辑工具剪辑素材

6.3.6　滑动工具

滑动工具包括外滑工具与内滑工具，使用外滑工具时，可以同时更改"时间轴"内某剪辑的入点和出点，并保留入点和出点之间的时间间隔不变；使用内滑工具时，可将"时间轴"内的某个剪辑向左或向右移动，同时修剪其周围的两个剪辑。下面介绍运用滑动工具剪辑素材的操作方法。

	素材文件	光盘 \ 素材 \ 第 6 章 \ 风景 .prproj
	效果文件	光盘 \ 效果 \ 第 6 章 \ 风景 .prproj
	视频文件	光盘 \ 视频 \ 第 6 章 \6.3.6 滑动工具 .mp4

实战 风景

步骤 **01** 按【Ctrl ＋ O】组合键，打开随书附带光盘的"素材 \ 第 6 章 \ 风景 .prproj"文件，如图 6-45 所示。

步骤 **02** 选择"项目"面板中的"人间"素材文件，并将其拖曳至"时间线"面板的 V1 轨道中，如图 6-46 所示。

图 6-45 打开素材文件　　　　　　　图 6-46 拖曳素材至视频轨道

步骤 03 在"时间轴"面板上,将时间指示器定位在"人间"素材对象的中间,如图6-47所示。

步骤 04 在"项目"面板中双击"人间"素材文件,在"源监视器"面板中显示素材,单击"覆盖"按钮,如图6-48所示。

图6-47 定位时间指示器

图6-48 单击"覆盖"按钮

步骤 05 执行操作后,即可在V1轨道上的时间指示器位置上添加"人间"素材,并覆盖位置上的原素材,如图6-49所示。

步骤 06 将"阳光"素材拖曳至时间轴上的"人间"素材后面,并覆盖部分"人间"素材,如图6-50所示。

图6-49 添加"人间"素材

图6-50 添加"阳光"素材

步骤 07 释放鼠标后,即可在V1轨道上添加"阳光"素材,并覆盖部分"人间"素材,在工具箱中选择外滑工具,如图6-51所示。

步骤 08 在V1轨道上的"人间"素材对象上单击鼠标左键并拖曳,在"节目监视器"面板中显示更改素材入点和出点的效果,如图6-52所示。

步骤 09 即可确认更改"人间"素材的入点和出点,将时间指示器定位在"人间"素材的开始位置,在"节目监视器"面板中单击"播放"按钮,即可观看更改效果,如图6-53所示。

步骤 10　在工具箱中选择内滑工具，在 V1 轨道上的"人间"素材对象上单击鼠标左键并拖曳，即可将"人间"素材向左或向右移动，同时修剪其周围的两个视频文件，如图 6-54 所示。

图 6-51 选择外滑工具

图 6-52 显示更改素材入点和出点的效果

图 6-53 观看更改效果

图 6-54 移动素材文件

6.3.7　波纹编辑工具

使用波纹编辑工具拖曳素材的出点可以改变所选素材的长度，而轨道上其他素材的长度不受影响。下面介绍使用波纹编辑工具编辑素材的操作方法。

素材文件	光盘 \ 素材 \ 第 6 章 \ 手机广告 .prproj
效果文件	光盘 \ 效果 \ 第 6 章 \ 手机广告 .prproj
视频文件	光盘 \ 视频 \ 第 6 章 \6.3.7 波纹编辑工具 .mp4

实战 手机广告

步骤 01　在 Premiere Pro CC 工作界面中，按【Ctrl ＋ O】组合键，打开随书附带光盘的"素材 \ 第 6 章 \ 手机广告 .prproj"文件，如图 6-55 所示。

步骤 02　在"项目"面板中选择两个素材文件，并将其拖曳至"时间轴"面板中的 V1 轨道上，在工具箱中选择波纹编辑工具，如图 6-56 所示。

图 6-55 打开项目文件　　　　图 6-56 选取波纹编辑工具

步骤 03 将鼠标移至"手机广告 1"素材对象的开始位置，当鼠标变成波纹编辑图标时，单击鼠标左键并向右拖曳，如图 6-57 所示。

步骤 04 至合适位置后释放鼠标，即可使用波纹编辑工具剪辑素材，轨道上的其他素材则同步进行移动，如图 6-58 所示。

图 6-57 缩短素材对象

图 6-58 剪辑素材

步骤 05 执行上述操作后，得到最终效果，如图 6-59 所示。

图 6-59 滚动编辑工具编辑视频的效果

中文版 *Premiere Pro CC* 应用宝典

6.4 筛选素材

用户了解了素材的添加与编辑后，还需要对各种素材进行筛选，并根据不同的素材来选择对应的主题。

1. 主题素材的选择

当用户确定一个主题后，接下来就是选择相应的素材来，通常情况下，应该选择与主题想符合的素材图像或者视频，这样能够让视频的最终效果更加突出，主题更加明显。

2. 素材主题的设置

或许很多用户习惯首先收集大量的素材，并根据素材来选择接下来的编辑的内容。

根据素材来选择内容也是个好的习惯，不仅扩大的选择的范围，还能扩展视野，对于素材与主题之间的选择，用户首先要确定手中所拥有素材的内容。因此，用户需要根据素材来设置对应的主题。

视频的色彩校正技巧

学习提示

　　色彩在影视视频编辑过程中，往往可以给观众留下第一印象，并在某种程度上抒发一种情感。但由于素材在拍摄和采集的过程中，常会遇到一些很难控制的环境光照，使拍摄出来的源素材色感欠缺、层次不明。因此，本章将详细介绍色彩校正视频的技巧。

本章重点

- 实战——荷花盛开
- 实战——长廊风光
- 实战——发光球
- 实战——非主流画面
- 实战——蜗牛

- 实战——蜀门
- 实战——影视画面
- 实战——七彩蝴蝶
- 实战——音乐交响曲
- 实战——少女

7.1 了解色彩基础

色彩在影视视频的编辑中是必不可少的一个重要元素，合理的色彩搭配加上靓丽的色彩感总能为视频增添几分亮点。因此，用户在学习调整视频素材的颜色之前，必须对色彩的基础知识有一个基本的了解。

7.1.1 色彩的概念

色彩是由于光线刺激人的眼睛而产生的一种视觉效应，因此光线是影响色彩明亮度和鲜艳度的一个重要因素。

从物理角度来讲，可见光是电磁波的一部分，其波长大致为 400 ～ 700nm，位于该范围内的光线被称为可视光线区域。自然的光线可以分为红、橙、黄、绿、青、蓝和紫 7 种不同的色彩，如图 7-1 所示。

图 7-1 颜色的划分

专家指点

在红、橙、黄、绿、青、蓝和紫 7 种不同的光谱色中，其中黄色的明度最高（最亮）；橙和绿色的明度低于黄色；红、青色又低于橙色和绿色；紫色的明度最低（最暗）。

自然界中的大多数物体都拥有吸收、反射和透射光线的特性，由于其本身并不能发光，因此人们看到大多是剩余光线的混合色彩，如图 7-2 所示。

图 7-2 自然界中的色彩

7.1.2 色相

色相是指颜色的"相貌"，主要用于区别色彩的种类和名称。

每一种颜色都会表示着一种具体的色相，其区别在于它们之间的色相差别。不同的颜色可以让人产生温暖和寒冷的感觉，如红色能带来温暖、激情的感觉；蓝色则带给人寒冷、平稳的感觉，如图 7-3 所示。

图 7-3 色环中的冷暖色

专家指点

当人们看到红色和橙红色时，很自然的便联想到太阳、火焰，因而感到温暖，青色、蓝色、紫色等冷色为主的画面称之为冷色调，其中以青色最"冷"。

7.1.3 亮度和饱和度

亮度是指色彩明暗程度，几乎所有的颜色都具有亮度的属性；饱和度是指色彩的鲜艳程度，并由颜色的波长来决定。

需要表现出物体的立体感与空间感，则需要通过不同亮度的对比来实现。饱和度取决于色彩中含色成分与消色成分之间的比例。简单的来讲，色彩的亮度越高，颜色就越淡；反之，亮度越低，颜色就越重，并最终表现为黑色。从色彩的成分来讲，饱和度取决于色彩中含色成分与消色成分之间的比例。含色成分越多，饱和度则越高；反之，消色成分越多，则饱和度越低，如图 7-4 所示。

图 7-4 不同的饱和度

7.1.4 RGB 色彩模式

　　RGB 是指由红、绿、蓝三原色组成的色彩模式，三原色中的每一种色彩都包含 256 种亮度，合成三个通道即可显示完整的色彩图像。在 Premiere Pro CC 中可以通过对红、绿、蓝 3 个通道的数值调整，来调整对象的色彩。图 7-5 所示为 RGB 色彩模式的视频画面。

图 7-5 RGB 色彩模式的视频画面

7.1.5 灰度模式

　　灰度模式的图像不包含颜色，彩色图像转换为该模式后，色彩信息都会被删除。灰度模式是一种无色模式，其中含有 256 种亮度级别和一个 Black 通道。因此，用户看到的图像中都是由 256 种不同强度的黑色所组成。图 7-6 所示为灰度模式的视频画面。

图 7-6 灰度模式的视频画面

7.1.6 Lab 色彩模式

Lab 色彩模式是由一个亮度通道和两个色度通道组成，该色彩模式作为一个彩色测量的国际标准。

Lab 颜色模式的色域最广，是惟一不依赖于设备的颜色模式。Lab 颜色模式由 3 个通道组成，一个通道是亮度（L），另外两个是色彩通道，用 a 和 b 来表示。a 通道包括的颜色是从深绿色到灰色再到红色；b 通道则是从亮蓝色到灰色再到黄色。因此，这种色彩混合后将产生明亮的色彩。图 7-7 所示为 Lab 颜色模式的视频画面。

图 7-7 Lab 颜色模式的视频画面

7.1.7 HLS 色彩模式

HSL 色彩模式是一种颜色标准，是通过对色调、饱和度、亮度三个颜色通道的变化以及它们相互之间的叠加来得到各式各样的颜色。

HLS 色彩模式是基于人对色彩的心理感受，将色彩分为色相（Hue）、饱和度（Saturation）、亮度（Luminance）三个要素，这种色彩模式可以更加符合人的主观感受，让用户觉得更加直观。

 专家指点

当用户需要使用灰色时，由于已知任何饱和度为 0 的 HLS 颜色均为中性灰色，因此用户只需要调整亮度即可。

7.2 色彩的校正

在 Premiere Pro CC 中编辑影片时，往往需要对影视素材的色彩进行校正，调整素材的颜色。本节主要介绍校正视频色彩的技巧。

7.2.1 校正"RGB 曲线"

"RGB 曲线"特效主要是通过调整画面的明暗关系和色彩变化来实现画面的校正。

	素材文件	光盘 \ 素材 \ 第 7 章 \7.2.1 荷花盛开 .prproj
	效果文件	光盘 \ 效果 \ 第 7 章 \7.2.1 荷花盛开 .prproj
	视频文件	光盘 \ 视频 \ 第 7 章 \7.2.1 校正"RGB 曲线".mp4

实战 荷花盛开

步骤 01 在 Premiere Pro CC 界面中，按【Ctrl ＋ O】组合键，打开随书附带光盘的"素材 \ 第 7 章 \ 荷花盛开 .prproj"文件，如图 7-8 所示。

步骤 02 选择"项目"面板中的素材文件，并将其拖曳至"时间轴"面板的 V1 轨道中，如图 7-9 所示。

 专家指点

　　RGB 曲线效果是针对每个颜色通道使用曲线调整来调整剪辑的颜色，每条曲线允许在整个图像的色调范围内调整多达 16 个不同的点。通过使用"辅助颜色校正"控件，还可以指定要校正的颜色范围。

步骤 03 在"时间轴"面板中添加素材后，在"节目监视器"面板中可以查看素材画面，如图 7-10 所示。

步骤 04 在"效果"面板中，依次展开"视频效果"|"颜色校正"选项，在其中选择"RGB 曲线"视频特效，如图 7-11 所示。

步骤 05 单击鼠标左键并拖曳"RGB 曲线"特效至"时间轴"面板中的素材文件上，如图 7-12 所示，释放鼠标即可添加视频特效。

步骤 06 选择 V1 轨道上的素材，在"效果控件"面板中，展开"RGB 曲线"选项，如图 7-13 所示。

图 7-8 打开项目文件

图 7-9 拖曳素材文件至"时间轴"

图 7-10 查看素材画面　　　　　　　　图 7-11 选择"RGB 曲线"视频特效

图 7-12 拖曳"RGB 曲线"特效　　　　　图 7-13 展开"RGB 曲线"选项

① 输出：选择"合成"选项，可以在"节目监视器"中查看调整的最终结果，选择"亮度"选项，可以在"节目监视器"中查看色调值调整的显示效果。

② 布局：确定"拆分视图"图像是并排（水平）还是上下（垂直）布局。

③ 拆分视图百分比：调整校正视图的大小，默认值为 50%。

专家指点

在"RGB 曲线"选项列表中，用户还可以设置以下选项。

显示拆分视图：将图像的一部分显示为校正视图，而将其他图像的另一部分显示为未校正视图。

主通道：在更改曲线形状时改变所有通道的亮度和对比度。使曲线向上弯曲会使剪辑变亮，使曲线向下弯曲会使剪辑变暗。曲线较陡峭的部分表示图像中对比度较高的部分。通过单击可将点添加到曲线上，而通过拖动可操控形状，将点拖离图表可以删除点。曲线向上弯曲会使通道变亮，使曲线向下弯曲会使通道变暗。

辅助颜色校正：指定由效果校正的颜色范围。可以通过色相、饱和度和明亮度定义颜色。

单击三角形可访问控件。

中央：在用户指定的范围中定义中央颜色，选择吸管工具，然后在屏幕上单击任意位置以指定颜色，此颜色会显示在色板中。使用吸管工具扩大颜色范围，使用吸管工具减小颜色范围。也可以单击色板来打开 Adobe 拾色器，然后选择中央颜色。

色相、饱和度和亮度：根据色相、饱和度或明亮度指定要校正的颜色范围。单击选项名称旁边的三角形可以访问阈值和柔和度（羽化）控件，用于定义色相、饱和度或明亮度范围。

结尾柔和度：使指定区域的边界模糊，从而使校正更大程度上与原始图像混合。较高的值会增加柔和度。

边缘细化：使指定区域有更清晰的边界，校正显得更明显，较高的值会增加指定区域的边缘清晰度。

反转：校正所有的颜色，用户使用"辅助颜色校正"设置指定的颜色范围除外。

步骤 07 在"红色"矩形区域中，单击鼠标左键拖曳，创建并移动控制点，如图 7-14 所示。

步骤 08 执行上述操作后，即可运用 RGB 曲线校正色彩，如图 7-15 所示。

步骤 09 单击"播放 - 停止切换"按钮，预览视频效果，如图 7-16 所示。

图 7-14 创建并移动控制点

图 7-15 运用 RGB 曲线校正色彩

图 7-16 RGB 曲线调整的前后对比效果

专家指点

　　"辅助颜色校正"属性用来指定使用效果校正的颜色范围。可以通过色相、饱和度和明亮度指定颜色或颜色范围。将颜色校正效果隔离到图像的特定区域。这类似于在 Photoshop 中执行选择或遮蔽图像，"辅助颜色校正"属性可供"亮度校正器"、"亮度曲线"、"RGB 颜色校正器"、"RGB 曲线"以及"三向颜色校正器"等效果使用。

7.2.2　校正"RGB 颜色校正器"

　　"RGB 颜色校正器"特效可以通过色调调整图像，还可以通过通道调整图像。

素材文件	光盘 \ 素材 \ 第 7 章 \7.2.2 长廊风光 .prproj
效果文件	光盘 \ 效果 \ 第 7 章 \7.2.2 长廊风光 .prproj
视频文件	光盘 \ 视频 \ 第 7 章 \7.2.2 校正"RGB 颜色校正器".mp4

实战 长廊风光

步骤 01　在 Premiere Pro CC 界面中，按【Ctrl + O】组合键，打开随书附带光盘的"素材 \ 第 7 章 \ 长廊风光 .prproj"文件，如图 7-17 所示。

步骤 02　选择"项目"面板中的素材文件，并将其拖曳至"时间轴"面板的 V1 轨道中，如图 7-18 所示。

步骤 03　在"时间轴"面板中添加素材后，在"节目监视器"面板中可以查看素材画面，如图 7-19 所示。

步骤 04　在"效果"面板中，依次展开"视频效果"|"颜色校正"选项，在其中选择"RGB 颜色校正器"选项，如图 7-20 所示。

图 7-17 打开项目文件

图 7-18 拖曳素材文件至"时间轴"

图 7-19 查看素材画面

图 7-20 选择 "RGB 颜色校正器" 视频特效

步骤 05 单击鼠标左键并拖曳 "RGB 颜色校正器" 特效至 "时间轴" 面板中的素材文件上，如图 7-21 所示，释放鼠标即可添加视频特效。

步骤 06 选择 V1 轨道上的素材，在 "效果控件" 面板中，展开 "RGB 颜色校正器" 选项，如图 7-22 所示。

图 7-21 拖曳 "RGB 颜色校正器" 特效

图 7-22 展开 "RGB 颜色校正器" 选项

❶ 色彩范围定义：使用 "阈值" 和 "衰减" 控件来定义阴影和高光的色调范围（"阴影阈值" 能确定阴影的色调范围；"阴影柔和度" 能使用衰减确定阴影的色调范围；"高光阈值" 确定高光的色调范围；"高光柔和度" 使用衰减确定高光的色调范围）。

❷ 色彩范围：指定将颜色校正应用于整个图像（主）、仅高光、仅中间调还是仅阴影。

❸ 灰度系数：在不影响黑白色阶的情况下调整图像的中间调值，使用此控件可在不扭曲阴影和高光的情况下调整太暗或太亮的图像。

④ 基值：通过将固定偏移添加到图像的像素值中来调整图像。此控件与"增益"控件结合使用可增加图像的总体亮度。

⑤ 增益：通过乘法调整亮度值，从而影响图像的总体对比度。较亮的像素受到的影响大于较暗的像素受到的影响。

⑥ RGB：允许分别调整每个颜色通道的中间调值、对比度和亮度。单击三角形可展开用于设置每个通道的灰度系数、基值和增益的选项（"红色灰度系数"、"绿色灰度系数"和"蓝色灰度系数"在不影响黑白色阶的情况下调整红色、绿色或蓝色通道的中间调值；"红色基值"、"绿色基值"和"蓝色基值"通过将固定的偏移添加到通道的像素值中来调整红色、绿色或蓝色通道的色调值。此控件与"增益"控件结合使用可增加通道的总体亮度；"红色增益"、"绿色增益"和"蓝色增益"通过乘法调整红色、绿色或蓝色通道的亮度值，使较亮的像素受到的影响大于较暗的像素受到的影响）。

步骤 07 为 V1 轨道添加选择的特效，在"效果控件"面板中，设置"灰度系数"为 1.50，如图 7-23 所示。

步骤 08 执行上述操作后，即可运用 RGB 颜色校正器校正色彩，如图 7-24 所示。

专家指点

在 Premiere Pro CC 中，RGB 色彩校正视频特效主要用于调整图像的颜色和亮度。用户使用"RGB 颜色校正器"特效来调整 RGB 颜色各通道的中间调值、色调值以及亮度值，修改画面的高光、中间调和阴影定义的色调范围，从而调整剪辑中的颜色。

图 7-23 设置"灰度系数"为 1.50

图 7-24 运用 RGB 颜色校正器校正色彩

步骤 09 单击"播放 - 停止切换"按钮，预览视频效果，如图 7-25 所示。

图 7-25 RGB 颜色校正器调整的前后对比效果

7.2.3 校正"三向颜色校正器"

"三向颜色校正器"特效的主要作用是用于调整暗度、中间色和亮度的颜色，用户可以通过精确调整参数来指定颜色范围。

	素材文件	光盘 \ 素材 \ 第 7 章 \7.2.3 发光球 .prproj
	效果文件	光盘 \ 效果 \ 第 7 章 \7.2.3 发光球 .prproj
	视频文件	光盘 \ 视频 \ 第 7 章 \7.2.3 校正"三向颜色校正器".mp4

实战 发光球

步骤 01 按【Ctrl + O】组合键，打开随书附带光盘的"素材 \ 第 7 章 \ 发光球 .prproj"文件，如图 7-26 所示。

步骤 02 打开项目文件后，在"节目监视器"面板中可以查看素材画面，如图 7-27 所示。

图 7-26 打开项目文件

图 7-27 查看素材画面

步骤 03 在"效果"面板中，依次展开"视频效果" | "颜色校正"选项，在其中选择"三向颜色校正器"选项，如图 7-28 所示。

步骤 04 单击鼠标左键并拖曳"三向颜色校正器"特效至"时间轴"面板中的素材文件上，如图 7-29 所示，释放鼠标即可添加视频特效。

图 7-28 选择"三向颜色校正器"视频特效　　　图 7-29 拖曳"三向颜色校正器"特效

专家指点

　　色彩的三要素分别为色相、亮度以及饱和度。色相是指颜色的相貌,用于区别色彩的种类和名称;饱和度是指色彩的鲜艳程度,并由颜色的波长来决定;亮度是指色彩的明暗程度。调色就是通过调节色相、亮度与饱和度来调节影视画面的色彩。

步骤 05 选择 V1 轨道上的素材,在"效果控件"面板中,展开"三向颜色校正器"选项,如图 7-30 所示。

步骤 06 展开"三向颜色校正器"|"主要"选项,设置"主色相角度"为 16.0°、"主平衡数量级"为 50.00、"主平衡增益"为 80.00,如图 7-31 所示。

图 7-30 展开"三向颜色校正器"选项　　　图 7-31 设置相应选项

　　① 饱和度:调整主、阴影、中间调或高光的颜色饱和度。默认值为 100,表示不影响颜色。小于 100 的值表示降低饱和度,而 0 表示完全移除颜色。大于 100 的值将产生饱和度更高的颜色。

② 铺助颜色校正：指定由效果校正的颜色范围。可以通过色相、饱和度和明亮度定义颜色。通过"柔化"、"边缘细化"、"反转限制颜色"调整校正效果（"柔化"使指定区域的边界模糊，从而使校正更大程度上与原始图像混合，较高的值会增加柔和度；"边缘细化"使指定区域有更清晰的边界，校正显得更明显，较高的值会增加指定区域的边缘清晰度；"反转限制颜色"校正所有颜色，用户使用"辅助颜色校正"设置指定的颜色范围除外。）

③ 阴影/中间调/高光：通过调整"色相角度"、"平衡数量级"、"平衡增益"以及"平衡角度"控件调整相应的色调范围。

④ 主色相角度：控制高光、中间调或阴影中的色相旋转。默认值为 0。负值向左旋转色轮，正值则向右旋转色轮。

⑤ 主平衡数量级：控制由"平衡角度"确定的颜色平衡校正量。可对高光、中间调和阴影应用调整。

⑥ 主平衡增益：通过乘法调整亮度值，使较亮的像素受到的影响大于较暗的像素受到的影响。可对高光、中间调和阴影应用调整。

⑦ 主平衡角度：控制高光、中间调或阴影中的色相转换。

⑧ 主色阶：输入黑色阶、输入灰色阶、输入白色阶用来调整高光、中间调或阴影的黑场、中间调和白场输入色阶。输出黑色阶、输出白色阶用来调整输入黑色对应的映射输出色阶以及高光、中间调或阴影对应的输入白色阶。

在"三向颜色校正器"选项列表中，用户还可以设置以下选项。

三向色相平衡和角度：使用对应于阴影（左轮）、中间调（中轮）和高光（右轮）的三个色轮来控制色相和饱和度调整。一个圆形缩略图围绕色轮中心移动，并控制色相（UV）转换。缩略图上的垂直手柄控制平衡数量级，而半衡数量级将影响控件的相对粗细度。色轮的外环控制色相旋转。

输入色阶：外面的两个输入色阶滑块将黑场和白场映射到输出滑块的设置。中间输入滑块用于调整图像中的灰度系数。此滑块移动中间调并更改灰色调的中间范围的强度值，但不会显著改变高光和阴影。

输出色阶：将黑场和和白场输入色阶滑块映射到指定值。默认情况下，输出滑块分别位于色阶 0（此时阴影是全黑的）和色阶 255（此时高光是全白的）。因此，在输出滑块的默认位置，移动黑色输入滑块会将阴影值映射到色阶 0，而移动白场滑块会将高光值映射到色阶 255。其余色阶将在色阶 0 和 255 之间重新分布。这种重新分布将会增大图像的色调范围，实际上也是提高图像的总体对比度。

色调范围定义：定义剪辑中的阴影、中间调和高光的色调范围。拖动方形滑块可调整阈值。拖动三角形滑块可调整柔和度（羽化）的程度。

自动黑色阶：提升剪辑中的黑色阶，使最黑的色阶高于 7.5IRE。阴影的一部分会被剪切，而中间像素值将按比例重新分布。因此，使用自动黑色阶会使图像中的阴影变亮。

自动对比度：同时应用自动黑色阶和自动白色阶。这将使高光变暗而阴影部分变亮。

自动白色阶：降低剪辑中的白色阶，使最亮的色阶不超过 100IRE。高光的一部分会被剪切，而中间像素值将按比例重新分布。因此，使用自动白色阶会使图像中的高光变暗。

黑色阶、灰色阶、白色阶：使用不同的吸管工具来采样图像中的目标颜色或监视器桌面上的任意位置，以设置最暗阴影、中间调灰色和最亮高光的色阶。也可以单击色板打开 Adobe 拾色器，然后选择颜色来定义黑色、中间调灰色和白色。

　　输入黑色阶、输入灰色阶、输入白色阶：指定由效果校正的颜色范围。可以通过色相、饱和度和明亮度定义颜色。单击三角形可访问控件调整高光、中间调或阴影的黑场、中间调和白场输入色阶。

步骤　07　执行上述操作后，即可运用"三向颜色校正器"校正色彩，如图 7-32 所示。

步骤　08　在"效果控件"界面中，单击"三向颜色校正器"选项左侧的"切换效果开关"按钮，如图 7-33 所示，即可隐藏"三向颜色校正器"的校正效果，对比查看校正前后的视频画面效果。

 专家指点

　　在 Premiere Pro CC 中，使用色轮进行相应调整的方法如下。

　　色相角度：将颜色向目标颜色旋转。向左移动外环会将颜色向绿色旋转。向右移动外环会将颜色向红色旋转。

　　平衡数量级：控制引入视频的颜色强度。从中心向外移动圆形会增加数量级（强度）。通过移动"平衡增益"手柄可以微调强度。

　　平衡增益：影响"平衡数量级"和"平衡角度"调整的相对粗细度。保持此控件的垂直手柄靠近色轮中心会使调整非常精细。向外环移动手柄会使调整非常粗略。

　　平衡角度：向目标颜色移动视频颜色。向特定色相移动"平衡数量级"圆形会相应地移动颜色。移动的强度取决于"平衡数量级"和"平衡增益"的共同调整。

图 7-32 预览视频效果　　　　　　图 7-33 单击"切换效果开关"按钮

步骤　09　单击"播放 - 停止切换"按钮，预览视频效果，如图 7-34 所示。

图 7-34 三向颜色校正器调整的前后对比效果

 专家指点

在 Premiere Pro CC 中，使用"三向颜色校正器"可以进行以下调整。

快速消除色偏："三向颜色校正器"特效拥有一些控件可以快速平衡颜色，使白色、灰色和黑色保持中性。

快速进行明亮度校正："三向颜色校正器"具有可快速调整剪辑明亮度的自动控件。

调整颜色平衡和饱和度：三向颜色校正器效果提供"色相平衡和角度"色轮和"饱和度"控件供用户设置，用于平衡视频中的颜色。顾名思义，颜色平衡可平衡红色、绿色和蓝色分量，从而在图像中产生所需的白色和中性灰色。也可以为特定的场景设置特殊色调。

替换颜色：使用"三向颜色校正器"中的"辅助颜色校正"控件可以帮助用户将更改应用于单个颜色或一系列颜色。

7.2.4 校正"亮度曲线"特效

"亮度曲线"特效可以通过单独调整画面的亮度，让整个画面的明暗得到统一控制。这种调整方法无法单独调整每个通道的亮度。

素材文件	光盘 \ 素材 \ 第 7 章 \7.2.4 非主流画面 .prproj	
效果文件	光盘 \ 效果 \ 第 7 章 \7.2.4 非主流画面 .prproj	
视频文件	光盘 \ 视频 \ 第 7 章 \7.2.4 校正"亮度曲线"特效 .mp4	

实战 非主流画面

步骤 01 按【Ctrl＋O】组合键，打开随书附带光盘的"素材\第 7 章\非主流画面 .prproj"文件，如图 7-35 所示。

步骤 02 打开项目文件后，在"节目监视器"面板中可以查看素材画面，如图 7-36 所示。

图 7-35 打开项目文件　　　　　　　图 7-36 查看素材画面

专家指点

　　亮度曲线和 RGB 曲线可以调整视频剪辑中的整个色调范围或仅调整选定的颜色范围。但与色阶不同，色阶只有三种调整（黑色阶、灰色阶和白色阶），而亮度曲线和 RGB 曲线允许在整个图像的色调范围内调整多达 16 个不同的点（从阴影到高光）。

步骤 03　在"效果"面板中，依次展开"视频效果"|"颜色校正"选项，在其中选择"亮度曲线"视频特效，如图 7-37 所示。

步骤 04　单击鼠标左键并拖曳"亮度曲线"特效至"时间轴"面板中的素材文件上，如图 7-38 所示，释放鼠标即可添加视频特效。

步骤 05　选择 V1 轨道上的素材，在"效果控件"面板中，展开"亮度曲线"选项，如图 7-39 所示。

步骤 06　将鼠标移至"亮度波形"矩形区域中，在曲线上单击鼠标左键并拖曳，添加控制点并调整控制点位置，重复以上操作，添加两个控制点并调整位置，如图 7-40 所示。

步骤 07　执行上述操作后，即可运用亮度曲线校正色彩，单击"播放 - 停止切换按钮"，预览视频效果，如图 7-41 所示。

图 7-37 选择"亮度曲线"视频特效　　　　图 7-38 拖曳"亮度曲线"特效

图 7-39 展开"亮度曲线"选项   图 7-40 添加 2 个控制点并调整位置

图 7-41 亮度曲线调整的前后对比效果

7.2.5 校正"亮度校正器"

"亮度校正器"特效可以调整素材的高光、中间值、阴影状态下的亮度与对比度参数，也可以使用"辅助颜色校正"来指定色彩范围。

	素材文件	光盘 \ 素材 \ 第 7 章 \7.2.5 蜗牛 .prproj
	效果文件	光盘 \ 效果 \ 第 7 章 \7.2.5 蜗牛 .prproj
	视频文件	光盘 \ 视频 \ 第 7 章 \7.2.5 校正"亮度校正器".mp4

实战 蜗牛

步骤 01 按【Ctrl + O】组合键，打开随书附带光盘的"素材 \ 第 7 章 \ 蜗牛 .prproj"文件，如图 7-42 所示。

步骤 02 打开项目文件后，在"节目监视器"面板中可以查看素材画面，如图 7-43 所示。

图 7-42 打开项目文件

图 7-43 查看素材画面

步骤 03　在"效果"面板中，依次展开"视频效果"|"颜色校正"选项，在其中选择"亮度校正器"视频特效，如图 7-44 所示。

步骤 04　将"亮度校正器"特效拖曳至"时间轴"面板中的素材文件上，选择 V1 轨道上的素材，如图 7-45 所示。

步骤 05　在"效果控件"面板中，展开"亮度校正器"选项，单击"色调范围"栏右侧的下三角形按钮，在弹出的列表框中选择"主"选项，设置"亮度"为 30.00、"对比度"为 40.00，如图 7-46 所示。

步骤 06　单击"色调范围"栏右侧的下三角形按钮，在弹出的列表框中选择"阴影"选项，设置"亮度"为 -4.00、"对比度"为 -10.00，如图 7-47 所示。

图 7-44 选择"亮度校正器"视频特效　　　　　图 7-45 拖曳"亮度校正器"特效

图 7-46 设置相应选项　　　　　　图 7-47 设置相应选项

❶ 色调范围：指定将明亮度调整应用于整个图像（主）、仅高光、仅中间调、仅阴影。

❷ 亮度：调整剪辑中的黑色阶。使用此控件确保剪辑中的黑色画面内容显示为黑色。

❸ 对比度：通过调整相对于剪辑原始对比度值的增益来影响图像的对比度。

❹ 对比度级别：设置剪辑的原始对比度值。

❺ 灰度系数：在不影响黑白色阶的情况下调整图像的中间调值。此控件会导致对比度变化，非常类似于在亮度曲线效果中更改曲线的形状。使用此控件可在不扭曲阴影和高光的情况下调整太暗或太亮的图像。

❻ 基值：通过将固定偏移添加到图像的像素值中来调整图像。此控件与"增益"控件结合使用可增加图像的总体亮度。

❼ 增益：通过乘法调整亮度值，从而影响图像的总体对比度。较亮的像素受到的影响大于较暗的像素受到的影响。

步骤 **07**　执行上述操作后，即可运用亮度校正器调整色彩，单击"播放 - 停止切换"按钮，预览视频效果，如图 7-48 所示。

图 7-48 亮度校正器调整的前后对比效果

7.2.6 校正"广播级颜色"

"广播级颜色"特效是用于校正需要输出到录像带上的影片色彩，使用这种校正技巧可以改善输出影片的品质。

素材文件	光盘\素材\第7章\7.2.6 蜀门.prproj
效果文件	光盘\效果\第7章\7.2.6 蜀门.prproj
视频文件	光盘\视频\第7章\7.2.6 校正"广播级颜色".mp4

实战 蜀门

步骤 01 按【Ctrl＋O】组合键，打开随书附带光盘的"素材\第7章\蜀门.prproj"文件，如图7-49所示。

步骤 02 打开项目文件后，在"节目监视器"面板中可以查看素材画面，如图7-50所示。

图7-49 打开项目文件

图7-50 查看素材画面

步骤 03 在"效果"面板中，依次展开"视频效果"|"颜色校正"选项，在其中选择"广播级颜色"视频特效，如图7-51所示。

步骤 04 单击鼠标左键并拖曳"广播级颜色"特效至"时间轴"面板中的素材文件上，如图7-52所示，释放鼠标即可添加视频特效。

图7-51 选择"广播级颜色"视频特效

图7-52 拖曳"广播级颜色"特效

步骤 **05** 选择 V1 轨道上的素材，在"效果控件"面板中，展开"广播级颜色"选项，如图 7-53 所示。

步骤 **06** 设置"最大信号波幅"为 90，如图 7-54 所示。

图 7-53 展开"广播级颜色"选项   图 7-54 设置"最大信号波幅"选项

步骤 **07** 执行上述操作后，即可运用广播级颜色调整色彩，单击"播放 - 停止切换"按钮，预览视频效果，如图 7-55 所示。

图 7-55 广播级颜色调整的前后对比效果

7.2.7 校正"快速颜色校正器"

"快速颜色校正器"特效不仅可以通过调整素材的色调饱和度校正素材的颜色，还可以调整素材的白平衡。

素材文件	光盘 \ 素材 \ 第 7 章 \7.2.7 影视画面 .prproj
效果文件	光盘 \ 效果 \ 第 7 章 \7.2.7 影视画面 .prproj
视频文件	光盘 \ 视频 \ 第 7 章 \7.2.7 校正"快速颜色校正器".mp4

实战 影视画面

步骤 01 按【Ctrl＋O】组合键，打开随书附带光盘的"素材\第7章\影视画面.prproj"文件，如图7-56所示。

步骤 02 打开项目文件后，在"节目监视器"面板中可以查看素材画面，如图7-57所示。

图7-56 打开项目文件 　　　　　　　　　　图7-57 查看素材画面

步骤 03 在"效果"面板中，依次展开"视频效果"|"颜色校正"选项，在其中选择"快速颜色校正器"视频特效，如图7-58所示。

步骤 04 单击鼠标左键并拖曳"快速颜色校正器"特效至"时间轴"面板中的素材文件上，如图7-59所示，释放鼠标即可添加视频特效。

图7-58 选择"快速颜色校正器"视频特效 　　　图7-59 拖曳"快速颜色校正器"特效

步骤 05 选择V1轨道上的素材，在"效果控件"面板中，展开"快速颜色校正器"选项，单击"白平衡"选项右侧的色块，如图7-60所示。

步骤 06 在弹出的"拾色器"对话框中，设置RGB参数值分别为119、198、187，如图7-61所示。

图 7-60 单击"白平衡"选项右侧的色块 　　　　图 7-61 设置 RGB 参数值

❶ 白平衡：通过使用吸管工具来采样图像中的目标颜色或监视器桌面上的任意位置，将白平衡分配给图像。也可以单击色板打开 Adobe 拾色器，然后选择颜色来定义白平衡。

❷ 色相平衡和角度：使用色轮控制色相平衡和色相角度，小圆形围绕色轮中心移动，并控制色相（UV）转换，这将会改变平衡数量级和平衡角度，小垂线可设置控件的相对粗精度，而此控件控制平衡增益。

专家指点

在"快速颜色校正器"选项列表中，用户还可以设置以下选项。

色相角度：控制色相旋转，默认值为 0，负值向左旋转色轮，正值则向右旋转色轮。

平衡数量级：控制由"平衡角度"确定的颜色平衡校正量。

平衡增益：通过乘法来调整亮度值，使较亮的像素受到的影响大于较暗的像素受到的影响。

平衡角度：控制所需的色相值的选择范围。

饱和度：调整图像的颜色饱和度，默认值为 100，表示不影响颜色，小于 100 的值表示降低饱和度，而 0 表示完全移除颜色，大于 100 的值将产生饱和度更高的颜色。

步骤 07 单击"确定"按钮，即可运用"快速颜色校正器"调整色彩，单击"播放 - 停止切换"按钮，预览视频效果，如图 7-62 所示。

图 7-62 快速颜色校正器调整的前后对比效果

专家指点

在 Premiere Pro CC 中，用户也可以单击"白平衡"吸管，然后通过单击方式对节目监视器中的区域进行采样，最好对本应为白色的区域采样。"快速颜色校正器"特效将会对采样的颜色向白色调整，从而校正素材画面的白平衡。

7.2.8 校正"更改颜色"

更改颜色是指通过指定一种颜色，然后将另一种新的来替换用户指定的颜色，达到色彩转换的效果。

素材文件	光盘 \ 素材 \ 第 7 章 \7.2.8 七彩蝴蝶 .prproj
效果文件	光盘 \ 效果 \ 第 7 章 \7.2.8 七彩蝴蝶 .prproj
视频文件	光盘 \ 视频 \ 第 7 章 \7.2.8 校正"更改颜色".mp4

实战 七彩蝴蝶

步骤 01 按【Ctrl + O】组合键，打开随书附带光盘的"素材 \ 第 7 章 \ 七彩蝴蝶 .prproj"文件，如图 7-63 所示。

步骤 02 打开项目文件后，在"节目监视器"面板中可以查看素材画面，如图 7-64 所示。

图 7-63 打开项目文件　　　　　　图 7-64 查看素材画面

步骤 03 在"效果"面板中，依次展开"视频效果"|"颜色校正"选项，在其中选择"更改颜色"视频特效，如图 7-65 所示。

步骤 04 单击鼠标左键并拖曳"更改颜色"特效至"时间轴"面板中的素材文件上，如图 7-66 所示，释放鼠标即可添加视频特效。

步骤 05 选择 V1 轨道上的素材，在"效果控件"面板中，展开"更改颜色"选项，单击"要更改的颜色"选项右侧的吸管图标，如图 7-67 所示。

步骤 06 在"节目监视器"中的合适位置单击，进行采样，如图 7-68 所示。

步骤 07 取样完成后，在"效果控件"面板中，展开"更改颜色"选项，设置"色相变换"为-175、"亮度变换"为 8、"匹配容差"为 28%，如图 7-69 所示。

步骤 08 执行上述操作后，即可运用"更改颜色"特效调整色彩，如图7-70所示。

图7-65 选择"更改颜色"视频特效

图7-66 拖曳"更改颜色"特效

图7-67 单击吸管图标

图7-68 进行采样

图7-69 设置相应的选项

图7-70 运用"更改颜色"特效调整色彩

❶ 视图："校正的图层"显示更改颜色效果的结果。"颜色校正遮罩"显示将要更改的图层的区域。颜色校正遮罩中的白色区域的变化最大，黑暗区域变化最小。

②色相变换：色相的调整量（读数）。

③亮度变换：正值使匹配的像素变亮，负值使它们变暗。

④饱和度变换：正值增加匹配的像素的饱和度（向纯色移动），负值降低匹配的像素的饱和度（向灰色移动）。

⑤要更改的颜色：范围中要更改的中央颜色。

⑥匹配容差：设置颜色可以在多大程度上不同于"要匹配的颜色"并且仍然匹配。

⑦匹配柔和度：不匹配像素受效果影响的程度，与"要匹配的颜色"的相似性成比例。

⑧匹配颜色：确定一个在其中比较颜色以确定相似性的色彩空间。RGB 在 RGB 色彩空间中比较颜色。色相在颜色的色相上做比较，忽略饱和度和亮度；因此鲜红和浅粉匹配。色度使用两个色度分量来确定相似性，忽略明亮度（亮度）。

⑨反转颜色校正蒙版：反转用于确定哪些颜色受影响的蒙版。

专家指点

当用户第一次确认需要修改的颜色时，只需要选择近似的颜色即可，因为在了解颜色替换效果后才能精确调整替换的颜色。"更改颜色"特效是通过调整素材色彩范围内色相、亮度以及饱和度的数值，以改变色彩范围内的颜色。

步骤 09 单击"播放 - 停止切换"按钮，预览视频效果，最终效果如图 7-71 所示。

图 7-71 更改颜色调整的前后对比效果

在 Premiere Pro CC 中，用户也可以使用"更改为颜色"特效，使用色相、亮度和饱和度（HLS）值将用户在图像中选择的颜色更改为另一种颜色，保持其他颜色不受影响。

"更改为颜色"提供了"更改颜色"效果未能提供的灵活性和选项。这些选项包括用于精确颜色匹配的色相、亮度和饱和度容差滑块，以及选择用户希望更改成的目标颜色的精确 RGB 值的功能，"更改为颜色"选项界面如图 7-72 所示。

将素材添加到"时间轴"面板的轨道上后，为素材添加"更改为颜色"特效，在"效果控件"面板中，展开"更改为颜色"选项，单击"自"右侧的色块，在弹出的"拾色器"对话框中设置 RGB 参数分别为 3、231、72；单击"至"右侧的色块，在弹出的"拾色器"对话框中设置 RGB 参数分别为 251、275、80；设置"色相"为 20、"亮度"为 60、"饱和度"为 20、"柔和度"为 20，调整效果如图 7-73 所示。

图 7-72 "更改为颜色"选项界面　　　　　　图 7-73 调整效果

❶ 自：要更改的颜色范围的中心。

❷ 至：将匹配的像素更改成的颜色（要将动画化颜色变化，请为"至"颜色设置关键帧）。

❸ 更改：选择受影响的通道。

❹ 更改方式：如何更改颜色，"设置为颜色"将受影响的像素直接更改为目标颜色；"变换为颜色"使用 HLS 插值向目标颜色变换受影响的像素值，每个像素的更改量取决于像素的颜色与"自"颜色的接近程度。

❺ 容差：颜色可以在多大程度上不同于"自"颜色并且仍然匹配，展开此控件可以显示色相、亮度和饱和度值的单独滑块。

❻ 柔和度：用于校正遮罩边缘的羽化量，较高的值将在受颜色更改影响的区域与不受影响的区域之间创建更平滑的过渡。

❼ 查看校正遮罩：显示灰度遮罩，表示效果影响每个像素的程度，白色区域的变化最大，黑暗区域变化最小。

7.2.9 校正"颜色平衡（HLS）"

　　HLS 分别表示色相、亮度以及饱和度 3 个颜色通道的简称。"颜色平衡（HLS）"特效能够通过调整画面的色相、饱和度以及明度来达到平衡素材颜色的作用。

素材文件	光盘 \ 素材 \ 第 7 章 \7.2.9 音乐交响曲 .prproj	
效果文件	光盘 \ 效果 \ 第 7 章 \7.2.9 音乐交响曲 .prproj	
视频文件	光盘 \ 视频 \ 第 7 章 \7.2.9 校正"颜色平衡（HTS）".mp4	

实战　音乐交响曲

步骤　01　按【Ctrl ＋ O】组合键，打开随书附带光盘的"素材 \ 第 7 章 \ 音乐交响曲 .prproj"文件，如图 7-74 所示。

步骤　02　打开项目文件后，在"节目监视器"面板中可以查看素材画面，如图 7-75 所示。

图 7-74 打开项目文件

图 7-75 查看素材画面

步骤 03 在"效果"面板中，依次展开"视频效果"|"颜色校正"选项，在其中选择"颜色平衡（HLS）"视频特效，如图 7-76 所示。

步骤 04 单击鼠标左键并拖曳"颜色平衡（HLS）"特效至"时间轴"面板中的素材文件上，如图 7-77 所示，释放鼠标即可添加视频特效。

图 7-76 选择"颜色平衡（HLS）"视频特效

图 7-77 拖曳"颜色平衡（HLS）"特效

步骤 05 选择 V1 轨道上的素材，在"效果控件"面板中，展开"颜色平衡（HLS）"选项，如图 7-78 所示。

步骤 06 在"效果控件"面板中，设置"色相"为 8.0°、"亮度"为 10.0、"饱和度"为 10.0，如图 7-79 所示。

图 7-78 展开"颜色平衡（HLS）"选项　　　　　　图 7-79 设置相应的数值

步骤 07 执行以上操作后，即可运用"颜色平衡（HLS）"调整色彩，单击"播放 - 停止切换"按钮，预览视频效果，如图 7-80 所示。

图 7-80 "颜色平衡（HLS）"特效调整的前后对比效果

7.2.10 校正"分色"

"分色"特效可以将素材中除选中颜色及类似色以外的颜色分离，并以灰度模式显示。

素材文件	光盘 \ 素材 \ 第 7 章 \7.2.10 少女 .prproj
效果文件	光盘 \ 效果 \ 第 7 章 \7.2.10 少女 .prproj
视频文件	光盘 \ 视频 \ 第 7 章 \7.2.10 校正"分色".mp4

实战 少女

步骤 01 按【Ctrl ＋ O】组合键，打开随书附带光盘的"素材 \ 第 7 章 \ 少女 .prproj"文件，如图 7-81 所示。

步骤 02 打开项目文件后，在"节目监视器"面板中可以查看素材画面，如图 7-82 所示。

图 7-81 打开项目文件　　　　　　　　　图 7-82 查看素材画面

步骤 **03** 在"效果"面板中，依次展开"视频效果"|"颜色校正"选项，在其中选择"分色"视频特效，如图 7-83 所示。

步骤 **04** 单击鼠标左键并拖曳"分色"特效至"时间轴"面板中的素材文件上，如图 7-84 所示，释放鼠标即可添加视频特效。

图 7-83 选择"分色"视频特效　　　　　　图 7-84 拖曳"分色"特效

步骤 **05** 选择 V1 轨道上的素材，在"效果控件"面板中，展开"分色"选项，单击"要保留的颜色"选项右侧的吸管，如图 7-85 所示。

步骤 **06** 在"节目监视器"中的素材背景中的蓝色单击，进行采样，如图 7-86 所示。

步骤 **07** 取样完成后，在"效果控件"面板中，展开"分色"选项，设置"脱色量"为 100.0%、"容差"为 33.0%，如图 7-87 所示。

步骤 **08** 执行上述操作后，即可运用"分色"特效调整色彩，如图 7-88 所示。

步骤 **09** 单击"播放 - 停止切换"按钮，预览视频效果，最终效果如图 7-89 所示。

图 7-85 单击吸管图标

图 7-86 进行采样

图 7-87 设置相应的选项

图 7-88 运用"分色"特效调整色彩

图 7-89 分色调整的前后对比效果

7.2.11 校正"通道混合器"

"通道混合器"特效是利用当前颜色通道的混合值修改一个颜色通道，通过为每一个通道设

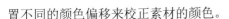

置不同的颜色偏移来校正素材的颜色。

	素材文件	光盘 \ 素材 \ 第 7 章 \7.2.11 圆圈 .prproj
	效果文件	光盘 \ 效果 \ 第 7 章 \7.2.11 圆圈 .prproj
	视频文件	光盘 \ 视频 \ 第 7 章 \7.2.11 校正 "通道混合器" .mp4

实战 圆圈

步骤 01 按【Ctrl + O】组合键，打开随书附带光盘的 "素材 \ 第 7 章 \ 圆圈 .prproj" 文件，如图 7-90 所示。

步骤 02 打开项目文件后，在 "节目监视器" 面板中可以查看素材画面，如图 7-91 所示。

图 7-90 打开项目文件

图 7-91 查看素材画面

步骤 03 在 "效果" 面板中，依次展开 "视频效果" | "颜色校正" 选项，在其中选择 "通道混合器" 视频特效，如图 7-92 所示。

步骤 04 单击鼠标左键并拖曳 "通道混合器" 特效至 "时间轴" 面板中的素材文件上，如图 7-93 所示，释放鼠标即可添加视频特效。

图 7-92 选择 "通道混合器" 视频特效

图 7-93 拖曳 "通道混合器" 特效

步骤 **05** 选择 V1 轨道上的素材，在"效果控件"面板中，展开"通道混合器"选项，如图 7-94 所示。

步骤 **06** 在"效果控件"面板中，设置"红色 - 红色"为 131、"红色 - 绿色"为 -85、"红色 - 蓝色"为 69、"红色 - 恒量"为 -7、"绿色 - 红色"为 45、"绿色 - 绿色"为 90，如图 7-95 所示。

 专家指点

> 在 Premiere Pro CC 中，通道混合器效果通过使用当前颜色通道的混合组合来修改颜色通道，使用此效果可以执行其他颜色调整工具无法轻松完成的创意颜色调整，例如通过选择每个颜色通道所占的百分比来创建高质量灰度图像，创建高质量棕褐色调或其他着色图像，以及交换或复制通道。

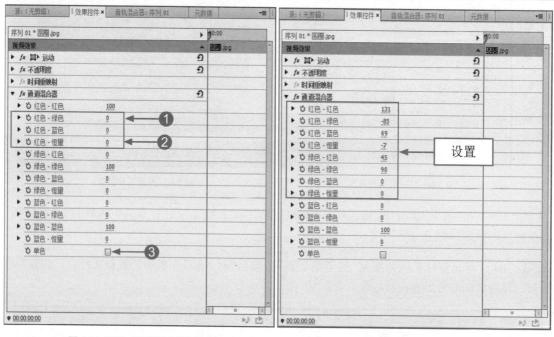

图 7-94 展开"通道混合器"选项　　　　　　图 7-95 设置相应的数值

❶ 输出通道 - 输入通道：增加到输出通道值的输入通道值的百分比。例如，"红色 - 绿色"设置为 10 表示在每个像素的红色通道的值上增加该像素绿色通道的值的 10%。"蓝色 - 绿色"设置为 100 和"蓝色 - 蓝色"设置为 0 表示将蓝色通道值替换成绿色通道值。

❷ 输出通道 - 恒量：增加到输出通道值的恒量值（百分比）。例如，"红色 - 恒量"为 100 表示通过增加 100% 红色来为每个像素增加红色通道的饱和度。

❸ 单色：使用红绿蓝三色输出通道中的红色输出通道的值，从而创建灰度图像。

步骤 **07** 执行以上操作后，即可运用"通道混合器"调整色彩，单击"播放 - 停止切换"按钮，预览视频效果，如图 7-96 所示。

图 7-96 通道混合器调整的前后对比效果

7.2.12 校正"色调"特效

"色调"特效可以修改图像的颜色信息，并对每个像素效果施加一种混合效果。

素材文件	光盘 \ 素材 \ 第 7 章 \7.2.12 绿色盆栽 .prproj
效果文件	光盘 \ 效果 \ 第 7 章 \7.2.12 绿色盆栽 .prproj
视频文件	光盘 \ 视频 \ 第 7 章 \7.2.12 校正"色调"特效 .mp4

实战 绿色盆栽

步骤 01 按【Ctrl + O】组合键，打开随书附带光盘的"素材 \ 第 7 章 \ 绿色盆栽 .prproj"文件，如图 7-97 所示。

步骤 02 打开项目文件后，在"节目监视器"面板中可以查看素材画面，如图 7-98 所示。

图 7-97 打开项目文件　　　　　　　图 7-98 查看素材画面

步骤 03 在"效果"面板中，依次展开"视频效果"|"颜色校正"选项，在其中选择"色调"视频特效，如图 7-99 所示。

步骤 04 单击鼠标左键并拖曳"色调"特效至"时间轴"面板中的素材文件上，如图 7-100 所示，释放鼠标即可添加视频特效。

图 7-99 选择"色调"视频特效　　　　　　　　　图 7-100 拖曳"色调"特效

步骤 **05** 选择 V1 轨道上的素材，在"效果控件"面板中，展开"色调"选项，如图 7-101 所示。

步骤 **06** 在"效果控件"面板中，设置"将黑色映射到"的 RGB 参数为（22、189、57）、"着色量"为 20.0%，如图 7-102 所示。

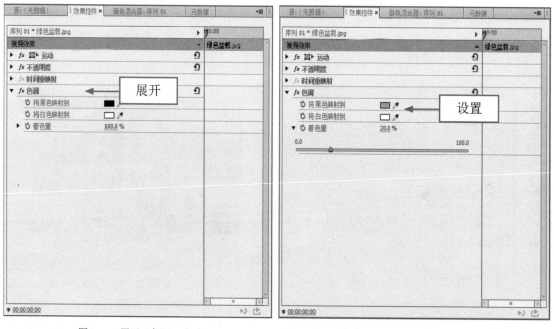

图 7-101 展开"色调"选项　　　　　　　　　图 7-102 设置相应的数值

步骤 **07** 执行以上操作后，即可运用"色调"调整色彩，单击"播放 - 停止切换"按钮，预览视频效果，如图 7-103 所示。

图 7-103 色调调整的前后对比效果

7.2.13 校正"均衡"特效

"均衡"特效可以改变图像的像素，其效果与 Adobe Photoshop 中的"色调均化"特效的效果相似。

	素材文件	光盘 \ 素材 \ 第 7 章 \7.2.13 彩色 .prproj
	效果文件	光盘 \ 效果 \ 第 7 章 \7.2.13 彩色 .prproj
	视频文件	光盘 \ 视频 \ 第 7 章 \7.2.13 校正"均衡"特效 .mp4

实战 彩色

步骤 01 按【Ctrl + O】组合键，打开随书附带光盘的"素材 \ 第 7 章 \ 彩色 .prproj"文件，如图 7-104 所示。

步骤 02 打开项目文件后，在"节目监视器"面板中可以查看素材画面，如图 7-105 所示。

图 7-104 打开项目文件　　　　图 7-105 查看素材画面

步骤 03 在"效果"面板中，依次展开"视频效果"|"颜色校正"选项，在其中选择"均衡"视频特效，如图 7-106 所示。

149

步骤 **04** 单击鼠标左键并拖曳"均衡"特效至"时间轴"面板中的素材文件上，如图 7-107 所示，释放鼠标即可添加视频特效。

图 7-106 选择"均衡"视频特效　　　　　　　　　图 7-107 拖曳"均衡"特效

步骤 **05** 选择 V1 轨道上的素材，在"效果控件"面板中，展开"均衡"选项，如图 7-108 所示。

步骤 **06** 在"效果控件"面板中，设置"均衡量"为 80.0%，如图 7-109 所示。

步骤 **07** 执行以上操作后，即可运用"均衡"调整色彩，单击"播放 - 停止切换"按钮，预览视频效果，如图 7-110 所示。

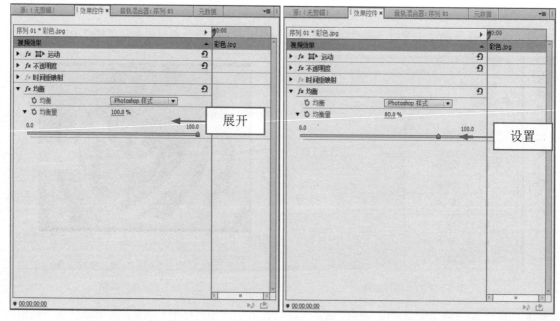

图 7-108 展开"均衡"选项　　　　　　　　　图 7-109 设置相应的数值

图 7-110 均衡调整的前后对比效果

7.2.14 校正 "视频限幅器"

视频限幅器效果用于限制剪辑中的明亮度和颜色，使它们位于用户定义的参数范围，这些参数可用于在使视频信号满足广播限制的情况下尽可能保留视频。

	素材文件	光盘 \ 素材 \ 第 7 章 \7.2.14 光线 .prproj
	效果文件	光盘 \ 效果 \ 第 7 章 \7.2.14 光线 .prproj
	视频文件	光盘 \ 视频 \ 第 7 章 \7.2.14 校正 "视频限幅器" .mp4

实战 光线

步骤 01 按【Ctrl ＋ O】组合键，打开随书附带光盘的 "素材 \ 第 7 章 \ 光线 .prproj" 文件，如图 7-111 所示。

步骤 02 打开项目文件后，在 "节目监视器" 面板中可以查看素材画面，如图 7-112 所示。

步骤 03 在 "效果" 面板中，依次展开 "视频效果"|"颜色校正" 选项，在其中选择 "视频限幅器" 视频特效，如图 7-113 所示。

图 7-111 打开项目文件

图 7-112 查看素材画面

步骤 **04** 单击鼠标左键并拖曳"视频限幅器"特效至"时间轴"面板中的素材文件上，如图7-114所示，释放鼠标即可添加视频特效。

图 7-113 选择"视频限幅器"视频特效

图 7-114 拖曳"视频限幅器"特效

步骤 **05** 选择 V1 轨道上的素材，在"效果控件"面板中，展开"视频限幅器"选项，如图 7-115 所示。

步骤 **06** 在"效果控件"面板中，设置"最大值"为 70.00%，如图 7-116 所示。

 专家指点

在"视频限幅器"选项列表中，用户还可以设置以下选项。

信号最小值：指定最小的视频信号，包括亮度和饱和度。

信号最大值：指定最大的视频信号，包括亮度和饱和度。

图 7-115 展开"视频限幅器"选项

图 7-116 设置相应的数值

❶ 显示拆分视图：将图像的一部分显示为校正视图，而将其他图像的另一部分显示为未校正视图。

❷ 缩小轴：允许设置多项限制，以定义明亮度的范围（亮度）、颜色（色度）、颜色和明亮度（色度和亮度）或总体视频信号（智能限制）。"最小"和"最大"控件的可用性取决于您选择的"缩小轴"选项。

❸ 亮度最小值：指定图像中的最暗级别。

❹ 亮度最大值：指定图像中的最亮级别。

❺ 色度最小值：指定图像中的颜色的最低饱和度。

❻ 色度最大值：指定图像中的颜色的最高饱和度。

❼ 缩小方式：允许压缩特定的色调范围以保留重要色调范围中的细节（"高光压缩"、"中间调压缩"、"阴影压缩"或"高光和阴影压缩"）或压缩所有的色调范围（"压缩全部"）。默认值为"压缩全部"。

❽ 色调范围定义：定义剪辑中的阴影、中间调和高光的色调范围，拖动方形滑块可调整阈值，拖动三角形滑块可调整柔和度（羽化）的程度。阴影阈值、阴影柔和度、高光阈值、高光柔和度确定剪辑中的阴影、中间调和高光的阈值和柔和度。输入值，或单击选项名称旁边的三角形并拖动滑块。

步骤　07 执行以上操作后，即可运用"视频限幅器"调整色彩，单击"播放 - 停止切换"按钮，预览视频效果，如图 7-117 所示。

专家指点

进行颜色校正之后，应用视频限幅器效果，使视频信号符合广播标准，同时尽可能保持较高的图像质量。建议使用 YC 波形范围，以确保视频信号介于 7.5 至 100IRE 的等级范围内。

图 7-117 视频限幅器调整的前后对比效果

08 图像色调的调整技巧

学习提示

　　色彩在影视视频的编辑中是必不可少的一个重要元素，合理的色彩搭配加上靓丽的色彩感总能为视频增添几分亮点。主要内容包括调整图像的自动颜色、自动色阶、光照效果等。本章将详细介绍影视素材调色的操作方法。

本章重点

- 实战——精美饰品
- 实战——树叶
- 实战——彩铅
- 实战——珠宝广告
- 实战——圣诞快乐

- 实战——珠子
- 实战——爱情绽放
- 实战——海底世界
- 实战——小花盆
- 实战——楼梯一角

8.1 图像色彩的调整

色彩的调整主要是针对素材中的对比度、亮度、颜色以及通道等项目进行特殊的调整和处理。在 Premiere Pro CC 中，系统为用户提供了 9 种特殊效果，本节将对其中几种常用特效进行介绍。

8.1.1 调整自动颜色

在 Premiere Pro CC 中，用户可以根据需要运用自动颜色调整图像的色彩。下面介绍运用自动颜色调整图像的操作方法。

素材文件	光盘 \ 素材 \ 第 8 章 \ 精美饰品 .prproj	
效果文件	光盘 \ 效果 \ 第 8 章 \ 精美饰品 .prproj	
视频文件	光盘 \ 视频 \ 第 8 章 \8.1.1 调整自动颜色 .mp4	

实战 精美饰品

步骤 01 单击 "文件" | "打开项目" 命令，打开随书附带光盘的 "素材 \ 第 8 章 \ 精美饰品 .prproj" 文件，如图 8-1 所示。

步骤 02 打开项目文件后，在 "节目监视器" 面板中可以查看素材画面，如图 8-2 所示。

图 8-1 打开项目文件　　　　　　　图 8-2 查看素材画面

步骤 03 在 "效果" 面板中，依次展开 "视频效果" | "调整" 选项，在其中选择 "自动颜色" 视频特效，如图 8-3 所示。

步骤 04 单击鼠标左键并拖曳 "自动颜色" 特效至 "时间轴" 面板中的素材文件上，如图 8-4 所示，释放鼠标即可添加视频特效。

步骤 05 选择 V1 轨道上的素材，在 "效果控件" 面板中，展开 "自动颜色" 选项，如图 8-5 所示。

步骤 06 在 "效果控件" 面板中，设置 "减少黑色像素" 和 "减少白色像素" 均为 10.00%，如图 8-6 所示。

步骤 07 执行以上操作后，即可运用 "自动颜色" 调整色彩，单击 "播放 - 停止切换" 按钮，预览视频效果，如图 8-7 所示。

图 8-3 选择"自动颜色"选项　　　　　　图 8-4 拖曳"自动颜色"特效

图 8-5 展开"自动颜色"选项

图 8-6 设置相应的数值

图 8-7 预览视频效果

专家指点

　　在 Premiere Pro CC 中，使用"自动颜色"视频特效，用户可以通过搜索图像的方式，来标识暗调、中间调和高光，以调整图像的对比度和颜色。

8.1.2 调整自动色阶

　　在 Premiere Pro CC 中，"自动色阶"特效是可以自动调整素材画面的高光、阴影，并可以调整每一个位置的颜色。下面介绍运用自动色阶调整图像的操作方法。

素材文件	光盘 \ 素材 \ 第 8 章 \ 树叶 .prproj
效果文件	光盘 \ 效果 \ 第 8 章 \ 树叶 .prproj
视频文件	光盘 \ 视频 \ 第 8 章 \8.1.2 调整自动色阶 .mp4

实战 树叶

步骤 01 单击"文件"|"打开项目"命令，打开随书附带光盘的"素材 \ 第 8 章 \ 树叶 .prproj"文件，如图 8-8 所示。

步骤 02 打开项目文件后，在"节目监视器"面板中可以查看素材画面，如图 8-9 所示。

图 8-8 打开项目文件　　　　　　　　图 8-9 查看素材画面

步骤 03 在"效果"面板中，依次展开"视频效果"|"调整"选项，在其中选择"自动色阶"视频特效，如图 8-10 所示。

步骤 04 单击鼠标左键并拖曳"自动色阶"特效至"时间轴"面板中的素材文件上，如图 8-11 所示，释放鼠标即可添加视频特效。

步骤 05 选择 V1 轨道上的素材，在"效果控件"面板中，展开"自动色阶"选项，如图 8-12 所示。

步骤 06 在"效果控件"面板中，设置"减少白色像素"为 10.00%、"与原始图像混合"为 20.0%，如图 8-13 所示。

步骤 07 执行以上操作后，即可运用"自动色阶"调整色彩，单击"播放 - 停止切换"按钮，预览视频效果，如图 8-14 所示。

图 8-10 选择"自动色阶"选项　　　　　　图 8-11 拖曳"自动色阶"特效

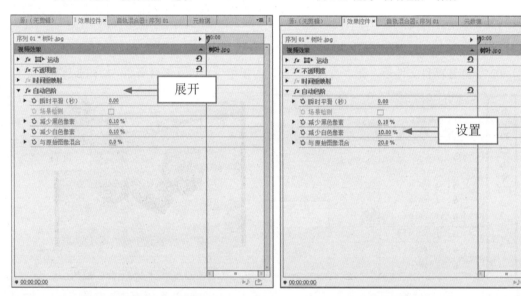

图 8-12 展开"自动色阶"选项　　　　　　图 8-13 设置相应的数值

图 8-14 自动色阶调整的前后对比效果

8.1.3 运用卷积内核

在 Premiere Pro CC 中，"卷积内核"特效可以根据数学卷积分的运算来改变素材中的每一个像素。下面介绍运用卷积内核调整图像的操作方法。

	素材文件	光盘 \ 素材 \ 第 8 章 \ 彩铅 .prproj
	效果文件	光盘 \ 效果 \ 第 8 章 \ 彩铅 .prproj
	视频文件	光盘 \ 视频 \ 第 8 章 \8.1.3 运用卷积内核 .mp4

实战 彩铅

步骤 01 单击"文件"|"打开项目"命令，打开随书附带光盘的"素材 \ 第 8 章 \ 彩铅 .prproj"文件，如图 8-15 所示。

步骤 02 打开项目文件后，在"节目监视器"面板中可以查看素材画面，其效果如图 8-16 所示。

图 8-15 打开项目文件　　　　　　　图 8-16 查看素材画面

步骤 03 在"效果"面板中，依次展开"视频效果"|"调整"选项，在其中选择"卷积内核"视频特效，如图 8-17 所示。

步骤 04 单击鼠标左键并拖曳"卷积内核"特效至"时间轴"面板中的素材文件上，如图 8-18所示，释放鼠标即可添加视频特效。

图 8-17 选择"卷积内核"选项　　　　图 8-18 拖曳"卷积内核"特效

专家指点

在 Premiere Pro CC 中，"卷积内核"视频特效主要用于以某种预先指定的数字计算方法来改变图像中像素的亮度值，从而得到丰富的视频效果。在"效果控件"面板的"卷积内核"选项下，单击各选项前的三角形按钮，在其下方可以通过拖动滑块来调整数值。

步骤 05 选择 V1 轨道上的素材，在"效果控件"面板中，展开"卷积内核"选项，如图 8-19 所示。

步骤 06 在"效果控件"面板中，设置 M11 为 2，如图 8-20 所示。

图 8-19 展开"卷积内核"选项   图 8-20 设置相应的数值

 专家指点

在"卷积内核"选项列表中，每项以字母 M 开头的设置均表示 3×3 矩阵中的一个单元格，例如，M11 表示第 1 行第 1 列的单元格，M22 表示矩阵中心的单元格。单击任何单元格设置旁边的数字，可以键入要作为该像素亮度值的倍数的值。

步骤 07 执行以上操作后，即可运用"卷积内核"调整色彩，单击"播放 - 停止切换"按钮，预览视频效果，如图 8-21 所示。

图 8-21 卷积内核调整的前后对比效果

专家指点

　　在"卷积内核"选项列表中，单击"偏移"选项旁边的数字并键入一个值，此值将与缩放计算的结果相加；单击"缩放"选项旁边的数字并键入一个值，计算中的像素亮度值总和将除以此值。

8.1.4　运用光照效果

　　"光照效果"视频特效可以用来在图像中制作并应用多种照明效果。

素材文件	光盘 \ 素材 \ 第 8 章 \ 珠宝广告 .prproj
效果文件	光盘 \ 效果 \ 第 8 章 \ 珠宝广告 .prproj
视频文件	光盘 \ 视频 \ 第 8 章 \8.1.4 运用光照效果 .mp4

实战 珠宝广告

步骤 01　单击"文件"|"打开项目"命令，打开随书附带光盘的"素材\第8章\珠宝广告 .prproj"文件，如图 8-22 所示。

步骤 02　打开项目文件后，在"节目监视器"面板中可以查看素材画面，如图 8-23 所示。

图 8-22　打开项目文件　　　　　图 8-23　查看素材画面

步骤 03　在"效果"面板中，依次展开"视频效果"|"调整"选项，在其中选择"光照效果"视频特效，如图 8-24 所示。

步骤 04　单击鼠标左键并拖曳"光照效果"特效至"时间轴"面板中的素材文件上，如图 8-25所示，释放鼠标即可添加视频特效。

专家指点

　　在"光照效果"选项列表中，用户还可以设置以下选项。

　　表面材质：用于确定反射率较高者是光本身还是光照对象。值 -100 表示反射光的颜色，值 100 表示反射对象的颜色。

　　曝光：用于增加（正值）或减少（负值）光照的亮度。光照的默认亮度值为 0。

图 8-24 选择"光照效果"选项

图 8-25 拖曳"光照效果"特效

步骤 05 选择 V1 轨道上的素材，在"效果控件"面板中，展开"光照效果"选项，如图 8-26 所示。

步骤 06 在"效果控件"面板中，设置"光照类型"为"点光源"、"中央"为（16.0，126.0）、"主要半径"为 85.0、"次要半径"为 85.0、"角度"为 123.0°、"强度"为 9.0、"聚焦"为 16.0，如图 8-27 所示。

专家指点

在 Premiere Pro CC 中，对剪辑应用"光照效果"时，最多可采用 5 个光照来产生有创意的光照。"光照效果"可用于控制光照属性，如光照类型、方向、强度、颜色、光照中心和光照传播，Premiere Pro CC 中还有一个"凹凸层"控件可以使用其他素材中的纹理或图案产生特殊光照效果，例如类似 3D 表面的效果。

图 8-26 展开"光照效果"选项

图 8-27 设置相应的数值

① 光照类型：选择光照类型以指定光源。"无"用来关闭光照；"方向型"从远处提供光照，使光线角度不变"全光源"直接在图像上方提供四面八方的光照,类似于灯泡照在一张纸上的情形"聚光"投射椭圆形光束。

② 光照颜色：用来指定光照颜色。可以单击色板使用 Adobe 拾色器选择颜色，然后单击"确定"按钮；也可以单击"吸管"图标，然后单击计算机桌面上的任意位置以选择颜色。

③ 中央：使用光照中心的 X 和 Y 坐标值移动光照，也可以通过在节目监视器中拖动中心圆来定位光照。

④ 主要半径：调整全光源或点光源的长度，也可以在节目监视器中拖动手柄来调整。

⑤ 次要半径：用于调整点光源的宽度。光照变为圆形后，增加次要半径也就会增加主要半径，也可以在节目监视器中拖动手柄之一来调整此属性。

⑥ 角度：用于更改平行光或点光源的方向。通过指定度数值可以调整此项控制，也可在"节目监视器"中将指针移至控制柄之外，直至其变成双头弯箭头，再进行拖动以旋转光。

⑦ 强度：该选项用于控制光照的明亮强度。

⑧ 聚焦：该选项用于调整点光源的最明亮区域的大小。

⑨ 环境光照颜色：该选项用于更改环境光的颜色。

⑩ 环境光照强度：提供漫射光，就像该光照与室内其他光照（如日光或荧光）相混合一样。选择值 100 表示仅使用光源，或选择值 -100 表示移除光源，要更改环境光的颜色，可以单击颜色框并使用出现的拾色器进行设置。

⑪ 表面光泽：决定表面反射多少光（类似在一张照相纸的表面上），值介于 -100（低反射）到 100（高反射）之间。

步骤 07 执行以上操作后，即可运用"光照效果"调整色彩，单击"播放 - 停止切换"按钮，预览视频效果，如图 8-28 所示。

图 8-28 "光照效果"调整的前后对比效果

8.1.5 运用阴影 / 高光

"阴影 / 高光"特效可以使素材画面变亮并加强阴影。

素材文件	光盘\素材\第8章\圣诞快乐 .prproj
效果文件	光盘\效果\第8章\圣诞快乐 .prproj
视频文件	光盘\视频\第8章\8.1.5 运用阴影／高光 .mp4

实战 圣诞快乐

步骤 01 单击"文件"|"打开项目"命令，打开随书附带光盘的"素材\第8章\圣诞快乐 .prproj"文件，如图 8-29 所示。

步骤 02 打开项目文件后，在"节目监视器"面板中可以查看素材画面，如图 8-30 所示。

图 8-29 打开项目文件　　　　　　图 8-30 查看素材画面

步骤 03 在"效果"面板中，依次展开"视频效果"|"调整"选项，在其中选择"阴影／高光"视频特效，如图 8-31 所示。

步骤 04 单击鼠标左键并拖曳"阴影／高光"特效至"时间轴"面板中的素材文件上，如图 8-32 所示，释放鼠标即可添加视频特效。

图 8-31 选择"阴影／高光"选项　　　　　　图 8-32 拖曳"阴影／高光"特效

步骤 05 选择 V1 轨道上的素材，在"效果控件"面板中，展开"阴影／高光"选项，如图 8-33 所示。

步骤 06 在"效果控件"面板中，设置"阴影色调宽度"为 50、"阴影半径"为 89、"高光半径"为 27、"颜色校正"为 20、"减少黑色像素"为 26.00%、"减少白色像素"为 15.01%，如图 8-34 所示。

 专家指点

在 Premiere Pro CC 中，"阴影 / 高光"效果主要通过增亮图像中的主体，而降低图像中的高光。"阴影 / 高光"效果不会使整个图像变暗或变亮，它基于周围的像素独立调整阴影和高光，也可以调整图像的总体对比度，默认设置用于修复有逆光问题的图像。

图 8-33 展开"阴影 / 高光"选项　　　　图 8-34 设置相应的数值

❶ 自动输量：如果选择此选项，将忽略"阴影数量"和"高光数量"值，并使用适合变亮和恢复阴影细节的自动确定的数量。选择此选项还会激活"瞬时平滑"控件。

❷ 阴影数量：使图像中的阴影变亮的程度，仅当取消选中"自动数量"复选框时，此控件才处于活动状态。

❸ 高光数量：使图像中的高光变暗的程度，仅当取消选中"自动数量"复选框时，此控件才处于活动状态。

❹ 瞬时平滑：相邻帧相对于其周围帧的范围（以秒为单位），通过分析此范围可以确定每个帧所需的校正量，如果设置"瞬时平滑"选项为 0，将独立分析每个帧，而不考虑周围的帧。"瞬时平滑"选项可以随时间推移而形成外观更平滑的校正。

❺ 场景检测：如果选中该复选框，在分析周围帧的瞬时平滑时，超出场景变化的帧将被忽略。

❻ 阴影色调宽度和高光色调宽度：用于调整阴影和高光中的可调色调的范围，较低的值将可调范围分别限制到仅最暗和最亮的区域，较高的值会扩展可调范围，这些控件有助于隔离要调整的区域。例如，要使暗的区域变亮的同时不影响中间调，应设置较低的"阴影色调宽度"值，以便在调整"阴影数量"选项时，仅使图像最暗的区域变亮，指定对给定图像而言太大的值可能在强烈的从暗到亮边缘的周围产生光晕。

❼ 阴影半径和高光半径：某个像素周围区域的半径（以像素为单位），效果使用此半径来确定这一像素是否位于阴影或高光中。通常，此值应大致等于图像中的关注主体的大小。

⑧ 颜色校正：效果应用于所调整的阴影和高光的颜色校正量。例如，如果增大"阴影数量"值，原始图像中的暗色将显示出来；"颜色校正"值越高，这些颜色越饱和；对阴影和高光的校正越明显，可用的颜色校正范围越大。

⑨ 中间调对比度：效果应用于中间调的对比度的数量，较高的值单独增加中间调中的对比度，而同时使阴影变暗、高光变亮，负值表示降低对比度。

⑩ 与原始图像混合：用于调整效果的透明度。效果的结果与原始图像混合，合成的效果结果位于顶部，此值设置得越高，效果对剪辑的影响越小。例如，如果将此值设置为100%，效果对剪辑没有可见结果；如果将此值设置为0%，原始图像不会显示出来。

步骤 07 执行以上操作后，即可运用"阴影/高光"调整色彩，单击"播放-停止切换"按钮，预览视频效果，如图8-35所示。

图8-35 阴影/高光调整的前后对比效果

8.1.6 运用自动对比度

"自动对比度"特效主要用于调整素材整体色彩的混合，去除素材的偏色。下面介绍运用自动对比度调整图像的操作方法。

素材文件	光盘\素材\第8章\珠子.prproj
效果文件	光盘\效果\第8章\珠子.prproj
视频文件	光盘\视频\第8章\8.1.6 运用自动对比度.mp4

实战 珠子

步骤 01 单击"文件"|"打开项目"命令，打开随书附带光盘的"素材\第8章\珠子.prproj"文件，如图8-36所示。

步骤 02 打开项目文件后，在"节目监视器"面板中可以查看素材画面，如图8-37所示。

步骤 03 在"效果"面板中，依次展开"视频效果"|"调整"选项，在其中选择"自动对比度"视频特效，如图8-38所示。

步骤 04 单击鼠标左键并拖曳"自动对比度"特效至"时间轴"面板中的素材文件上，如图8-39所示，释放鼠标即可添加视频特效。

专家指点

　　在 Premiere Pro CC 中，使用"自动对比度"视频特效，可以让系统自动调整图像中颜色的总体对比度和混合颜色，该视频特效不是进行单独地调整各通道，所以不会引入或消除色偏，它是将图像中的最亮的和最暗的素材像素映射为白色和黑色，使高光显得更亮，而暗调显得更暗。

图 8-36 打开项目文件　　　　　　　　图 8-37 查看素材画面

图 8-38 选择"自动对比度"选项　　　图 8-39 拖曳"自动对比度"特效

步骤 05 选择 V1 轨道上的素材，在"效果控件"面板中，展开"自动对比度"选项，如图 8-40 所示。

步骤 06 在"效果控件"面板中，设置"减少白色像素"为 10.00%，如图 8-41 所示。

图 8-40 展开"自动对比度"选项　　　图 8-41 设置相应的数值

❶ 瞬时平滑：用于调整相邻帧相对于其周围帧的范围（以秒为单位），通过分析此范围可以确定每个帧所需的校正量。如果"瞬时平滑"为 0，将独立分析每个帧，而不考虑周围的帧。"瞬时平滑"选项可以随时间推移而形成外观更平滑的校正。

❷ 场景检测：如果选中该复选框，在效果分析周围帧的瞬时平滑时，超出场景变化的帧将被忽略。

❸ 减少黑色像素、减少白色像素：有多少阴影和高光被剪切到图像中新的极端阴影和高光颜色。注意不要将剪切值设置得太大，因为这样做会降低阴影或高光中的细节。建议设置为 0.0% 到 1% 之间的值。默认情况下，阴影和高光像素将被剪切 0.1%，也就是说，当发现图像中最暗和最亮的像素时，将会忽略任一极端的前 0.1%；这些像素随后映射到输出黑色和输出白色。此剪切可确保输入黑色和输入白色值基于代表像素值而不是极端像素值。

> **专家指点**
>
> 在 Premiere Pro CC 中，"自动对比度"特效与"自动色阶"特效都可以用来调整对比度与颜色。其中，"自动对比度"特效在无需增加或消除色偏的情况下调整总体对比度和颜色混合；"自动色阶"特效会自动校正高光和阴影。另外，由于"自动色阶"特效单独调整每个颜色通道，因此可能会消除或增加色偏。

步骤 07 执行以上操作后，即可运用"自动对比度"调整色彩，单击"播放 - 停止切换"按钮，预览视频效果，如图 8-42 所示。

图 8-42 自动对比度调整的前后对比效果

> **专家指点**
>
> 在 Premiere Pro CC 中，使用"自动对比度"视频特效，将通道中的像素自定义为白色和黑色后，根据需要按比例重新分配中间像素值来自动调整图像的色调。

8.1.7 运用 ProcAmp

ProcAmp 特效可以分别调整影片的亮度、对比度、色相以及饱和度。

素材文件	光盘 \ 素材 \ 第 8 章 \ 爱情绽放 .prproj	
效果文件	光盘 \ 效果 \ 第 8 章 \ 爱情绽放 .prproj	
视频文件	光盘 \ 视频 \ 第 8 章 \8.1.7 运用 ProcAmp.mp4	

实战 爱情绽放

步骤 01 单击"文件"|"打开项目"命令，打开随书附带光盘的"素材\第8章\爱情绽放.prproj"文件，如图8-43所示。

步骤 02 打开项目文件后，在"节目监视器"面板中可以查看素材画面，如图8-44所示。

图 8-43 打开项目文件　　　　　　　　　图 8-44 查看素材画面

专家指点

　　在 Premiere Pro CC 中，ProcAmp 效果用于模仿标准电视设备上的处理放大器。此效果调整剪辑图像的亮度、对比度、色相、饱和度以及拆分百分比。

步骤 03 在"效果"面板中，依次展开"视频效果"|"调整"选项，在其中选择 ProcAmp 视频特效，如图8-45所示。

步骤 04 单击鼠标左键并拖曳 ProcAmp 特效至"时间轴"面板中的素材文件上，如图8-46所示，释放鼠标即可添加视频特效。

图 8-45 选择 ProcAmp 选项　　　　　　图 8-46 拖曳 ProcAmp 特效

步骤 05 选择 V1 轨道上的素材，在"效果控件"面板中，展开 ProcAmp 选项，如图8-47所示。

步骤 06 在"效果控件"面板中,设置"色相"为 30.0°,如图 8-48 所示。

步骤 07 执行以上操作后,即可运用 ProcAmp 调整色彩,单击"播放 - 停止切换"按钮,预览视频效果,如图 8-49 所示。

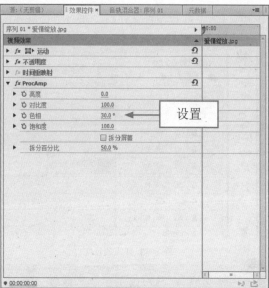

图 8-47 展开 ProcAmp 选项   图 8-48 设置相应的数值

图 8-49 ProcAmp 调整的前后对比效果

8.2 图像色调的控制

在 Premiere Pro CC 中,图像的色调控制主要用于纠正素材画面的色彩,以弥补素材在前期采集中所存在的一些缺陷。本节主要介绍图像色调的控制技巧。

8.2.1 调整图像的黑白

"黑白"特效主要是用于将素材画面转换为灰度图像,下面将介绍调整图像的黑白效果的操作方法。

素材文件	光盘\素材\第8章\海底世界.prproj
效果文件	光盘\效果\第8章\海底世界.prproj
视频文件	光盘\视频\第8章\8.2.1 调整图像的黑白.mp4

实战 海底世界

步骤 01 单击"文件"|"打开项目"命令,打开随书附带光盘的"素材\第8章\海底世界.prproj"文件,如图8-50所示。

步骤 02 打开项目文件后,在"节目监视器"面板中可以查看素材画面,如图8-51所示。

图8-50 打开项目文件　　　　　　　图8-51 查看素材画面

步骤 03 在"效果"面板中,依次展开"视频效果"|"图像控制"选项,在其中选择"黑白"视频特效,如图8-52所示。

步骤 04 单击鼠标左键并拖曳"黑白"特效至"时间轴"面板中的素材文件上,如图8-53所示,释放鼠标即可添加视频特效。

图8-52 选择"黑白"选项　　　　　　图8-53 拖曳"黑白"特效

步骤 05 选择V1轨道上的素材,在"效果控件"面板中,展开"黑白"选项,保持默认设置即可,如图8-54所示。

步骤 06 执行以上操作后，即可运用"黑白"调整色彩，单击"播放 - 停止切换"按钮，预览视频效果，如图 8-55 所示。

图 8-54 保持默认设置　　　　　　　　　　　　图 8-55 预览视频效果

8.2.2 调整图像的颜色过滤

"颜色过滤"特效主要用于将图像中某一指定单一颜色外的其它部分转换为灰度图像。

素材文件	光盘 \ 素材 \ 第 8 章 \ 小花盆 .prproj
效果文件	光盘 \ 效果 \ 第 8 章 \ 小花盆 .prproj
视频文件	光盘 \ 视频 \ 第 8 章 \8.2.2 调整图像的颜色过滤 .mp4

实战 小花盆

步骤 01 单击"文件"|"打开项目"命令，打开随书附带光盘的"素材 \ 第 8 章 \ 小花盆 .prproj"文件，如图 8-56 所示。

步骤 02 打开项目文件后，在"节目监视器"面板中可以查看素材画面，如图 8-57 所示。

图 8-56 打开项目文件　　　　　　　　　　　　图 8-57 查看素材画面

步骤 03 在"效果"面板中，依次展开"视频效果"|"图像控制"选项，在其中选择"颜色过滤"视频特效，如图 8-58 所示。

步骤 **04** 单击鼠标左键并拖曳"颜色过滤"特效至"时间轴"面板中的素材文件上，如图 8-59 所示，释放鼠标即可添加视频特效。

图 8-58 选择"颜色过滤"选项　　　　　　　　　　图 8-59 拖曳"颜色过滤"特效

步骤 **05** 选择 V1 轨道上的素材，在"效果控件"面板中，展开"颜色过滤"选项，如图 8-60 所示。

步骤 **06** 在"效果控件"面板中，单击"颜色"右侧的吸管，在"节目监视器"中的素材背景中的紫色单击，进行采样，如图 8-61 所示。

图 8-60 展开"颜色过滤"选项　　　　　　　　　　图 8-61 进行采样

步骤 **07** 取样完成后，在"效果控件"面板中，设置"相似性"为 20，如图 8-62 所示。

步骤 **08** 执行以上操作后，即可运用"颜色过滤"调整色彩，如图 8-63 所示。

步骤 **09** 单击"播放 - 停止切换"按钮，预览视频效果，最终效果如图 8-64 所示。

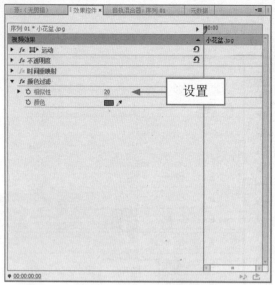

图 8-62 设置相应选项　　　　　　图 8-63 运用"颜色过滤"调整色彩

图 8-64 颜色过滤调整的前后对比效果

8.2.3　调整图像的颜色替换

　　"颜色替换"特效主要是通过目标颜色来改变素材中的颜色，下面将介绍调整图像的颜色替换的操作方法。

素材文件	光盘 \ 素材 \ 第 8 章 \ 小黄花 .prproj
效果文件	光盘 \ 效果 \ 第 8 章 \ 小黄花 .prproj
视频文件	光盘 \ 视频 \ 第 8 章 \8.2.3 调整图像的颜色替换 .mp4

实战	小黄花

步骤　01　单击"文件"|"打开项目"命令，打开随书附带光盘的"素材 \ 第 8 章 \ 小黄花 .prproj"文件，如图 8-65 所示。

步骤　02　打开项目文件后，在"节目监视器"面板中可以查看素材画面，如图 8-66 所示。

图 8-65 打开项目文件

图 8-66 查看素材画面

步骤 03 在"效果"面板中,依次展开"视频效果"|"图像控制"选项,在其中选择"颜色替换"视频特效,如图 8-67 所示。

步骤 04 单击鼠标左键并拖曳"颜色替换"特效至"时间轴"面板中的素材文件上,如图 8-68 所示,释放鼠标即可添加视频特效。

图 8-67 选择"颜色替换"选项

图 8-68 拖曳"颜色替换"特效

步骤 05 选择 V1 轨道上的素材,在"效果控件"面板中,展开"颜色替换"选项,如图 8-69 所示。

步骤 06 在"效果控件"面板中,单击"目标颜色"右侧的吸管,并在"节目监视器"的素材背景中吸取枝干颜色,进行采样,如图 8-70 所示。

图 8-69 展开"颜色替换"选项　　　　　　　　图 8-70 进行采样

步骤 07 取样完成后，在"效果控件"面板中，设置"替换颜色"为黑色，设置"相似性"为 30，如图 8-71 所示。

步骤 08 执行以上操作后，即可运用"颜色替换"调整色彩，如图 8-72 所示。

步骤 09 单击"播放 - 停止切换"按钮，预览视频效果，最终效果如图 8-73 所示。

图 8-71 设置相应选项　　　　　　　　　图 8-72 预览视频效果

图 8-73 颜色替换调整的前后对比效果

8.2.4 调整图像的灰度系数校正

在 Premiere Pro CC 中，"灰度系数校正"特效主要是用于修正图像的中间色调，下面介绍运用灰度系数校正调整图像的操作方法。

	素材文件	光盘\素材\第8章\楼梯一角.prproj
	效果文件	光盘\效果\第8章\楼梯一角.prproj
	视频文件	光盘\视频\第8章\8.2.4 调整图像的灰度系数校正.mp4

实战 楼梯一角

步骤 01 单击"文件"|"打开项目"命令，打开随书附带光盘的"素材\第8章\楼梯一角.prproj"文件，如图 8-74 所示。

步骤 02 打开项目文件后，在"节目监视器"面板中可以查看素材画面，如图 8-75 所示。

步骤 03 在"效果"面板中，依次展开"视频效果"|"图像控制"选项，在其中选择"灰度系数校正"视频特效，如图 8-76 所示。

步骤 04 单击鼠标左键并拖曳"灰度系数校正"特效至"时间轴"面板中的素材文件上，如图 8-77 所示，释放鼠标即可添加视频特效。

图 8-74 打开项目文件

图 8-75 查看素材画面

图 8-76 选择"灰度系数校正"选项

图 8-77 拖曳"灰度系数校正"特效

步骤 05 选择 V1 轨道上的素材，在"效果控件"面板中，展开"灰度系数校正"选项，如图 8-78 所示。

步骤 06 在"效果控件"面板中，设置"灰度系数"为 20，如图 8-79 所示。

图 8-78 展开"灰度系数校正"选项　　　　　　　　图 8-79 设置相应选项

步骤 07 执行以上操作后，即可运用"灰度系数校正"调整色彩，单击"播放 - 停止切换"按钮，预览视频效果，最终效果如图 8-80 所示。

图 8-80 灰度系数校正调整的前后对比效果

8.2.5 调整图像的颜色平衡（RGB）

在 Premiere Pro CC 中，"颜色平衡（RGB）"特效是用于调整素材画面色彩的 R、G、B 参数，以校正图像的色彩。下面介绍运用颜色平衡（RGB）调整图像的操作方法。

素材文件	光盘 \ 素材 \ 第 8 章 \ 雅致别墅群 .prproj	
效果文件	光盘 \ 效果 \ 第 8 章 \ 雅致别墅群 .prproj	
视频文件	光盘 \ 视频 \ 第 8 章 \8.2.5 调整图像的颜色平衡（RGB）.mp4	

实战 雅致别墅群

步骤 01 单击"文件"|"打开项目"命令，打开随书附带光盘的"素材\第8章\雅致别墅群 .prproj"文件，如图 8-81 所示。

步骤 02 打开项目文件后，在"节目监视器"面板中可以查看素材画面，如图 8-82 所示。

图 8-81 打开项目文件

图 8-82 查看素材画面

步骤 03 在"效果"面板中，依次展开"视频效果"|"图像控制"选项，在其中选择"颜色平衡（RGB）"视频特效，如图 8-83 所示。

步骤 04 单击鼠标左键并拖曳"颜色平衡（RGB）"特效至"时间轴"面板中的素材文件上，如图 8-84 所示，释放鼠标即可添加视频特效。

图 8-83 选择"颜色平衡（RGB）"选项

图 8-84 拖曳"颜色平衡（RGB）"特效

步骤 05 选择 V1 轨道上的素材，在"效果控件"面板中，展开"颜色平衡（RGB）"选项，如图 8-85 所示。

步骤 06 在"效果控件"面板中，设置"红色"为105、"绿色"为105、"蓝色"为110，如图 8-86 所示。

步骤 07 执行以上操作后，即可运用"颜色平衡（RGB）"调整色彩，单击"播放 - 停止切换"按钮，预览视频效果，最终效果如图 8-87 所示。

专家指点

　　在 Premiere Pro CC 中，"图像控制"视频特效组可以用来调整图像色调的效果，以弥补素材在前期采集时存在的缺陷，该视频特效组提供了 5 种视频特效效果，通过使用这些视频特效，可以调整出不同的色彩。

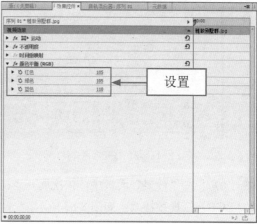

图 8-85 展开"颜色平衡（RGB）"选项　　　　　图 8-86 设置相应选项

图 8-87 颜色平衡（RGB）调整的前后对比效果

09

编辑与设置转场效果

学习提示

　　转场主要利用某些特殊的效果，在素材与素材之间产生自然、平滑、美观以及流畅的过渡效果，可以让视频画面更富有表现力。合理的运用转场效果，可以制作出让人赏心悦目的影视片段。本章将详细介绍编辑与设置转场的方法。

本章重点

- ● 实战——夏日童话
- ● 实战——唯美海景
- ● 实战——水晶之恋
- ● 实战——欢庆

- ● 实战——户外广告
- ● 实战——中秋快乐
- ● 实战——室内广告
- ● 实战——花朵

9.1 转场的基础知识

在两个镜头之间添加转场效果，使得镜头与镜头之间的过渡更为平滑。本节将对转场的相关基础知识进行介绍。

9.1.1 认识转场功能

视频影片是由镜头与镜头之间的链接组建起来的，因此在许多镜头与镜头之间的切换过程中，难免会显得过于僵硬。因此，在许多镜头之间的切换过程中，需要选择不同的转场来达到过渡效果，如图 9-1 所示。转场除了平滑两个镜头的过渡外，还能起到画面和视角之间的切换作用。

图 9-1 转场效果

9.1.2 认识转场分类

Premiere Pro CC 中提供了多种多样的典型转换效果，根据不同的类型，系统将其分别归类在不同的文件夹中。

Premiere Pro CC 中包含的效果分别为 3D 转场效果、过渡效果、伸展效果、划像效果、页面剥落效果、叠化效果、擦除效果、映射效果、滑动效果、缩放效果以及其他的特殊效果等。图 9-2 所示为转场的"页面剥落"效果。

图 9-2 "页面剥落"转场效果

9.1.3 认识转场应用

构成电视片的最小单位是镜头，一个个镜头连接在一起形成的镜头序列叫做段落。每个段落都具有某个单一的、相对完整的意思。而段落与段落之间、场景与场景之间的过渡或转换，就叫做转场。不同的专场效果应用在不同的领域，可以使其效果更佳，如图9-3所示。

图 9-3 "滑动" 转场效果

在影视科技不断发展的今天，转场的应用已经从单纯的影视效果发展到许多商业的动态广告、游戏的开场动画的制作以及一些网络视频的制作中。如3D转场中的"帘式"转场，多用于娱乐节目的MTV中，让节目看起来更加生动。在叠化转场中的"白场过渡与黑场过渡"转场效果就常用在影视节目的片头和片尾处，这种缓慢的过渡可以避免让观众产生过于突然的感觉。

9.2 转场效果的编辑

视频影片是由镜头与镜头之间的链接组建起来的，因此在许多镜头与镜头之间的切换过程中，难免会显得过于僵硬。此时，用户可以在两个镜头之间添加转场效果，使得镜头与镜头之间的过渡更为平滑。本节主要介绍转场效果的编辑基本操作方法。

9.2.1 添加转场效果

在 Premiere Pro CC 中，转场效果被放置在"效果"面板的"视频过渡"文件夹中，用户只需将转场效果拖入视频轨道中即可。下面介绍添加转场效果的操作方法。

	素材文件	光盘 \ 素材 \ 第 9 章 \ 夏日童话 .prproj
	效果文件	光盘 \ 效果 \ 第 9 章 \ 夏日童话 .prproj
	视频文件	光盘 \ 视频 \ 第 9 章 \9.2.1 添加转场效果 .mp4

实战 夏日童话

步骤 01 单击"文件"|"打开项目"命令，打开随书附带光盘的"素材\第9章\夏日童话.prproj"文件，如图9-4所示。

步骤 02 在"效果控件"面板中调整素材的缩放比例，在"效果"面板中展开"视频过渡"选项，如图9-5所示。

图 9-4 打开项目文件　　　　　　　　　　图 9-5 展开"视频过渡"选项

步骤 03 执行上述操作后，在其中展开"3D 运动"选项，选择"旋转离开"转场效果，如图 9-6 所示。

步骤 04 单击鼠标左键并将其拖曳至 V1 轨道的两个素材之间，即可添加转场效果，如图 9-7 所示。

图 9-6 选择"旋转离开"转场效果　　　　　　图 9-7 添加转场效果

专家指点

　　在 Premiere Pro CC 中，添加完转场效果后，按【空格】键，也可播放转场效果。

步骤 05 执行上述操作后，单击"节目监视器"面板中的"播放 - 停止切换"按钮，即可预览转场效果，如图 9-8 所示。

图 9-8 预览转场效果

9.2.2 为不同的轨道添加转场

在 Premiere Pro CC 中，不仅可以在同一个轨道中添加转场效果，还可以在不同的轨道中添加转场效果。下面介绍为不同的轨道添加转场效果的操作方法。

	素材文件	光盘 \ 素材 \ 第 9 章 \ 唯美海景 .prproj
	效果文件	光盘 \ 效果 \ 第 9 章 \ 唯美海景 .prproj
	视频文件	光盘 \ 视频 \ 第 9 章 \9.2.2 为不同的轨道添加转场 .mp4

实战 唯美海景

步骤 01 单击"文件"|"打开项目"命令，打开随书附带光盘的"素材\第9章\唯美海景.prproj"文件，如图9-9所示。

步骤 02 拖曳"项目"面板中的素材至 V1 轨道和 V2 轨道上，并使素材与素材之间合适的交叉，如图 9-10 所示，在"效果控件"面板中调整素材的缩放比例。

图 9-9 打开项目文件   图 9-10 拖曳素材

专家指点

在 Premiere Pro CC 中为不同的轨道添加转场效果时，需要注意将不同轨道的素材与素材进行合适的交叉，否则会出现黑屏过渡效果。

步骤 03 在"效果"面板中展开"视频过渡"|"3D 运动"选项，选择"门"转场效果，如图 9-11 所示。

步骤 04 单击鼠标左键将其拖曳至 V2 轨道的素材上，即可添加转场效果，如图 9-12 所示。

图 9-11 选择"门"转场效果　　　　　　图 9-12 添加转场效果

步骤 05 执行上述操作后，单击"节目监视器"面板中的"播放 - 停止切换"按钮，即可预览转场效果，如图 9-13 所示。

图 9-13 预览转场效果

　专家指点

　　在 Premiere Pro CC 中，将多个素材依次在轨道中连接的时候，注意前一个素材的最后一帧与后一个素材的第一帧之间的衔接性，两个素材一定要紧密地连接在一起。如果中间留有时间空隙，则会在最终的影片播放中出现黑场。

9.2.3 替换和删除转场效果

　　在 Premiere Pro CC 中，当用户发现添加的转场效果并不满意时，可以替换或删除转场效果。下面介绍替换和删除转场效果的操作方法。

素材文件	光盘\素材\第9章\水晶之恋.prproj
效果文件	光盘\效果\第9章\水晶之恋.prproj
视频文件	光盘\视频\第9章\9.2.3 替换和删除转场效果.mp4

实战 水晶之恋

步骤 01 单击"文件"|"打开项目"命令，打开随书附带光盘的"素材\第9章\水晶之恋.prproj"文件，如图9-14所示。

步骤 02 在"时间线"面板的V1轨道中可以查看转场效果，如图9-15所示。

图9-14 打开项目文件　　　　图9-15 查看转场效果

专家指点

在Premiere Pro CC中，如果用户不再需要某个转场效果，可以在"时间线"面板中选择该转场效果，按【Delete】键删除即可。

步骤 03 在"效果"面板中展开"视频过渡"|"划像"选项，选择"圆划像"转场效果，如图9-16所示。

步骤 04 单击鼠标左键并将其拖曳至V1轨道的原转场效果所在位置，即可替换转场效果，如图9-17所示。

图9-16 选择"圆划像"转场效果　　　　图9-17 替换转场效果

步骤 05 执行上述操作后，单击"节目监视器"面板中的"播放 - 停止切换"按钮，即可预览替换后的转场效果，如图 9-18 所示。

步骤 06 在"时间线"面板中选择转场效果，单击鼠标右键，在弹出的快捷菜单中选择"清除"选项，如图 9-19 所示，即可删除转场效果。

图 9-18 预览转场效果　　　　　　　　图 9-19 选择"清除"选项

9.3 转场效果属性的设置

在 Premiere Pro CC 中，可以对添加后的转场效果进行相应设置，从而达到美化转场效果的目的。本节主要介绍设置转场效果属性的方法。

9.3.1 设置转场时间

在默认情况下，添加的视频转场效果默认为 30 帧的播放时间，用户可以根据需要对转场的播放时间进行调整。下面介绍设置转场播放时间的操作方法。

	素材文件	光盘 \ 素材 \ 第 9 章 \ 欢庆 .prproj
	效果文件	光盘 \ 效果 \ 第 9 章 \ 欢庆 .prproj
	视频文件	光盘 \ 视频 \ 第 9 章 \9.3.1 设置转场时间 .mp4

实战 欢庆

步骤 01 在 Premiere Pro CC 界面中，单击"文件"|"打开项目"命令，打开随书附带光盘的"素材 \ 第 9 章 \ 欢庆 .prproj"文件，如图 9-20 所示。

步骤 02 在"效果控件"面板中调整素材的缩放比例，在"效果"面板中展开"视频过渡"|"划像"选项，选择"划像形状"转场效果，如图 9-21 所示。

步骤 03 单击鼠标左键并将其拖曳至 V1 轨道的两个素材之间，即可添加转场效果，如图 9-22 所示。

步骤 04 在"时间线"面板的 V1 轨道中选择添加的转场效果，在"效果控件"面板中设置"持续时间"为 00:00:05:00，如图 9-23 所示。

步骤 05 执行上述操作后，即可设置转场时间，单击"节目监视器"面板中的"播放 - 停止切换"按钮，即可预览转场效果，如图 9-24 所示。

图 9-20 打开项目文件

9-21 选择"划像形状"转场效果

图 9-22 添加转场效果

图 9-23 设置持续时间

图 9-24 预览转场效果

专家指点

在 Premiere Pro CC 中的"效果控件"面板中,不仅可以设置转场效果的持续时间,还可以显示素材的实际来源、边框、边色、反向以及抗锯齿品质等。

9.3.2 对齐转场效果

在 Premiere Pro CC 中，用户可以根据需要对添加的转场效果设置对齐方式。下面介绍对齐转场效果的操作方法。

	素材文件	光盘 \ 素材 \ 第 9 章 \ 户外广告 .prproj
	效果文件	光盘 \ 效果 \ 第 9 章 \ 户外广告 .prproj
	视频文件	光盘 \ 视频 \ 第 9 章 \9.3.2 对齐转场效果 .mp4

实战 户外广告

步骤 01 在 Premiere Pro CC 界面中，单击"文件"|"打开项目"命令，打开随书附带光盘的"素材 \ 第 9 章 \ 户外广告 .prproj"文件，如图 9-25 所示。

图 9-25 打开项目文件

步骤 02 在"项目"面板中拖曳素材至 V1 轨道中，在"效果控件"面板中调整素材的缩放比例，在"效果"面板中展开"视频过渡"|"页面剥落"选项，选择"卷走"转场效果，如图 9-26 所示。

步骤 03 单击鼠标左键并将其拖曳至 V1 轨道的两个素材之间，即可添加转场效果，如图 9-27 所示。

图 9-26 选择"卷走"转场效果　　　　　　图 9-27 添加转场效果

专家指点

　　Premiere Pro CC 中的"效果控件"面板中，系统默认的对齐方式为居中于切点，用户还可以设置对齐方式为居中于切点、起点切入或者结束于切点。

步骤 04 双击添加的转场效果，在"效果控件"面板中单击"对齐"右侧的下拉按钮，在弹出的列表框中选择"起点切入"选项，如图 9-28 所示。

步骤 05 执行上述操作后，V1 轨道上的转场效果即可对齐到"起点切入"位置，如图 9-29 所示。

图 9-28 选择"起点切入"

图 9-29 选项 对齐转场效果

步骤 06 单击"节目监视器"面板中的"播放 - 停止切换"按钮，即可预览转场效果，如图 9-30 所示。

图 9-30 预览转场效果

9.3.3 反向转场效果

　　在 Premiere Pro CC 中，将转场效果设置反向，预览转场效果时可以反向预览显示效果。下面介绍反向转场效果的操作方法。

	素材文件	光盘 \ 素材 \ 第 9 章 \ 中秋快乐 .prproj
	效果文件	光盘 \ 效果 \ 第 9 章 \ 中秋快乐 .prproj
	视频文件	光盘 \ 视频 \ 第 9 章 \9.3.3 反向转场效果 .mp4

实战 中秋快乐

步骤 01 在 Premiere Pro CC 界面中，单击"文件"|"打开项目"命令，打开随书附带光盘的"素材 \ 第 9 章 \ 中秋快乐 .prproj"文件，如图 9-31 所示。

图 9-31 打开项目文件

步骤 02 在"时间线"面板中选择转场效果，如图 9-32 所示。

步骤 03 执行上述操作后，展开"效果控件"面板，如图 9-33 所示。

图 9-32 选择转场效果

图 9-33 展开"效果控件"面板

步骤 04 在"效果控件"面板中选中"反向"复选框，如图 9-34 所示。

步骤 05 执行上述操作后，单击"节目监视器"面板中的"播放 - 停止切换"按钮，即可预览反向转场效果，如图 9-35 所示。

图 9-34 选中"反向"复选框　　　　　　　　　　图 9-35 预览反向转场效果

9.3.4 显示实际素材来源

在 Premiere Pro CC 中，系统默认的转场效果并不会显示原始素材，用户可以通过设置"效果控件"面板来显示素材来源。下面介绍显示实际来源的操作方法。

素材文件	光盘 \ 素材 \ 第 9 章 \ 室内广告 .prproj	
效果文件	光盘 \ 效果 \ 第 9 章 \ 室内广告 .prproj	
视频文件	光盘 \ 视频 \ 第 9 章 \9.3.4 显示实际素材来源 .mp4	

实战 室内广告

步骤 01 在 Premiere Pro CC 界面中，单击"文件"|"打开项目"命令，打开随书附带光盘的"素材 \ 第 9 章 \ 室内广告 .prproj"文件，如图 9-36 所示。

图 9-36 打开项目文件

步骤 02 在"时间线"面板的 V1 轨道中双击转场效果，展开"效果控件"面板，如图 9-37 所示。

步骤 03 在其中选中"显示实际来源"复选框，执行上述操作后，即可显示实际来源，查看到转场的开始与结束点，如图 9-38 所示。

图 9-37 展开"效果控件"面板　　　　图 9-38 显示实际来源

专家指点

　　在"效果控件"面板中选中"显示实际来源"复选框，则大写 A 和 B 两个预览区中显示的分别是视频轨道上第一段素材转场的开始帧和第二段素材的结束帧。

9.3.5　设置转场边框

　　在 Premiere Pro CC 中，不仅可以对齐转场、设置转场播放时间、反向效果等，还可以设置边框宽度及边框颜色。下面介绍设置边框与颜色的操作方法。

素材文件	光盘 \ 素材 \ 第 9 章 \ 花朵 .prproj
效果文件	光盘 \ 效果 \ 第 9 章 \ 花朵 .prproj
视频文件	光盘 \ 视频 \ 第 9 章 \9.3.5 设置转场边框 .mp4

实战 花朵

步骤 01　在 Premiere Pro CC 界面中，单击"文件"|"打开项目"命令，打开随书附带光盘的"素材 \ 第 9 章 \ 花朵 .prproj"文件，如图 9-39 所示。

步骤 02　在"时间线"面板中选择转场效果，如图 9-40 所示。

图 9-39 打开项目文件　　　　图 9-40 选择转场效果

步骤 03 在"效果控件"面板中单击"边框颜色"右侧的色块，弹出"拾色器"对话框，在其中设置 RGB 颜色值为 60、255、0，如图 9-41 所示。

步骤 04 单击"确定"按钮，在"效果控件"面板中设置"边框宽度"为 5.0，如图 9-42 所示。

图 9-41 设置 RGB 颜色值　　　　　　　　　　图 9-42 设置边宽值

步骤 05 执行上述操作后，单击"节目监视器"面板中的"播放-停止切换"按钮，即可预览设置边框颜色后的转场效果，如图 9-43 所示。

图 9-43 预览转场效果

10

制作影视转场特效

学习提示

在第 9 章中了解了转场效果的基本操作方法后，读者可以通过这些常用的转场让镜头之间的衔接更加完美。本章将详细介绍如何制作出更多影视转场特效的操作方法。

本章重点

- ● 实战——水果
- ● 实战——男孩
- ● 实战——电视广告
- ● 实战——美丽新娘
- ● 实战——周年庆典

- ● 实战——结婚特写
- ● 实战——城市美景
- ● 实战——结婚纱照
- ● 实战——空间
- ● 实战——小提琴

10.1 应用常用转场特效

视频影片是由镜头与镜头之间的链接组建起来的，用户可以在两个镜头之间添加过渡效果，使得镜头与镜头之间的过渡更为平滑。

Premiere Pro CC 根据视频效果的作用和效果，将提供的 70 多种视频过渡效果分为"3D运动"、"伸缩"、"划像"、"擦除"、"映射"、"溶解"、"滑动"、"特殊效果"、"缩放"、"页面剥落"等 10 个文件夹，放置在"效果"面板中的"视频过渡"文件夹中。

专家指点

在"时间轴"面板中，视频过渡通常应用于同一轨道上相邻的两个素材文件之间，也可以应用在素材文件的开始或者结尾处。在已添加视频过渡的素材文件上，将会出现相应的视频过渡图标🔲，图标的宽度会根据视频过渡的持续时间长度而变化，选择相应的视频过渡图标，此时图标变成灰色🔲，切换至"效果控件"面板，可以对视频过渡进行详细设置，选中"显示实际源"复选框，即可在面板中的预览区内预览实际素材效果。

10.1.1 向上折叠

"向上折叠"视频转场效果会在第一个镜头中出现类似"折纸"一样的折叠效果，并逐渐显示出第二个镜头的转场效果。

素材文件	光盘\素材\第 10 章\水果 .prproj
效果文件	光盘\效果\第 10 章\水果 .prproj
视频文件	光盘\视频\第 10 章\10.1.1 向上折叠 .mp4

实战 水果

步骤 01 在 Premiere Pro CC 工作界面中，按【Ctrl＋O】组合键，打开随书附带光盘的"素材\第 10 章\水果 .prproj"文件，如图 10-1 所示。

步骤 02 打开项目文件后，在"节目监视器"面板中可以查看素材画面，如图 10-2 所示。

图 10-1 打开项目文件   图 10-2 查看素材画面

专家指点

在 Premiere Pro CC 中，将视频过渡效果应用于素材文件的开始或者结尾处时，可以认为是在素材文件与黑屏之间应用视频过渡效果。

步骤 03 在"效果"面板中，依次展开"视频过渡"|"3D 运动"选项，在其中选择"向上折叠"视频过渡，如图 10-3 所示。

步骤 04 将"向上折叠"视频过渡拖曳至"时间轴"面板中的两个素材之间，如图 10-4 所示，释放鼠标即可添加视频过渡。

图 10-3 选择"向上折叠"视频过渡

图 10-4 拖曳视频过渡

步骤 05 在添加的视频过渡上单击鼠标右键，在弹出的快捷菜单中选择"设置过渡持续时间"选项，如图 10-5 所示。

步骤 06 在弹出的"设置过渡持续时间"对话框中，设置"持续时间"为 00:00:03:00，如图 10-6 所示。

图 10-5 选择"设置过渡持续时间"选项

图 10-6 "设置过渡持续时间"对话框

步骤 07 单击"确定"按钮，即可改变过渡持续时间，如图 10-7 所示。

步骤 08 执行上述操作后，即可设置"向上折叠"转场效果，如图 10-8 所示。

图 10-7 设置过渡持续时间 　　　　　　　图 10-8 设置"向上折叠"转场效果

步骤 09 在"节目监视器"面板中，单击"播放 - 停止切换"按钮，预览视频效果，如图 10-9 所示。

图 10-9 预览视频效果

专家指点

在"3D 运动"文件夹中，提供了"向上折叠"、"帘式"、"摆入"、"摆出"、"旋转离开"、"立方体旋转"、"筋斗过渡"、"翻转"以及"门"等 10 种 3D 运动视频过渡效果。

10.1.2 交叉伸展

"交叉伸展"转场效果是将第一个镜头的画面进行收缩，然后逐渐过渡至第二个镜头的转场效果。

素材文件	光盘 \ 素材 \ 第 10 章 \ 男孩 .prproj
效果文件	光盘 \ 效果 \ 第 10 章 \ 男孩 .prproj
视频文件	光盘 \ 视频 \ 第 10 章 \10.1.2 交叉伸展 .mp4

实战 男孩

步骤 01 在 Premiere Pro CC 工作界面中，按【Ctrl ＋ O】组合键，打开随书附带光盘的"素材 \ 第

10 章 \ 男孩 .prproj" 文件, 如图 10-10 所示。

步骤 02 打开项目文件后, 在"节目监视器"面板中可以查看素材画面, 如图 10-11 所示。

图 10-10 打开项目文件　　　　　　　　　　图 10-11 查看素材画面

步骤 03 在"效果"面板中, 依次展开"视频过渡" | "伸缩"选项, 在其中选择"交叉伸展"视频过渡, 如图 10-12 所示。

步骤 04 将"交叉伸展"视频过渡添加到"时间轴"面板中两个素材文件之间, 选择"交叉伸展"视频过渡, 如图 10-13 所示。

图 10-12 选择"交叉伸展"选项　　　　　　图 10-13 选择"交叉伸展"视频过渡

步骤 05 切换至"效果控件"面板, 在效果缩略图右侧单击"自东向西"按钮, 如图 10-14 所示, 调整伸展的方向。

步骤 06 执行上述操作后, 即可设置交叉伸展转场效果, 如图 10-15 所示。

步骤 07 在"节目监视器"面板中, 单击"播放 - 停止切换"按钮, 预览视频效果, 如图 10-16 所示。

图 10-14 单击"自东向西"按钮

图 10-15 设置"交叉伸展"转场效果

图 10-16 预览视频效果

10.1.3 星形划像

"星形划像"转场效果是将第二个镜头的画面以星形方式扩张，然后逐渐取代第一个镜头的转场效果。

	素材文件	光盘\素材\第 10 章\电视广告 .prproj
	效果文件	光盘\效果\第 10 章\电视广告 .prproj
	视频文件	光盘\视频\第 10 章\10.1.3 星形划像 .mp4

实战 电视广告

步骤 01 在 Premiere Pro CC 工作界面中，按【Ctrl＋O】组合键，打开随书附带光盘的"素材\第 10 章\电视广告 .prproj"文件，如图 10-17 所示。

步骤 02 打开项目文件后，在"节目监视器"面板中可以查看素材画面，如图 10-18 所示。

步骤 03 在"效果"面板中，依次展开"视频过渡"|"划像"选项，在其中选择"星形划像"视频过渡，如图 10-19 所示。

步骤 04 将"星形划像"视频过渡添加到"时间轴"面板中相应的两个素材文件之间，选择"星形划像"视频过渡，如图 10-20 所示。

图 10-17 打开项目文件　　　　　　　　　　图 10-18 查看素材画面

图 10-19 选择"星形划像"视频过渡　　　　图 10-20 选择"星形划像"视频过渡

步骤 **05**　切换至"效果控件"面板，设置"边框宽度"为 1.0，单击"中心切入"右侧的下拉按钮，在弹出的列表框中选择"起点切入"选项，如图 10-21 所示。

步骤 **06**　执行上述操作后，即可设置视频过渡效果的切入方式，在"效果控件"面板右侧的时间轴上可以看到视频过渡的切入起点，如图 10-22 所示。

专家指点

　　在"效果控件"面板的时间轴上，将鼠标移至效果图标右侧的视频过渡效果上，当鼠标指针呈带箭头的矩形形状时，单击鼠标左键并拖曳，可以自定义视频过渡的切入起点，如图 10-23 所示。

步骤 **07**　执行操作后，即可设置"星形划像"转场效果，如图 10-24 所示。

步骤 **08**　在"节目监视器"面板中，单击"播放 - 停止切换"按钮，预览视频效果，如图 10-25 所示。

图 10-21 选择"起点切入"选项

图 10-22 查看切入起点

图 10-23 拖曳视频过渡

图 10-24 设置"星形划像"转场效果

图 10-25 预览视频效果

10.1.4 叠加溶解

"叠加溶解"转场效果是将第一个镜头的画面融化消失，第二个镜头的画面同时出现的转场效果。

素材文件	光盘 \ 素材 \ 第 10 章 \ 美丽新娘 .prproj
效果文件	光盘 \ 效果 \ 第 10 章 \ 美丽新娘 .prproj
视频文件	光盘 \ 视频 \ 第 10 章 \10.1.4 叠加溶解 .mp4

实战 美丽新娘

步骤 01 在 Premiere Pro CC 工作界面中，按【Ctrl ＋ O】组合键，打开随书附带光盘的"素材＼第 10 章＼美丽新娘 .prproj"文件，如图 10-26 所示。

步骤 02 打开项目文件后，在"节目监视器"面板中可以查看素材画面，如图 10-27 所示。

图 10-26 打开项目文件　　　　　　　图 10-27 查看素材画面

步骤 03 在"效果"面板中，依次展开"视频过渡"|"溶解"选项，在其中选择"叠加溶解"视频过渡，如图 10-28 所示。

步骤 04 将"叠加溶解"视频过渡添加到"时间轴"面板中相应的两个素材文件之间，如图 10-29 所示。

图 10-28 选择"叠加溶解"视频过渡　　　　　图 10-29 添加视频过渡

步骤 05 在"时间轴"面板中选择"叠加溶解"视频过渡，切换至"效果控件"面板，将鼠标移至效果图标 右侧的视频过渡效果上，当鼠标指针呈红色拉伸形状 时，单击鼠标左键并向右拖曳，如图 10-30 所示，即可调整视频过渡效果的播放时间。

步骤 06 执行上述操作后，即可设置"叠加溶解"转场效果，如图 10-31 所示。

步骤 07 在"节目监视器"面板中，单击"播放 - 停止切换"按钮，预览视频效果，如图 10-32 所示。

拖曳

图 10-30 拖曳视频过渡

图 10-31 设置"叠加溶解"转场效果

图 10-32 预览视频效果

专家指点

在"时间轴"面板中也可以对视频过渡效果进行简单的设置，将鼠标移至视频过渡效果图标上，当鼠标指针呈白色三角形状时，单击鼠标左键并拖曳，可以调整视频过渡效果的切入位置，将鼠标移至视频过渡效果图标的一侧，当鼠标指针呈红色拉伸形状时，单击鼠标左键并拖曳，可以调整视频过渡效果的播放时间。

10.1.5 中心拆分

"中心拆分"转场效果是将第一个镜头的画面从中心拆分为 4 个画面，并向 4 个角落移动，逐渐过渡至第二个镜头的转场效果。

素材文件	光盘 \ 素材 \ 第 10 章 \ 周年庆典 .prproj
效果文件	光盘 \ 效果 \ 第 10 章 \ 周年庆典 .prproj
视频文件	光盘 \ 视频 \ 第 10 章 \10.1.5 中心拆分 .mp4

实战 周年庆典

步骤 01 在 Premiere Pro CC 工作界面中，按【Ctrl ＋ O】组合键，打开随书附带光盘的"素材 \ 第 10 章 \ 周年庆典 .prproj"文件，如图 10-33 所示。

步骤 02 打开项目文件后，在"节目监视器"面板中可以查看素材画面，如图 10-34 所示。

图 10-33 打开项目文件　　　　　图 10-34 查看素材画面

步骤 03 在"效果"面板中，依次展开"视频过渡"|"滑动"选项，在其中选择"中心拆分"视频过渡，如图 10-35 所示。

步骤 04 将"中心拆分"视频过渡添加到"时间轴"面板中相应的两个素材文件之间，如图 10-36 所示。

图 10-35 选择"中心拆分"视频过渡　　　　　图 10-36 添加视频过渡

步骤 05 在"时间轴"面板中选择"中心拆分"视频过渡，切换至"效果控件"面板，设置"边框宽度"为2.0、"边框颜色"为白色，如图 10-37 所示。

步骤 06 执行上述操作后，即可设置"中心拆分"转场效果，如图 10-38 所示。

步骤 07 在"节目监视器"面板中，单击"播放 - 停止切换"按钮，预览视频效果，如图 10-39 所示。

图 10-37 设置颜色为白色

图 10-38 设置"中心拆分"转场效果

图 10-39 预览视频效果

10.1.6 带状滑动

"带状滑动"转场效果是将第二个镜头的画面以长条带状的方式进入，逐渐取代第一个镜头的转场效果。

	素材文件	光盘 \ 素材 \ 第 10 章 \ 结婚特写 .prproj
	效果文件	光盘 \ 效果 \ 第 10 章 \ 结婚特写 .prproj
	视频文件	光盘 \ 视频 \ 第 10 章 \10.1.6 带状滑动 .mp4

实战 结婚特写

步骤 01 在 Premiere Pro CC 工作界面中，按【Ctrl ＋ O】组合键，打开随书附带光盘的"素材\第 10 章 \ 结婚特写 .prproj"文件，如图 10-40 所示。

步骤 02 打开项目文件后，在"节目监视器"面板中可以查看素材画面，如图 10-41 所示。

步骤 03 在"效果"面板中，依次展开"视频过渡" |"滑动"选项，在其中选择"带状滑动"视频过渡，如图 10-42 所示。

步骤 04 将"带状滑动"视频过渡拖曳到"时间轴"面板中相应的两个素材文件之间，如图 10-43 所示。

图 10-40 打开项目文件　　　　　　　图 10-41 查看素材画面

图 10-42 选择"带状滑动"视频过渡　　　图 10-43 添加视频过渡

步骤 **05** 释放鼠标即可添加视频过渡效果,在"时间轴"面板中选择"带状滑动"视频过渡,如图 10-44 所示。

步骤 **06** 切换至"效果控件"面板,单击"自定义"按钮,如图 10-45 所示。

图 10-44 选择视频过渡

图 10-45 单击"自定义"按钮

步骤 **07** 弹出"带状滑动设置"对话框,设置"带数量"为 12,如图 10-46 所示。

步骤 **08** 单击"确定"按钮,即可设置"带状滑动"视频过渡效果,如图 10-47 所示。

图 10-46 设置"带数量"为 12　　　　图 10-47 设置"带状滑动"视频过渡效果

步骤 09　在"节目监视器"面板中，单击"播放 - 停止切换"按钮，预览视频效果，如图 10-48 所示。

图 10-48 预览视频效果

10.1.7 缩放轨迹

"缩放轨迹"转场效果是将第一个镜头的画面向中心缩小，并显示缩小轨迹，逐渐过渡到第二个镜头的转场效果。

素材文件	光盘 \ 素材 \ 第 10 章 \ 城市美景 .prproj
效果文件	光盘 \ 效果 \ 第 10 章 \ 城市美景 .prproj
视频文件	光盘 \ 视频 \ 第 10 章 \10.1.7 缩放轨迹 .mp4

实战 城市美景

步骤 01　在 Premiere Pro CC 工作界面中，按【Ctrl ＋ O】组合键，打开随书附带光盘的"素材 \ 第 10 章 \ 城市美景 .prproj"文件，如图 10-49 所示。

步骤 02　打开项目文件后，在"节目监视器"面板中可以查看素材画面，如图 10-50 所示。

图 10-49 打开项目文件　　　　　　　　图 10-50 查看素材画面

步骤 **03** 在"效果"面板中，依次展开"视频过渡"|"缩放"选项，在其中选择"缩放轨迹"视频过渡，如图 10-51 所示。

步骤 **04** 将"缩放轨迹"视频过渡拖曳到"时间轴"面板中相应的两个素材文件之间，如图 10-52 所示。

图 10-51 选择"缩放轨迹"视频过渡　　　　图 10-52 拖曳到"时间轴"面板中

步骤 **05** 释放鼠标即可添加视频过渡效果，在"时间轴"面板中选择"缩放轨迹"视频过渡，如图 10-53 所示。

步骤 **06** 切换至"效果控件"面板，单击"自定义"按钮，如图 10-54 所示。

步骤 **07** 弹出"缩放轨迹设置"对话框，设置"轨迹数量"为 16，如图 10-55 所示。

步骤 **08** 单击"确定"按钮，即可设置"缩放轨迹"视频过渡，如图 10-56 所示。

步骤 **09** 在"节目监视器"面板中，单击"播放 - 停止切换"按钮，预览视频效果，如图 10-57 所示。

图 10-53 选择视频过渡

图 10-54 单击"自定义"按钮

图 10-55 设置"轨迹数量"为 16

图 10-56 设置"缩放轨迹"视频过渡

图 10-57 预览视频效果

10.1.8 页面剥落

"页面剥落"转场效果是将第一个镜头的画面以页面的形式从左上角剥落，逐渐过渡到第二个镜头的转场效果。

素材文件	光盘 \ 素材 \ 第 10 章 \ 结婚纱照 .prproj
效果文件	光盘 \ 效果 \ 第 10 章 \ 结婚纱照 .prproj
视频文件	光盘 \ 视频 \ 第 10 章 \10.1.8 页面剥落 .mp4

实战 结婚纱照

步骤 01 在 Premiere Pro CC 工作界面中，按【Ctrl ＋ O】组合键，打开随书附带光盘的"素材 \ 第 10 章 \ 结婚纱照 .prproj"文件，如图 10-58 所示。

步骤 02 打开项目文件后，在"节目监视器"面板中可以查看素材画面，如图 10-59 所示。

图 10-58 打开项目文件　　　　　　　　　　图 10-59 查看素材画面

步骤 03 在"效果"面板中，依次展开"视频过渡"|"页面剥落"选项，在其中选择"页面剥落"视频过渡，如图 10-60 所示。

步骤 04 将"页面剥落"视频过渡添加到"时间轴"面板中相应的两个素材文件之间，如图 10-61 所示。

步骤 05 在"时间轴"面板中选择"页面剥落"视频过渡，切换至"效果控件"面板，选中"反向"复选框，如图 10-62 所示，即可将页面剥落视频过渡效果进行反向。

步骤 06 在"节目监视器"面板中，单击"播放 - 停止切换"按钮，预览视频效果，如图 10-63 所示。

图 10-60 选择"页面剥落"视频过渡　　　　　图 10-61 添加视频过渡

图 10-62 选中"反向"复选框　　　　　　　图 10-63 预览视频效果

10.1.9　映射

　　"映射"转场效果提供了两种类型的转场特效：一种是"声道映射"转场，另一种是"明亮度映射"转场。本例将介绍"声道映射"转场效果的使用方法。

素材文件	光盘 \ 素材 \ 第 10 章 \ 空间 .prproj
效果文件	光盘 \ 效果 \ 第 10 章 \ 空间 .prproj
视频文件	光盘 \ 视频 \ 第 10 章 \10.1.9 映射 .mp4

实战 空间

步骤 01 在 Premiere Pro CC 工作界面中，按【Ctrl ＋ O】组合键，打开随书附带光盘的"素材 \ 第 10 章 \ 空间 .prproj"文件，如图 10-64 所示。

步骤 02 打开项目文件后，在"节目监视器"面板中可以查看素材画面，如图 10-65 所示。

图 10-64　打开项目文件　　　　　　　　图 10-65　查看素材画面

步骤 03 在"效果"面板中，依次展开"视频过渡"|"映射"选项，在其中选择"声道映射"视频过渡，如图 10-66 所示。

步骤 04 将"声道映射"视频过渡拖曳到"时间轴"面板中相应的两个素材文件之间，如图 10-67 所示。

图 10-66 选择"声道映射"视频过渡　　　　　　图 10-67 添加视频过渡

步骤 **05**　释放鼠标，弹出"通道映射设置"对话框，选中"至目标蓝色"右侧的"反转"复选框，如图 10-68 所示。

步骤 **06**　单击"确定"按钮，即可添加"声道映射"转场效果，如图 10-69 所示。

图 10-68 选中相应的复选框　　　　　　图 10-69 添加"声道映射"转场效果

步骤 **07**　在"节目监视器"面板中，单击"播放 - 停止切换"按钮，预览视频效果，如图 10-70 所示。

图 10-70 预览视频效果

10.1.10 翻转

"翻转"转场效果是将第一个镜头的画面翻转，逐渐过渡到第二个镜头的转场效果。

	素材文件	光盘 \ 素材 \ 第 10 章 \ 小提琴 .prproj
	效果文件	光盘 \ 效果 \ 第 10 章 \ 小提琴 .prproj
	视频文件	光盘 \ 视频 \ 第 10 章 \10.1.10 翻转 .mp4

实战 小提琴

步骤 01 在 Premiere Pro CC 工作界面中，按【Ctrl ＋ O】组合键，打开随书附带光盘的"素材 \ 第 10 章 \ 小提琴 .prproj"文件，如图 10-71 所示。

步骤 02 打开项目文件后，在"节目监视器"面板中可以查看素材画面，如图 10-72 所示。

图 10-71 打开项目文件　　　　　　　图 10-72 查看素材画面

步骤 03 在"效果"面板中，依次展开"视频过渡"|"3D 运动"选项，在其中选择"翻转"视频过渡，如图 10-73 所示。

步骤 04 将"翻转"视频过渡添加到"时间轴"面板中相应的两个素材文件之间，如图 10-74 所示。

图 10-73 选择"翻转"视频过渡　　　　　　图 10-74 添加视频过渡

步骤 05 在"时间轴"面板中选择"翻转"视频过渡，切换至"效果控件"面板，单击"自定义"

按钮，如图 10-75 所示。

步骤 06 在弹出的"翻转设置"对话框中，设置"带"为 8，单击"填充颜色"右侧的色块，如图 10-76 所示。

图 10-75 单击"自定义"按钮   图 10-76 单击色块

步骤 07 在弹出的"拾色器"对话框中，设置颜色的 RGB 参数值分别为 255、252、0，如图 10-77 所示。

步骤 08 依次单击"确定"按钮，即可设置"翻转"转场效果，如图 10-78 所示。

图 10-77 设置颜色   图 10-78 设置"翻转"转场效果

步骤 09 在"节目监视器"面板中，单击"播放-停止切换"按钮，预览视频效果，如图 10-79 所示。

图 10-79 预览视频效果

10.1.11 纹理化

"纹理化"转场效果是在第一个镜头的画面显示第二个镜头画面的纹理,然后过渡到第二个镜头的转场效果。

素材文件	光盘 \ 素材 \ 第 10 章 \ 远射远眺 .prproj	
效果文件	光盘 \ 效果 \ 第 10 章 \ 远射远眺 .prproj	
视频文件	光盘 \ 视频 \ 第 10 章 \10.1.11 纹理化 .mp4	

实战 远射远眺

步骤 01 在 Premiere Pro CC 工作界面中,按【Ctrl + O】组合键,打开随书附带光盘的"素材 \ 第 10 章 \ 远射远眺 .prproj"文件,如图 10-80 所示。

步骤 02 打开项目文件后,在"节目监视器"面板中可以查看素材画面,如图 10-81 所示。

图 10-80 打开项目文件　　　　　　图 10-81 查看素材画面

步骤 03 在"效果"面板中,依次展开"视频过渡"|"特殊效果"选项,在其中选择"纹理化"视频过渡,如图 10-82 所示。

步骤 04 将"纹理化"视频过渡拖曳到"时间轴"面板中相应的两个素材文件之间,释放鼠标,即可添加"纹理化"转场效果,如图 10-83 所示。

图 10-82 选择"纹理化"视频过渡　　　　图 10-83 拖曳视频过渡

步骤 **05** 在"节目监视器"面板中，单击"播放 - 停止切换"按钮，预览视频效果，如图
10-84 所示。

图 10-84 预览视频效果

10.1.12 门

"门"转场效果主要是在两个图像素材之间以关门的形式来实现过渡。

	素材文件	光盘 \ 素材 \ 第 10 章 \. 童话世界 .prproj
	效果文件	光盘 \ 效果 \ 第 10 章 \. 童话世界 .prproj
	视频文件	光盘 \ 视频 \ 第 10 章 \10.1.12 门 .mp4

实战 童话世界

步骤 **01** 在 Premiere Pro CC 工作界面中，按【Ctrl ＋ O】组合键，打开随书附带光盘的"素材\第
10 章 \ 童话世界 .prproj"文件，如图 10-85 所示。

步骤 **02** 打开项目文件后，在"节目监视器"面板中可以查看素材画面，如图 10-86 所示。

图 10-85 打开项目文件　　　　图 10-86 查看素材画面

步骤 **03** 在"效果"面板中，依次展开"视频过渡"|"3D 运动"选项，在其中选择"门"
视频过渡，如图 10-87 所示。

步骤 **04** 将"门"视频过渡拖曳到"时间轴"面板中相应的两个素材文件之间，释放鼠标，
即可添加"门"转场效果，如图 10-88 所示。

图 10-87 选择"门"视频过渡　　　　　　　图 10-88 添加视频过渡

步骤 05 在"节目监视器"面板中，单击"播放 - 停止切换"按钮，预览视频效果，如图 10-89 所示。

图 10-89 预览视频效果

10.1.13 卷走

"卷走"转场效果是将第一个镜头中的画面像纸张一样的卷出镜头，最终显示出第二个镜头。

素材文件	光盘 \ 素材 \ 第 10 章 \ 时尚广告 .prproj
效果文件	光盘 \ 效果 \ 第 10 章 \ 时尚广告 .prproj
视频文件	光盘 \ 视频 \ 第 10 章 \10.1.13 卷走 .mp4

实战 时尚广告

步骤 01 按【Ctrl ＋ O】组合键，打开随书附带光盘的"素材 \ 第 10 章 \ 时尚广告 .prproj"文件，在"效果"面板中，依次展开"视频过渡"|"页面剥落"选项，在其中选择"卷走"视频过渡，如图 10-90 所示。

步骤 02 将"卷走"视频过渡拖曳到"时间轴"面板中相应的两个素材文件之间，释放鼠标，即可添加"卷走"转场效果，如图 10-91 所示。

图 10-90 选择"卷走"视频过渡

图 10-91 添加视频过渡

步骤 03 在"节目监视器"面板中，单击"播放 - 停止切换"按钮，预览视频效果，如图 10-92 所示。

图 10-92 预览视频效果

10.1.14 旋转

"旋转"转场效果是在第二幅图像以旋转的形式出现在第一幅图像上以实现过渡。

	素材文件	光盘 \ 素材 \ 第 10 章 \ 荷花 .prproj
	效果文件	光盘 \ 效果 \ 第 10 章 \ 荷花 .prproj
	视频文件	光盘 \ 视频 \ 第 10 章 \10.1.14 旋转 .mp4

实战 荷花

步骤 01 在 Premiere Pro CC 工作界面中，按【Ctrl ＋ O】组合键，打开随书附带光盘的"素材 \ 第 10 章 \ 荷花 .prproj"文件，如图 10-93 所示。

步骤 02 打开项目文件后，在"节目监视器"面板中可以查看素材画面，如图 10-94 所示。

步骤 03 在"效果"面板中，依次展开"视频过渡"|"3D 运动"选项，在其中选择"旋转"视频过渡，如图 10-95 所示。

步骤 04 将"旋转"视频过渡拖曳到"时间轴"面板中相应的两个素材文件之间，如图 10-96 所示。

图 10-93 打开项目文件

图 10-94 查看素材画面

图 10-95 选择"旋转"视频过渡

图 10-96 添加视频过渡

步骤 05　展开"效果控件"面板，设置"持续时间"为 00:00:08:00，如图 10-97 所示。

步骤 06　执行上述操作后，即可添加"旋转"转场效果，如图 10-98 所示。

图 10-97 设置持续时间

图 10-98 添加"旋转"转场效果

步骤 07 在"节目监视器"面板中，单击"播放-停止切换"按钮，预览视频效果，如图 10-99 所示。

图 10-99 预览视频效果

10.1.15 摆入

"摆入"转场效果是第二幅图像像钟摆一样从画面外侧摆入，并取代第一幅图像在屏幕中的位置以实现过渡。

素材文件	光盘 \ 素材 \ 第 10 章 \ 最美风景 .prproj
效果文件	光盘 \ 效果 \ 第 10 章 \ 最美风景 .prproj
视频文件	光盘 \ 视频 \ 第 10 章 \10.1.15 摆入 .mp4

实战 最美风景

步骤 01 在 Premiere Pro CC 工作界面中，按【Ctrl ＋ O】组合键，打开随书附带光盘的"素材\第 10 章\最美风景 .prproj"文件，如图 10-100 所示。

步骤 02 打开项目文件后，在"节目监视器"面板中可以查看素材画面，如图 10-101 所示。

图 10-100 打开项目文件　　　　图 10-101 查看素材画面

步骤 03 在"效果"面板中，依次展开"视频过渡"|"3D 运动"选项，在其中选择"摆入"视频过渡，如图 10-102 所示。

步骤 04 将"摆入"视频过渡拖曳到"时间轴"面板中相应的两个素材文件之间,如图 10-103 所示。

图 10-102 选择"摆入"视频过渡 　　图 10-103 添加视频过渡

步骤 05 执行操作后,即可添加"摆入"转场效果,在"节目监视器"面板中,单击"播放 - 停止切换"按钮,预览添加转场后的视频效果,如图 10-104 所示。

图 10-104 预览视频效果

10.1.16 摆出

"摆出"转场效果与"摆入"转场效果有些类似,只是过渡的方式有些不同。

素材文件	光盘 \ 素材 \ 第 10 章 \ 最美风景 . prproj
效果文件	光盘 \ 效果 \ 第 10 章 \ 最美风景 2.prproj
视频文件	光盘 \ 视频 \ 第 10 章 \10.1.16 摆出 .mp4

实战 最美风景 2

步骤 01 以 10.1.15 的素材为例,在"效果"面板,展开"视频过渡"选项,在"3D 运动"列表框中选择"摆出"选项,如图 10-105 所示。

步骤 02 单击鼠标左键将"摆出"视频过渡拖曳到"时间轴"面板中相应的两个素材文件之间,如图 10-106 所示。

图 10-105 选择"摆出"选项　　　　　　　　　　图 10-106 添加转场效果

步骤 03 释放鼠标，展开"效果控件"面板，设置"持续时间"为 00:00:07:00，如图 10-107 所示。

步骤 04 执行操作后，即可添加摆出转场效果，在"节目监视器"面板中，单击"播放 - 停止切换"按钮，预览添加转场后的图像效果，如图 10-108 所示。

图 10-107 设置持续时间　　　　　　　　　　图 10-108 预览视频效果

10.1.17 棋盘

"棋盘"转场效果是第二幅图像以棋盘格的形式出现在第一幅图像上以实现过渡。

	素材文件	光盘 \ 素材 \ 第 10 章 \ 盆栽景色 .prproj
	效果文件	光盘 \ 效果 \ 第 10 章 \ 盆栽景色 .prproj
	视频文件	光盘 \ 视频 \ 第 10 章 \10.1.17 棋盘 .mp4

实战 盆栽景色

步骤 01 在 Premiere Pro CC 工作界面中，按【Ctrl ＋ O】组合键，打开随书附带光盘的"素材 \ 第 10 章 \ 盆栽景色 .prproj"文件，如图 10-109 所示。

> **步骤 02** 打开项目文件后，在"节目监视器"面板中可以查看素材画面，如图 10-110 所示。

图 10-109 打开项目文件

图 10-110 查看素材画面

> **步骤 03** 在"效果"面板中，展开"视频过渡"选项，在"擦除"列表框中选择"棋盘"选项，如图 10-111 所示。

> **步骤 04** 单击鼠标左键将"棋盘"视频过渡拖曳到"时间轴"面板中相应的两个素材文件之间，如图 10-112 所示，并设置时间为 00:00:07:00。

图 10-111 选择"摆出"选项

图 10-112 添加转场效果

> **步骤 05** 在"节目监视器"面板中，单击"播放 - 停止切换"按钮，预览添加转场后的视频效果，如图 10-113 所示。

图 10-113 预览视频效果

10.1.18 交叉划像

"交叉划像"转场是一种将第一个镜头的画面进行收缩，然后逐渐过渡至第二个镜头的转场效果。

素材文件	光盘 \ 素材 \ 第 10 章 \ 背景 . prproj
效果文件	光盘 \ 效果 \ 第 10 章 \ 背景 .prproj
视频文件	光盘 \ 视频 \ 第 10 章 \10.1.18 交叉划像 .mp4

实战 背景

步骤 01 在 Premiere Pro CC 工作界面中，按【Ctrl＋O】组合键，打开随书附带光盘的"素材 \ 第 10 章 \ 背景 .prproj"文件，如图 10-114 所示。

步骤 02 打开项目文件后，在"节目监视器"面板中可以查看素材画面，如图 10-115 所示。

图 10-114 打开项目文件　　　　　　　　　图 10-115 查看素材画面

步骤 03 在"效果"面板中，展开"视频过渡"选项，在"划像"列表框中选择"交叉划像"选项，如图 10-116 所示。

步骤 04 单击鼠标左键将"交叉划像"视频过渡拖曳到"时间轴"面板中相应的两个素材文件之间，设置时间为 00:00:09:00，如图 10-117 所示。

图 10-116 选择"交叉划像"选项　　　　　　图 10-117 添加转场效果

步骤 05 在"节目监视器"面板中,单击"播放 - 停止切换"按钮,预览添加转场后的视频效果,如图 10-118 所示。

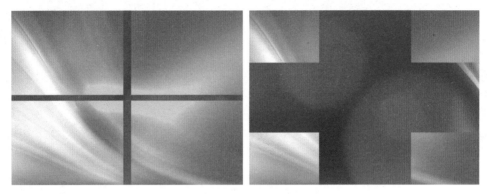

图 10-118 预览视频效果

10.1.19 中心剥落

"中心剥落"转场效果是以第一个镜头从中心分裂成 4 块并卷起而显示第二个镜头的形式来实现转场效果。

	素材文件	光盘 \ 素材 \ 第 10 章 \ 背景 . prproj
	效果文件	光盘 \ 效果 \ 第 10 章 \ 背景 2.prproj
	视频文件	光盘 \ 视频 \ 第 10 章 \10.1.19 中心剥落 .mp4

实战 背景 2

步骤 01 以 10.1.18 的素材为例,在"效果"面板的"页面剥落"列表框中选择"中心剥落"选项,如图 10-119 所示。

步骤 02 单击鼠标左键将"中心剥落"视频过渡拖曳到"时间轴"面板中相应的两个素材文件之间,设置时间为 00:00:08:00,如图 10-120 所示。

步骤 03 执行操作后,即可添加"中心剥落"转场效果,在"节目监视器"面板中,单击"播放 - 停止切换"按钮,预览添加转场后的视频效果,如图 10-121 所示。

图 10-119 选择"中心剥落"选项   图 10-120 添加转场效果

图 10-121 预览视频效果

专家指点

　　"页面剥落"列表框中的转场效果是指在一个镜头将要结束的时候，将其最后一系列的画面翻转，从而转接到一个镜头的一系列画面，它的主要作用是强调前后一系列画面的对比或者过渡。

10.2 应用高级转场特效

　　高级视频转场效果主要是指 Premiere Pro CC 自身附带的特定转场效果，用户可以根据需要在影片素材之间添加高级转场特效。本节主要介绍高级转场效果的添加方法，供读者掌握。

10.2.1 渐变擦除

　　"渐变擦除"转场效果是将第二个镜头的画面以渐变的方式逐渐取代第一个镜头的转场效果。

素材文件	光盘 \ 素材 \ 第 10 章 \ 最美枫叶 .prproj
效果文件	光盘 \ 效果 \ 第 10 章 \ 最美枫叶 .prproj
视频文件	光盘 \ 视频 \ 第 10 章 \10.2.1 渐变擦除 .mp4

实战 最美枫叶

步骤 01　在 Premiere Pro CC 工作界面中，按【Ctrl ＋ O】组合键，打开随书附带光盘的"素材 \ 第 10 章 \ 最美枫叶 .prproj"文件，如图 10-122 所示。

步骤 02　打开项目文件后，在"节目监视器"面板中可以查看素材画面，如图 10-123 所示。

步骤 03　在"效果"面板中，依次展开"视频过渡"|"擦除"选项，在其中选择"渐变擦除"视频过渡，如图 10-124 所示。

步骤 04　将"渐变擦除"视频过渡拖曳到"时间轴"面板中相应的两个素材文件之间，如图 10-125 所示。

步骤 05　释放鼠标，弹出"渐变擦除设置"对话框，在对话框中设置"柔和度"为 0，如图 10-126 所示。

图 10-122 打开项目文件

图 10-123 查看素材画面

图 10-124 选择"渐变擦除"视频过渡

图 10-125 拖曳视频过渡

步骤 06 单击"确定"按钮，即可设置"渐变擦除"转场效果，如图 10-127 所示。

图 10-126 设置"柔和度"

图 10-127 设置"渐变擦除"转场效果

步骤 07 单击"播放 - 停止切换"按钮，预览视频效果，如图 10-128 所示。

图 10-128 预览视频效果

10.2.2 翻页

"翻页"转场效果主要是将第一幅图像以翻页的形式从一角卷起,最终将第二幅图像显示出来。

	素材文件	光盘 \ 素材 \ 第 10 章 \ 海报 .prproj
	效果文件	光盘 \ 效果 \ 第 10 章 \ 海报 .prproj
	视频文件	光盘 \ 视频 \ 第 10 章 \10.2.2 翻页 .mp4

实战 海报

步骤 01 按【Ctrl + O】组合键,打开随书附带光盘的"素材 \ 第 10 章 \ 海报 .prproj"文件,如图 10-129 所示。

步骤 02 打开项目文件后,在"节目监视器"面板中可以查看素材画面,如图 10-130 所示。

图 10-129 打开项目文件   图 10-130 查看素材画面

步骤 03 在"效果"面板中,依次展开"视频过渡" | "页面剥落"选项,在其中选择"翻页"视频过渡,如图 10-131 所示。

步骤 **04** 将"翻页"视频过渡拖曳到"时间轴"面板中相应的两个素材文件之间,如图10-132所示。

图 10-131 选择"翻页"视频过渡

图 10-132 添加视频过渡

步骤 **05** 执行操作后,即可添加"翻页"转场效果,在"节目监视器"面板中,单击"播放-停止切换"按钮,预览添加转场后的视频效果,如图10-133所示。

图 10-133 预览视频效果

专家指点

　　用户在"效果"面板的"页面剥落"列表框中,选择"翻页"转场效果后,可以单击鼠标右键,弹出快捷菜单,选择"设置所选择为默认过渡"选项,即可将"翻页"转场效果设置为默认转场。

10.2.3 滑动带

　　"滑动带"转场效果能够将第二个镜头画面以百叶窗的形式逐渐显示出来。

素材文件	光盘 \ 素材 \ 第 10 章 \ 魅力春天 . prproj
效果文件	光盘 \ 效果 \ 第 10 章 \ 魅力春天 .prproj
视频文件	光盘 \ 视频 \ 第 10 章 \10.2.3 滑动带 .mp4

实战 魅力春天

步骤 01 按【Ctrl + O】组合键，打开随书附带光盘的"素材 \ 第 10 章 \ 魅力春天 .prproj"文件，如图 10-134 所示。

步骤 02 打开项目文件后，在"节目监视器"面板中可以查看素材画面，如图 10-135 所示。

步骤 03 在"效果"面板中，依次展开"视频过渡"|"滑动"选项，在其中选择"滑动带"视频过渡，如图 10-136 所示。

步骤 04 将"滑动带"视频过渡拖曳到"时间轴"面板中相应的两个素材文件之间，如图 10-137 所示。

图 10-134 打开项目文件　　　　　　图 10-135 查看素材画面

图 10-136 选择"滑动带"视频过渡　　　图 10-137 拖曳视频过渡

步骤 05 在添加的视频过渡上单击鼠标右键，在弹出的快捷菜单中选择"设置过渡持续时间"选项，如图 10-138 所示。

步骤 06 在弹出的"设置过渡持续时间"对话框中，设置"持续时间"为 00:00:07:00，如图 10-139 所示。

图 10-138 选择"设置过渡持续时间"选项

图 10-139 设置过渡持续时间

步骤 07 单击"确定"按钮，设置过渡持续时间，如图 10-140 所示。

步骤 08 执行上述操作后，即可设置"滑动带"转场效果，如图 10-141 所示。

图 10-140 设置过渡持续时间

图 10-141 设置"滑动带"转场效果

步骤 09 在"节目监视器"面板中，单击"播放 - 停止切换"按钮，预览添加转场后的视频效果，如图 10-142 所示。

图 10-142 预览视频效果

专家指点

　　在 Premiere Pro CC 中，"滑动"转场效果是以画面滑动的方式进行转换的，共有 12 种转场效果。

10.2.4 滑动

　　"滑动"转场效果不改变第一镜头画面，而是直接将第二画面滑入第一镜头中。

	素材文件	光盘 \ 素材 \ 第 10 章 \ 魅力春天 .prproj
	效果文件	光盘 \ 效果 \ 第 10 章魅力春天 2.prproj
	视频文件	光盘 \ 视频 \ 第 10 章 \10.2.4 滑动 .mp4

实战 魅力春天 2

步骤 01　以 10.2.3 的素材为例，在"效果"面板的"滑动"列表框中选择"滑动"选项，如图 10-143 所示。

步骤 02　单击鼠标左键将"滑动"视频过渡拖曳到"时间轴"面板中相应的两个素材文件之间，设置时间为 00:00:07:00，如图 10-144 所示。

图 10-143 选择"滑动"选项　　　　　　图 10-144 添加转场效果

步骤 03　执行操作后，即可添加"滑动"转场效果，在"节目监视器"面板中，单击"播放 - 停止切换"按钮，预览添加转场后的视频效果，如图 10-145 所示。

图 10-145 预览视频效果

10.2.5 抖动溶解

"抖动溶解"转场效果是在第一镜头画面中出现点状矩阵，最终第一镜头中的画面完全被替换为第二镜头的画面。

	素材文件	光盘 \ 素材 \ 第 10 章 \ 黄金 .prproj
	效果文件	光盘 \ 效果 \ 第 10 章 \ 黄金 .prproj
	视频文件	光盘 \ 视频 \ 第 10 章 \10.2.5 抖动溶解 .mp4

实战 黄金

步骤 01 按【Ctrl ＋ O】组合键，打开随书附带光盘的"素材 \ 第 10 章 \ 黄金 .prproj"文件，如图 10-146 所示。

步骤 02 打开项目文件后，在"节目监视器"面板中可以查看素材画面，如图 10-147 所示。

图 10-146 打开项目文件

图 10-147 查看素材画面

步骤 03 在"效果"面板中，依次展开"视频过渡"|"溶解"选项，在其中选择"抖动溶解"视频过渡，如图 10-148 所示。

步骤 04 将"抖动溶解"视频过渡拖曳到"时间轴"面板中相应的两个素材文件之间，如图 10-149 所示。

图 10-148 选择"抖动溶解"视频过渡

图 10-149 拖曳视频过渡

步骤 05 在添加的视频过渡上单击鼠标右键，在弹出的快捷菜单中选择"设置过渡持续时间"选项，如图 10-150 所示。

步骤 06 在弹出的"设置过渡持续时间"对话框中，设置"持续时间"为 00:00:09:00，如图 10-151 所示，单击"确定"按钮，设置过渡持续时间。

图 10-150 选择"设置过渡持续时间"选项 　　　　图 10-151 "设置过渡持续时间"对话框

步骤 07 执行操作后，即可添加"抖动溶解"转场效果，在"节目监视器"面板中，单击"播放 - 停止切换"按钮，预览添加转场后的视频效果，如图 10-152 所示。

图 10-152 预览视频效果

10.2.6 伸展进入

　　"伸展进入"转场效果一种覆盖的方式来完成转场效果的，在将第二个镜头画面被无限放大的同时，逐渐恢复到正常比例和透明度，最终覆盖在第一个镜头画面上。

	素材文件	光盘 \ 素材 \ 第 10 章 \ 黄金 .prproj
	效果文件	光盘 \ 效果 \ 第 10 章 \ 黄金 2.prproj
	视频文件	光盘 \ 视频 \ 第 10 章 \10.2.6 伸展进入 .mp4

步骤 01 以 10.2.5 的素材为例，在"效果"面板的"伸缩"列表框中选择"伸展进入"选项，如图 10-153 所示。

步骤 02 将"伸展进入"视频过渡拖曳到"时间轴"面板中相应的两个素材文件之间，设置时间为 00:00:11:00，如图 10-154 所示。

图 10-153 选择"伸展进入"选项　　图 10-154 添加转场效果

步骤 03 执行操作后，即可添加"伸展进入"转场效果，在"节目监视器"面板中，单击"播放 - 停止切换"按钮，预览添加转场后的视频效果，如图 10-155 所示。

图 10-155 预览视频效果

10.2.7 划像形状

"划像形状"转场效果可以在第一个镜头画面中出现一种形状的透明部分，然后逐渐展现出第二个镜头。

素材文件	光盘 \ 素材 \ 第 10 章 \ 鲜花 .prproj
效果文件	光盘 \ 效果 \ 第 10 章 \ 鲜花 .prproj
视频文件	光盘 \ 视频 \ 第 10 章 \10.2.7 划像形状 .mp4

实战 | 鲜花

步骤 **01** 按【Ctrl ＋ O】组合键，打开随书附带光盘的"素材 \ 第 10 章 \ 鲜花 .prproj"文件，如图 10-156 所示。

步骤 **02** 打开项目文件后，在"节目监视器"面板中可以查看素材画面，如图 10-157 所示。

图 10-156 打开项目文件　　　　　　　　图 10-157 查看素材画面

步骤 **03** 在"效果"面板中，依次展开"视频过渡"|"划像"选项，在其中选择"划像形状"视频过渡，如图 10-158 所示。

步骤 **04** 将"划像形状"视频过渡拖曳到"时间轴"面板中相应的两个素材文件之间，如图 10-159 所示。

图 10-158 选择"划像形状"视频过渡　　　　　图 10-159 拖曳视频过渡

步骤 **05** 在添加的视频过渡上单击鼠标右键，在弹出的快捷菜单中选择"设置过渡持续时间"选项，如图 10-160 所示。

步骤 **06** 在弹出的"设置过渡持续时间"对话框中，设置"持续时间"为 00:00:09:00，如图 10-161 所示，单击"确定"按钮，设置过渡持续时间。

步骤 **07** 执行操作后，即可添加"划像形状"转场效果，在"节目监视器"面板中，单击"播放 - 停止切换"按钮，预览添加转场后的视频效果，如图 10-162 所示。

图 10-160 选择"设置过渡持续时间"选项   图 10-161 设置过渡持续时间

图 10-162 预览视频效果

10.2.8 缩放轨迹

在 Premiere Pro CC 中,"缩放"转场效果是采用了大小变换的方式来实现视频剪辑之间的过渡。下面介绍应用缩放转场效果的方法。

素材文件	光盘\素材\第10章\唯美图片.prproj
效果文件	光盘\效果\第10章\唯美图片.prproj
视频文件	光盘\视频\第10章\10.2.8 缩放轨迹.mp4

实战 唯美图片

步骤 01 按【Ctrl + O】组合键,打开随书附带光盘的"素材\第10章\唯美图片.prproj"文件,如图 10-163 所示。

步骤 02 打开项目文件后,在"节目监视器"面板中可以查看素材画面,如图 10-164 所示。

 专家指点

在 Premiere Pro CC 中,"缩放"转场效果包含"交叉缩放"、"缩放"、"缩放轨迹"

以及"缩放框"4种转场类型，下面对部分进行介绍。

"缩放轨迹"转场效果：此种过渡是将两个相邻的剪辑，以图像 B 从图像 A 的中心放大并带着拖尾出现，然后取代图像 A。

"缩放框"转场效果：此种过渡是将两个相邻的剪辑，以图像 B 以 12 个方框的形式从图像 A 上放大出现，并取代图像 A。

图 10-163 打开项目文件　　　　　　　　　　图 10-164 查看素材画面

步骤 03 在"效果"面板中，依次展开"视频过渡"|"缩放"选项，在其中选择"缩放轨迹"视频过渡，如图 10-165 所示。

步骤 04 将"缩放轨迹"视频过渡拖曳到"时间轴"面板中相应的两个素材文件之间，如图 10-166 所示。

图 10-165 选择"缩放轨迹"视频过渡　　　　　图 10-166 拖曳视频过渡

步骤 05 执行上述操作后，单击"节目监视器"面板中的"播放 - 停止切换"按钮，即可预览"缩放轨迹"转场效果，如图 10-167 所示。

图 10-167 预览视频效果

10.2.9 立方体旋转

"立方体旋转"是一种比较高级的 3D 转场效果，该效果将第一个镜头与第二个镜头以某个立方体的一面进行旋转转换。

	素材文件	光盘 \ 素材 \ 第 10 章 \ 艺术背景墙 .prproj
	效果文件	光盘 \ 效果 \ 第 10 章 \ 艺术背景墙 .prproj
	视频文件	光盘 \ 视频 \ 第 10 章 \10.2.9 立方体旋转 .mp4

实战 艺术背景墙

步骤 01 按【Ctrl ＋ O】组合键，打开随书附带光盘的"素材 \ 第 10 章 \ 艺术背景墙 .prproj"文件，如图 10-168 所示。

步骤 02 打开项目文件后，在"节目监视器"面板中可以查看素材画面，如图 10-169 所示。

图 10-168 打开项目文件   图 10-169 查看素材画面

步骤 03 在"效果"面板中，依次展开"视频过渡"|"3D 运动"选项，在其中选择"立方体旋转"视频过渡，如图 10-170 所示。

步骤 **04** 将"立方体旋转"视频过渡拖曳到"时间轴"面板中相应的两个素材文件之间，如图 10-171 所示。

图 10-170 选择"立方体旋转"视频过渡   图 10-171 拖曳视频过渡

步骤 **05** 执行上述操作后，单击"节目监视器"面板中的"播放 - 停止切换"按钮，即可预览"立方体旋转"转场效果，如图 10-172 所示。

图 10-172 预览视频效果

10.2.10 三维

"三维"转场效果是将第一镜头与第二镜头画面的通道信息生成一段全新画面内容后，将其应用至镜头之间的转场效果中。

素材文件	光盘 \ 素材 \ 第 10 章 \ 书有花香 .prproj
效果文件	光盘 \ 效果 \ 第 10 章 \ 书有花香 .prproj
视频文件	光盘 \ 视频 \ 第 10 章 \10.2.10 三维 .mp4

实战 书有花香

步骤 **01** 按【Ctrl ＋ O】组合键，打开随书附带光盘的"素材\第 10 章\书有花香 .prproj"文件，如图 10-173 所示。

步骤 02 在"效果"面板中，依次展开"视频过渡"|"特殊效果"选项，在其中选择"三维"视频过渡，将其拖曳到"时间轴"面板中相应的两个素材文件之间，如图 10-174 所示。

图 10-173 打开项目文件

图 10-174 添加转场效果

步骤 03 执行操作后，即可添加"三维"转场效果，在"节目监视器"面板中，单击"播放 - 停止切换"按钮，预览添加转场后的视频效果，如图 10-175 所示。

图 10-175 预览视频效果

11

制作精彩视频特效

学习提示

　　随着数字时代的发展，添加影视效果这一复杂的工作已经得到了简化。在 Premiere Pro CC 强大的视频效果的帮助下，可以对视频、图像以及音频等多种素材进行处理和加工，从而得到令人满意的影视文件，本章将讲解 Premiere Pro CC 系统中提供的多种视频效果的添加与制作方法。

本章重点

- 实战——心心相印
- 实战——广告创意
- 实战——幸福生活
- 实战——牛奶包装盒
- 实战——破壳

- 实战——清新美女
- 实战——怀旧相片
- 实战——福字
- 实战——果实
- 实战——字母

11.1 视频效果的操作

Premiere Pro CC 根据视频效果的作用，将提供的 130 多种视频效果分为"变换"、"视频控制"、"实用程序"、"扭曲"、"时间"、"杂色与颗粒"、"模糊与锐化"、"生成"、"视频"、"调整"、"过渡"、"透视"、"通道"、"键控"、"颜色校正"、"风格化"等 16 个文件夹，放置在"效果"面板中的"视频效果"文件夹中，如图 11-1 所示。为了更好地应用这些绚丽的效果，用户首先需要掌握视频效果的基本操作方法。

图 11-1 "视频效果"文件夹

11.1.1 单个视频效果的添加

已添加视频效果的素材右侧的"不透明度"按钮 都会变成紫色 ，以便于用户区分素材是否添加了视频效果，单击"不透明度"按钮 ，即可在弹出的列表框中查看添加的视频效果，如图 11-2 所示。

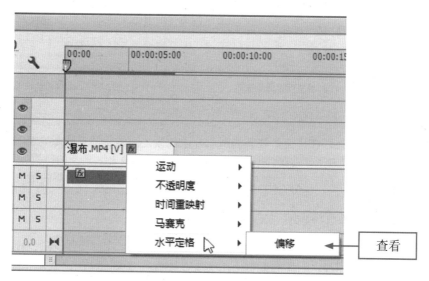

图 11-2 查看添加的视频效果

在 Premiere Pro CC 中，添加到"时间轴"面板的每个视频都会预先应用或内置固定效果。固定效果可控制剪辑的固有属性，用户可以在"效果控件"面板中调整所有的固定效果属性来激活它们。固定效果包括以下内容：

✻ 运动：包括多种属性，用于旋转和缩放视频，调整视频的防闪烁属性，或将这些视频与其他视频进行合成。

✻ 不透明度：允许降低视频的不透明度，用于实现叠加、淡化和溶解之类的效果。

✻ 时间重映射：允许针对视频的任何部分减速、加速或倒放或者将帧冻结。通过提供微调控制，使这些变化加速或减速。

✻ 音量：控制视频中的音频音量。

为素材添加视频效果之后，用户还可以在"效果控件"面板中展开相应的效果选项，为添加的特效设置参数，如图 11-3 所示。

在 Premiere Pro CC 的"效果控件"面板中，如果添加的效果右侧出现"设置"按钮 →☰，单击该按钮可以弹出相应的对话框，用户可以根据需要运用对话框设置视频效果的参数，如图 11-4 所示。

图 11-3 设置视频效果选项

图 11-4 运用对话框设置视频效果的参数

专家指点

Premiere Pro CC 在应用于视频的所有标准效果之后渲染固定效果，标准效果会按照从上往下出现的顺序渲染，可以在"效果控件"面板中将标准效果拖到新的位置来更改它们的顺序，但是不能重新排列固定效果的顺序。这些操作可能会影响到视频效果的最终效果。

11.1.2 添加多个视频

在 Premiere Pro CC 中，将素材拖入"时间线"面板后，用户可以将"效果"面板中的视频效果依次拖曳至"时间线"面板的素材中，实现多个视频效果的添加。下面介绍添加多个视频效果的方法。

单击"窗口"|"效果"命令,展开"效果"面板,如图 11-5 所示。展开"视频效果"文件夹,为素材添加"扭曲"子文件夹中的"放大"视频效果,如图 11-6 所示。

图 11-5 "效果"面板　　　　　　　　　图 11-6 "放大"特效

当用户完成单个视频效果的添加后,可以在"效果控件"面板中查看到已添加的视频效果,如图 11-7 所示。接下来,用户可以继续拖曳其他视频效果来完成多视频效果的添加,执行操作后,"效果控件"面板中即可显示添加的其他视频效果,如图 11-8 所示。

图 11-7 添加单个视频效果　　　　　　图 11-8 添加多个视频效果

11.1.3　复制与粘贴视频

使用"复制"功能可以对重复使用视频效果进行复制操作。用户在执行复制操作时,可以在"时间轴"面板中选择以添加视频效果的源素材,并在"效果控件"面板中,选择视频效果,单击鼠标右键,在弹出的快捷菜单中选择"复制"选项即可。

素材文件	光盘 \ 素材 \ 第 11 章 \ 心心相印 .prproj
效果文件	光盘 \ 效果 \ 第 11 章 \ 心心相印 .prproj
视频文件	光盘 \ 视频 \ 第 11 章 \11.1.3 复制粘贴视频 .mp4

实战 心心相印

步骤 01 在 Premiere Pro CC 工作界面中，按【Ctrl ＋ O】组合键，打开随书附带光盘的"素材\第 11 章\心心相印 .prproj"文件，如图 11-9 所示。

步骤 02 打开项目文件后，在"节目监视器"面板中可以查看素材画面，如图 11-10 所示。

步骤 03 在"效果"面板中，依次展开"视频效果"|"调整"选项，在其中选择 ProcAmp 视频效果，如图 11-11 所示。

图 11-9 打开项目文件

图 11-10 查看素材画面

步骤 04 将 ProcAmp 视频效果拖曳至"时间轴"面板中的"心心相印"素材上，切换至"效果控件"面板，设置"亮度"为 1.0、"对比度"为 108.0、"饱和度"为 155.0，在 ProcAmp 选项上单击鼠标右键，在弹出的快捷菜单中选择"复制"选项，如图 11-12 所示。

图 11-11 选择"黑白"视频效果

图 11-12 选择"复制"选项

步骤 05 在"时间轴"面板中，选择"心心相印"素材文件，如图 11-13 所示。

步骤 06 在"效果控件"面板中的空白位置处单击鼠标右键，在弹出的快捷菜单中选择"粘贴"选项，如图 11-14 所示。

图 11-13 选择"彩色 2"素材文件　　　　图 11-14 选择"粘贴"选项

步骤　07　执行上述操作，即可将复制的视频效果粘贴到"彩色 2"素材中，如图 11-15 所示。

步骤　08　单击"播放 - 停止切换"按钮，预览视频效果，如图 11-16 所示。

图 11-15 粘贴视频效果　　　　图 11-16 预览视频效果

11.1.4 删除视频效果

用户在进行视频效果添加的过程中，如果对添加的视频效果不满意时，可以通过"清除"命令来删除效果。

素材文件	光盘 \ 素材 \ 第 11 章 \ 广告创意 .prproj
效果文件	光盘 \ 效果 \ 第 11 章 \ 广告创意 .prproj
视频文件	光盘 \ 视频 \ 第 11 章 \11.1.4 删除视频效果 .mp4

实战 广告创意

步骤　01　在 Premiere Pro CC 工作界面中，按【Ctrl ＋ O】组合键，打开随书附带光盘的"素材 \ 第 11 章 \ 广告创意 .prproj"文件，如图 11-17 所示。

步骤　02　打开项目文件后，在"节目监视器"面板中可以查看素材画面，如图 11-18 所示。

图 11-17 打开项目文件

图 11-18 查看素材画面

步骤 03 切换至"效果控件"面板，在"紊乱置换"选项上单击鼠标右键，在弹出的快捷菜单中选择"清除"选项，如图 11-19 所示。

步骤 04 执行上述操作后，即可清除"紊乱置换"视频效果，选择"色调"选项，如图 11-20 所示。

图 11-19 选择"清除"选项

图 11-20 选择"色调"选项

步骤 05 在菜单栏中单击"编辑"|"清除"命令，如图 11-21 所示。

步骤 06 执行操作后，即可清除"色调"视频效果，如图 11-22 所示。

步骤 07 单击"播放 - 停止切换"按钮，预览视频效果，如图 11-23 所示。

专家指点

　　除了上述方法可以删除视频效果外，用户还可以选中相应的视频效果后，按【Delete】键将其删除。

图 11-21 单击"清除"命令

图 11-22 清除"色调"视频效果

图 11-23 删除视频效果后的前后对比效果

11.1.5 关闭视频效果

关闭视频效果是指将已添加的视频效果暂时隐藏，如果需要再次显示该效果，用户可以重新启用，而无需再次添加。

在 Premiere Pro CC 中，用户可以单击"效果控件"面板中的"切换效果开关"按钮，如图 11-24 所示，即可隐藏该素材的视频效果。当用户再次单击"切换效果开关"按钮，即可重新显示视频效果，如图 11-25 所示。

图 11-24 关闭视频效果

图 11-25 显示视频效果

11.2　视频效果参数的设置

在 Premiere Pro CC 中，每一个独特的效果都具有各自的参数，用户可以通过合理设置这些参数，让这些效果达到最佳效果。本节主要介绍视频效果参数的设置方法。

11.2.1　设置对话框参数

在 Premiere Pro CC 中，用户可以根据需要运用对话框设置视频效果的参数。下面介绍运用对话框设置参数的操作方法。

	素材文件	光盘 \ 素材 \ 第 11 章 \ 幸福生活 .prproj
	效果文件	光盘 \ 效果 \ 第 11 章 \ 幸福生活 .prproj
	视频文件	光盘 \ 视频 \ 第 11 章 \11.2.1 设置对话框参数 .mp4

实战　幸福生活

步骤　**01**　按【Ctrl + O】组合键，打开随书附带光盘的"素材 \ 第 11 章 \ 幸福生活 .prproj"文件，如图 11-26 所示，在 V1 轨道上，选择素材文件。

步骤　**02**　展开"效果控件"面板，单击"弯曲"效果右侧的"设置"按钮，如图 11-27 所示。

图 11-26　打开项目文件

图 11-27　单击"设置"按钮

步骤　**03**　弹出"弯曲设置"对话框，调整垂直速率，单击"确定"按钮，如图 11-28 所示。

步骤　**04**　执行操作后，即可通过对话框设置参数，其视频效果如图 11-29 所示。

图 11-28 单击"确定"按钮　　　　　　图 11-29 预览视频效果

11.2.2　设置效果控件参数

在 Premiere Pro CC 中，除了可以使用对话框设置参数，用户还可以运用效果控制区设置视频效果的参数。

素材文件	光盘 \ 素材 \ 第 11 章 \ 牛奶包装盒 .prproj
效果文件	光盘 \ 效果 \ 第 11 章 \ 牛奶包装盒 .prproj
视频文件	光盘 \ 视频 \ 第 11 章 \11.2.2　设置效果控件参数 .mp4

实战　牛奶包装盒

步骤　01　按【Ctrl ＋ O】组合键，打开随书附带光盘的"素材 \ 第 11 章 \ 牛奶包装盒 .prproj"文件，如图 11-30 所示，在 V1 轨道上，选择素材文件。

步骤　02　展开"效果控件"面板，单击"Cineon 转换器"效果前的三角形按钮，展开"Cineon 转换器"效果，如图 11-31 所示。

图 11-30 打开项目文件　　　　　　图 11-31 展开"Cineon 转换器"效果

步骤　03　单击"转换类型"右侧的下拉按钮，在弹出的列表框中，选择"对数到对数"选项，如图 11-32 所示。

步骤　04　执行操作后，即可运用效果控件设置视频效果参数，其视频效果如图 11-33 所示。

图 11-32 选择"对数到对数"选项　　　　图 11-33 预览视频效果

11.3　制作常用视频特效

　　系统根据视频效果的作用和效果，将视频效果分为"变换"、"视频控制"、"实用"、"扭曲"以及"时间"等多种类别。接下来将为读者介绍几种常用的视频效果的添加方法。

11.3.1　添加键控特效

　　"键控"视频效果主要针对视频图像的特定键进行处理。下面介绍"色度键"视频效果的添加方法。

	素材文件	光盘 \ 素材 \ 第 11 章 \ 破壳 .prproj
	效果文件	光盘 \ 效果 \ 第 11 章破壳 .prproj
	视频文件	光盘 \ 视频 \ 第 11 章 \11.3.1 添加键控特效 .mp4

实战 破壳

步骤 **01**　在 Premiere Pro CC 工作界面中，按【Ctrl ＋ O】组合键，打开随书附带光盘的"素材 \ 第 11 章 \ 破壳 .prproj"文件，如图 11-34 所示。

步骤 **02**　打开项目文件后，在"节目监视器"面板中可以查看素材画面，如图 11-35 所示。

图 11-34　打开项目文件　　　　　　　图 11-35　查看素材画面

步骤 **03** 在"效果"面板中，依次展开"视频效果"|"键控"选项，在其中选择"色度键"视频效果，如图 11-36 所示。

步骤 **04** 将"色度键"特效拖曳至"时间轴"面板中的"破壳 2"素材文件上，如图 11-37 所示。

图 11-36 选择"色度键"视频效果

图 11-37 拖曳"色度键"视频效果

❶ 无用信号遮罩效果：这三个"无用信号遮罩效果"有助于剪除镜头中的无关部分，以便能够更有效地应用和调整关键效果。为了进行更详细的键控，将以 4 个、8 个或 16 个调整点应用遮罩。应用效果后，单击"效果控件"面板中的效果名称旁边的"变换"图标，这样将会在节目监视器中显示无用信号遮罩手柄。要调整遮罩，在节目监视器中拖动手柄，或在"效果控件"面板中拖动控件。

❷ Alpha 调整：需要更改固定效果的默认渲染顺序时，可使用"Alpha 调整"效果代替不透明度效果。更改不透明度百分比可创建透明度级别。

❸ RGB 差值键："RGB 差值键"效果是色度键效果的简化版本。此效果允许选择目标颜色的范围，但无法混合视频或调整灰色中的透明度。"RGB 差值键"效果可用于不包含阴影的明亮场景，或用于不需要微的粗剪。

❹ 亮度键："亮度键"效果可以抠出图层中指定明亮度或亮度的所有区域。

❺ 图像遮罩键："图像遮罩键"效果根据静止视频剪辑（充当遮罩）的明亮度值抠出剪辑视频的区域。透明区域显示下方轨道上的剪辑产生的视频，可以指定项目中要充当遮罩的任何静止视频剪辑，不必位于序列中。要使用移动视频作为遮罩，改用轨道遮罩键效果。

❻ 差值遮罩："差值遮罩"效果创建透明度的方法是将源剪辑和差值剪辑进行比较，然后在源视频中抠出与差值视频中的位置和颜色均匹配的像素。通常，此效果用于抠出移动物体后面的静态背景，然后放在不同的背景上。差值剪辑通常仅仅是背景素材的帧（在移动物体进入场景之前）。鉴于此，"差值遮罩"效果最适合使用固定摄像机和静止背景拍摄的场景。

❼ 极致键："极致键"效果在具有支持的 NVIDIA 显卡的计算机上采用 GPU 加速，从而提高播放和渲染性能。

❽ 移除遮罩："移除遮罩"效果从某种颜色的剪辑中移除颜色边纹。将 Alpha 通道与独立文件中的填充纹理相结合时，此效果很有用。如果导入具有预乘 Alpha 通道的素材，或使用 After Effects 创建 Alpha 通道，则可能需要从视频中移除光晕。光晕源于视频的颜色和背景之间或遮罩

与颜色之间较大的对比度，移除或更改遮罩的颜色可以移除光晕。

⑨ 色度键："色度键"效果抠出所有类似于指定的主要颜色的视频像素。抠出剪辑中的颜色值时，该颜色或颜色范围将变得对整个剪辑透明。用户可通过调整容差级别来控制透明颜色的范围，也可以对透明区域的边缘进行羽化，以便创建透明和不透明区域之间的平滑过渡。

⑩ 蓝屏键："蓝屏键"效果基于真色度的蓝色创建透明度区域。使用此键可在创建合成时抠出明亮的蓝屏。

步骤 05 在"效果控件"面板中，展开"色度键"选项，设置"颜色"为白色、"相似性"为4.0%，如图11-38所示。

步骤 06 执行上述操作后，即可运用"键控"特效编辑素材，如图11-39所示。

图 11-38 设置相应的选项

图 11-39 预览视频效果

步骤 07 单击"播放 - 停止切换"按钮，预览视频效果，如图11-40所示。

图 11-40 预览视频效果

❶ 颜色：设置要抠出的目标颜色。

❷ 相似性：扩大或减小将变得透明的目标颜色的范围。较高的值可增大范围。

❸ 混合：把要抠出的剪辑与底层剪辑进行混合。较高的值可混合更大比例的剪辑。

④ 阈值：使阴影变暗或变亮。向右拖动可使阴影变暗，但不要拖到"阈值"滑块之外，这样做可反转灰色和透明像素。

⑤ 屏蔽度：使对象与文档的边缘对齐。

⑥ 平滑：指定 Premiere Pro 应用于透明和不透明区域之间边界的消除锯齿量。消除锯齿可混合像素，从而产生更柔化、更平滑的边缘。选择"无"即可产生锐化边缘，没有消除锯齿功能。需要保持锐化线条（如字幕中的线条）时，此选项很有用。选择"低"或"高"即可产生不同的平滑量。

⑦ 仅蒙版：仅显示剪辑的 Alpha 通道。黑色表示透明区域，白色表示不透明区域，而灰色表示部分透明区域。

专家指点

在"键控"文件夹中，用户还可以设置以下选项。

轨道遮罩键效果：使用轨道遮罩键移动或更改透明区域。轨道遮罩键通过一个剪辑（叠加的剪辑）显示另一个剪辑（背景剪辑），此过程中使用第三个文件作为遮罩，在叠加的剪辑中创建透明区域。此效果需要两个剪辑和一个遮罩，每个剪辑位于自身的轨道上。遮罩中的白色区域在叠加的剪辑中是不透明的，防止底层剪辑显示出来。遮罩中的黑色区域是透明的，而灰色区域是部分透明的。

非红色键：非红色键效果基于绿色或蓝色背景创建透明度。此键类似于蓝屏键效果，但是它还允许用户混合两个剪辑。此外，非红色键效果有助于减少不透明对象边缘的边纹。在需要控制混合时，或在蓝屏键效果无法产生满意结果时，可使用非红色键效果来抠出绿色屏。

颜色键：颜色键效果抠出所有类似于指定的主要颜色的视频像素。此效果仅修改剪辑的 Alpha 通道。

11.3.2 添加垂直翻转特效

"垂直翻转"视频效果用于将视频上下垂直反转，下面将介绍添加垂直翻转效果的操作方法。

素材文件	光盘\素材\第 11 章\清新美女 .prproj
效果文件	光盘\效果\第 11 章\清新美女 .prproj
视频文件	光盘\视频\第 11 章\11.3.2 添加垂直翻转特效 .mp4

实战 清新美女

步骤 01 在 Premiere Pro CC 工作界面中，按【Ctrl + O】组合键，打开随书附带光盘的"素材\第 11 章\清新美女 .prproj"文件，如图 11-41 所示。

步骤 02 打开项目文件后，在"节目监视器"面板中可以查看素材画面，如图 11-42 所示。

步骤 03 在"效果"面板中，依次展开"视频效果"|"变换"选项，在其中选择"垂直翻转"视频效果，如图 11-43 所示。

步骤 04 将"垂直翻转"特效拖曳至"时间轴"面板中的"清新美女"素材文件上，如图 11-44 所示。

步骤 05 单击"播放 - 停止切换"按钮，预览视频效果，如图 11-45 所示。

　中文版 *Premiere Pro CC* 应用宝典

图 11-41 打开项目文件　　　　　　　　　　图 11-42 查看素材画面

图 11-43 选择"垂直翻转"视频效果　　　　图 11-44 拖曳"垂直翻转"效果

图 11-45 预览视频效果

11.3.3　添加水平翻转特效

　　"水平翻转"视频效果用于将视频中的每一帧从左向右翻转，下面将介绍添加水平翻转效果的操作方法。

258

素材文件	光盘 \ 素材 \ 第 11 章 \ 怀旧相片 .prproj
效果文件	光盘 \ 效果 \ 第 11 章 \ 怀旧相片 .prproj
视频文件	光盘 \ 视频 \ 第 11 章 \11.3.3 添加水平翻转特效 .mp4

实战 怀旧相片

步骤 01 在 Premiere Pro CC 工作界面中，按【Ctrl ＋ O】组合键，打开随书附带光盘的"素材 \ 第 11 章 \ 怀旧相片 .prproj"文件，如图 11-46 所示。

步骤 02 打开项目文件后，在"节目监视器"面板中可以查看素材画面，如图 11-47 所示。

图 11-46 打开项目文件

图 11-47 查看素材画面

步骤 03 在"效果"面板中，依次展开"视频效果"|"变换"选项，在其中选择"水平翻转"视频效果，如图 11-48 所示。

步骤 04 将"水平翻转"特效拖曳至"时间轴"面板中的"怀旧相片"素材文件上，如图 11-49 所示。

图 11-48 选择"水平翻转"视频效果　　　　　图 11-49 拖曳"水平翻转"效果

步骤 05 单击"播放 - 停止切换"按钮，预览视频效果，如图 11-50 所示。

图 11-50 预览视频效果

专家指点

　　在 Premiere Pro CC 中，"变换"列表框中的视频效果主要是使素材的形状产生二维或者三维的变化，其效果包括"垂直空格"、"垂直翻转"、"摄像机视图"、"水平翻转"、"水平翻转"、"羽化边缘"以及"裁剪"等 7 种视频效果。

11.3.4　添加高斯模糊特效

　　"高斯模糊"视频效果用于修改明暗分界点的差值，以产生模糊效果。

	素材文件	光盘\素材\第 11 章\福字 .prproj
	效果文件	光盘\效果\第 11 章\福字 .prproj
	视频文件	光盘\视频\第 11 章\11.3.4 添加高斯模糊特效 .mp4

实战　福字

步骤　01　按【Ctrl＋O】组合键，打开随书附带光盘的"素材\第 11 章\福字 .prproj"文件，如图 11-51 所示，在"效果"面板中，展开"视频效果"选项。

步骤　02　在"模糊与锐化"列表框中选择"高斯模糊"选项，如图 11-52 所示，并将其拖曳至 V1 轨道上。

图 11-51　打开项目文件

图 11-52　选择"高斯模糊"选项

步骤 03 展开"效果控件"面板，设置"模糊度"为 20.0，如图 11-53 所示。

步骤 04 执行操作后，即可添加"高斯模糊"视频效果，效果如图 11-54 所示。

图 11-53 设置参数值　　　　　　　　图 11-54 添加高斯模糊视频效果后的效果

11.3.5 添加镜头光晕特效

"镜头光晕"视频效果用于修改明暗分界点的差值，以产生模糊效果。

	素材文件	光盘 \ 素材 \ 第 11 章 \ 果实 .prproj
	效果文件	光盘 \ 效果 \ 第 11 章 \ 果实 .prproj
	视频文件	光盘 \ 视频 \ 第 11 章 \11.3.5 添加镜头光晕特效 .mp4

实战 果实

步骤 01 按【Ctrl ＋ O】组合键，打开随书附带光盘的"素材 \ 第 11 章 \ 果实 .prproj"文件，如图 11-55 所示，在"效果"面板中，展开"视频效果"选项。

步骤 02 在"生成"列表框中选择"镜头光晕"选项，如图 11-56 所示，将其拖曳至 V1 轨道上。

图 11-55 打开项目文件　　　　　　　图 11-56 选择"镜头光晕"选项

步骤 03 展开"效果控件"面板，设置"光晕中心"为（1076.6、329.6）、"光晕亮度"为 136%，如图 11-57 所示。

步骤 **04** 执行操作后，即可添加"镜头光晕"视频效果，并预览视频效果，如图 11-58 所示。

图 11-57 设置参数值　　　　　　图 11-58 预览视频效果

专家指点

在 Premiere Pro CC 中，"生成"列表框中的视频效果主要用于在素材上创建具有特色的图形或渐变颜色，并可以与素材合成。

11.3.6 添加波形变形特效

"波形变形"视频效果用于使视频形成波浪式的变形效果，下面将介绍添加波形扭曲效果的操作方法。

素材文件	光盘 \ 素材 \ 第 11 章 \ 字母 .prproj
效果文件	光盘 \ 效果 \ 第 11 章 \ 字母 .prproj
视频文件	光盘 \ 视频 \ 第 11 章 \11.3.6 添加波形变形特效 .mp4

实战 字母

步骤 **01** 按【Ctrl ＋ O】组合键，打开随书附带光盘的"素材 \ 第 11 章 \ 字母 .prproj"文件，如图 11-59 所示，在"效果"面板中，展开"视频效果"选项。

步骤 **02** 在"扭曲"列表框中选择"波形变形"选项，如图 11-60 所示，并将其拖曳至 V1 轨道上。

图 11-59 打开项目文件　　　　　　图 11-60 选择"波形变形"选项

步骤 03 展开"效果控件"面板，设置"波形宽度"为 50，如图 11-61 所示。

步骤 04 执行操作后，即可添加"波形变形"视频效果，并预览其效果，如图 11-62 所示。

图 11-61 设置参数值

图 11-62 预览视频效果

11.3.7 添加纯色合成特效

"纯色合成"视频效果用于将一种颜色与视频混合，下面将介绍添加纯色合成效果的操作方法。

素材文件	光盘 \ 素材 \ 第 11 章 \ 彼岸花 .prproj
效果文件	光盘 \ 效果 \ 第 11 章 \ 彼岸花 .prproj
视频文件	光盘 \ 视频 \ 第 11 章 \11.3.7 添加纯色合成特效 .mp4

实战 彼岸花

步骤 01 按【Ctrl + O】组合键，打开随书附带光盘的"素材 \ 第 11 章 \ 彼岸花 .prproj"文件，如图 11-63 所示，在"效果"面板中，展开"视频效果"选项。

步骤 02 在"通道"列表框中选择"纯色合成"选项，如图 11-64 所示，并将其拖曳至 V1 轨道上。

图 11-63 打开项目文件　　　　　　图 11-64 选择"纯色合成"选项

步骤 **03** 展开"效果控件"面板，依次单击"源不透明度"和"颜色"所对应的"切换动画"按钮，如图 11-65 所示。

步骤 **04** 设置时间为 00:00:03:00、"源不透明度"为 50.0%、"颜色"RGB 参数为（0、204、255），如图 11-66 所示。

步骤 **05** 执行操作后，即可添加"纯色合成"效果，单击"播放 - 停止切换"按钮，即可查看视频效果，如图 11-67 所示。

图 11-65 单击"切换动画"按钮

图 11-66 设置参数值

图 11-67 查看视频效果

11.3.8 添加蒙尘与划痕特效

"蒙尘与划痕"效果是用于产生一种朦胧的模糊效果，下面将介绍添加蒙尘与划痕效果的操作方法。

	素材文件	光盘 \ 素材 \ 第 11 章 \ 跳水 .prproj
	效果文件	光盘 \ 效果 \ 第 11 章 \ 跳水 .prproj
	视频文件	光盘 \ 视频 \ 第 11 章 \11.3.8 添加蒙尘与裂痕特效 .mp4

实战 跳水

步骤 01 按【Ctrl＋O】组合键，打开随书附带光盘的"素材\第11章\跳水.prproj"文件，如图11-68所示，在"效果"面板中，展开"视频效果"选项。

步骤 02 在"杂色与颗粒"列表框中选择"蒙尘与划痕"选项，如图11-69所示，并将其拖曳至V1轨道上。

图11-68 打开项目文件

图11-69 选择"蒙尘与划痕"选项

步骤 03 展开"效果控件"面板，设置"半径"为8，如图11-70所示。

步骤 04 执行操作后，即可添加"蒙尘与划痕"效果，视频效果如图11-71所示。

图11-70 设置参数值

图11-71 预览视频效果

11.3.9 添加透视特效

"透视"特效主要用于在视频画面上添加透视效果。下面介绍"基本3D"视频效果的添加方法。

素材文件	光盘\素材\第11章\命运之夜.prproj
效果文件	光盘\效果\第11章\命运之夜.prproj
视频文件	光盘\视频\第11章\11.3.9 添加透视特效.mp4

实战 命运之夜

步骤 01 按【Ctrl＋O】组合键，打开随书附带光盘的"素材\第 11 章\命运之夜 .prproj"文件，如图 11-72 所示。

步骤 02 打开项目文件后，在"节目监视器"面板中可以查看素材画面，如图 11-73 所示。

图 11-72 打开项目文件　　　　　　　　图 11-73 查看素材画面

步骤 03 在"效果"面板中，依次展开"视频效果"|"透视"选项，在其中选择"基本 3D"视频效果，如图 11-74 所示。

步骤 04 将"基本 3D"视频特效拖曳至"时间轴"面板中的素材文件上，如图 11-75 所示，选择 V1 轨道上的素材。

图 11-74 选择"基本 3D"视频效果　　　　　图 11-75 拖曳视频特效

❶ 基本 3D："基本 3D"效果在 3D 空间中操控剪辑，可以围绕水平和垂直轴旋转视频，以及朝靠近或远离用户的方向移动剪辑，此外还可以创建镜面高光来表现由旋转表面反射的光感。

❷ 投影："投影"效果添加出现在剪辑后面的阴影，投影的形状取决于剪辑的 Alpha 通道。

❸ 放射阴影："放射阴影"效果在应用此效果的剪辑上创建来自点光源的阴影，而不是来自无限光源的阴影（如同投影效果）。此阴影是从源剪辑的 Alpha 通道投射的，因此在光透过半透明区域时，该剪辑的颜色可影响阴影的颜色。

❹ 斜角边："斜角边"效果为视频边缘提供凿刻和光亮的 3D 外观，边缘位置取决于源视频的 Alpha 通道。与"斜面 Alpha"不同，在此效果中创建的边缘始终为矩形，因此具有非矩形 Alpha 通道的视频无法形成适当的外观。所有的边缘具有同样的厚度。

❺ 斜面 Alpha："斜面 Alpha"效果将斜缘和光添加到视频的 Alpha 边界，通常可为 2D 元素呈现 3D 外观，如果剪辑没有 Alpha 通道或者剪辑完全不透明，则此效果将应用于剪辑的边缘。此效果所创建的边缘比斜角边效果创建的边缘柔和，此效果适用于包含 Alpha 通道的文本。

步骤 05 在"效果控件"面板中，展开"基本 3D"选项，如图 11-76 所示。

步骤 06 设置"旋转"选项为 -100.0°，单击"旋转"选项左侧的"切换动画"按钮，如图 11-77 所示。

图 11-76 展开"基本 3D"选项   图 11-77 单击"切换动画"按钮

步骤 07 拖曳时间指示器至 00:00:03:00 的位置，设置"旋转"为 0.0°，如图 11-78 所示。

步骤 08 执行上述操作后，即可运用"基本 3D"特效调整素材，如图 11-79 所示。

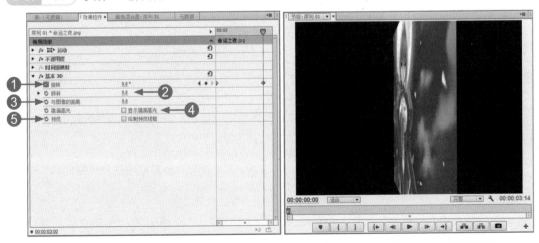

图 11-78 设置"旋转"为 0.0°   图 11-79 运用"基本 3D"特效调整视频

❶ 旋转：旋转控制水平旋转（围绕垂直轴旋转）。可以旋转 90° 以上来查看视频的背面（是前方的镜像视频）。

② 倾斜：控制垂直旋转（围绕水平轴旋转）。

③ 与图像的距离：指定视频离观看者的距离。随着距离变大，视频会后退。

④ 镜面高光：添加闪光来反射所旋转视频的表面，就像在表面上方有一盏灯照亮。在选择"绘制预览线框"的情况下，如果镜面高光在剪辑上不可见（高光的中心与剪辑不相交），则以红色加号（+）作为指示，而如果镜面高光可见，则以绿色加号（+）作为指示。在镜面高光效果在节目监视器中变为可见之前，必须渲染一个预览。

⑤ 预览：绘制 3D 视频的线框轮廓，线框轮廓可快速渲染。要查看最终结果，在完成操控线框视频时取消选中"绘制预览线框"复选框。

步骤 09 单击"播放 - 停止切换"按钮，预览视频效果，如图 11-80 所示。

图 11-80 预览视频效果

11.3.10 添加时间码特效

"时间码"效果可以在视频画面中添加一个时间码，常常运用在节目情节十分紧张的情况下，表现出一种时间紧迫感。

素材文件	光盘 \ 素材 \ 第 11 章 \ 感恩教师节 .prproj	
效果文件	光盘 \ 效果 \ 第 11 章 \ 感恩教师节 .prproj	
视频文件	光盘 \ 视频 \ 第 11 章 \11.3.10 添加时间码特效 .mp4	

实战 感恩教师节

步骤 01 按【Ctrl + O】组合键，打开随书附带光盘的"素材 \ 第 11 章 \ 感恩教师节 .prproj"文件，如图 11-81 所示。

步骤 02 在"效果"面板中，展开"视频效果"选项，在"视频"列表框中选择"时间码"选项，如图 11-82 所示，将其拖曳至 V1 轨道上。

步骤 03 展开"效果控件"面板，设置"大小"为 16.0%、"不透明度"为 50.0%、"位移"为 287，如图 11-83 所示。

步骤 04 执行操作后，即可添加"时间码"视频效果，单击"播放 - 停止切换"按钮，即可查看视频效果，如图 11-84 所示。

图 11-81 打开项目文件　　　　　　　图 11-82 选择"时间码"选项

图 11-83 设置参数值　　　　　　　图 11-84 查看视频效果

11.3.11　添加闪光灯特效

"闪光灯"视频效果可以使视频产生一种周期性的频闪效果，下面将介绍添加闪光灯视频效果的操作方法。

素材文件	光盘 \ 素材 \ 第 11 章 \ 蛋糕 .prproj
效果文件	光盘 \ 效果 \ 第 11 章 \ 蛋糕 .prproj
视频文件	光盘 \ 视频 \ 第 11 章 \11.3.11 添加闪光灯特效 .mp4

实战 蛋糕

步骤 01　按【Ctrl ＋ O】组合键，打开随书附带光盘的"素材 \ 第 11 章 \ 蛋糕 .prproj"文件，如图 11-85 所示，在"效果"面板中，展开"视频效果"选项。

步骤 02　在"风格化"列表框中选择"闪光灯"选项，如图 11-86 所示，将其拖曳至 V1 轨道上。

步骤 03　展开"效果控件"面板，设置"闪光色"的 RGB 参数为（0、255、252）、"与原始图像混合"为 80%，如图 11-87 所示。

步骤 04　执行操作后，即可添加"闪光灯"视频效果，单击"播放 - 停止切换"按钮，即可查看视频效果，如图 11-88 所示。

图 11-85 打开项目文件

图 11-86 选择"闪光灯"选项

图 11-87 设置参数值

图 11-88 查看视频效果

11.3.12 添加彩色浮雕特效

"彩色浮雕"视频效果用于生成彩色的浮雕效果，视频中颜色对比越强烈，浮雕效果越明显。

素材文件	光盘 \ 素材 \ 第 11 章 \ 鱼缸 .prproj	
效果文件	光盘 \ 效果 \ 第 11 章 \ 鱼缸 .prproj	
视频文件	光盘 \ 视频 \ 第 11 章 \11.3.12 添加彩色浮雕特效 .mp4	

实战 鱼缸

步骤 01 按【Ctrl + O】组合键，打开随书附带光盘的"素材 \ 第 11 章 \ 鱼缸 .prproj"文件，如图 11-89 所示，在"效果"面板中，展开"视频效果"选项。

步骤 02 在"风格化"列表框中选择"彩色浮雕"选项，如图 11-90 所示，将其拖曳至 V1 轨道上。

步骤 03 展开"效果控件"面板，设置"起伏"为 15.00，如图 11-91 所示。

图 11-89 打开项目文件

图 11-90 选择"彩色浮雕"选项

步骤 04 执行操作后，即可添加"彩色浮雕"视频效果，视频效果如图 11-92 所示。

图 11-91 设置参数值

图 11-92 预览视频效果

编辑与设置视频字幕

学习提示

　　各种影视画面中，字幕是不可缺少的一个重要组成部分，起着解释画面、补充内容的作用，有画龙点睛之效。Premiere Pro CC 不仅可以制作静态的字幕，也可以制作动态的字幕效果。本章将向读者详细介绍编辑与设置影视字幕的操作方法。

本章重点

- 实战——梦想家园
- 实战——父爱如山
- 实战——环保
- 实战——蛋糕
- 实战——节日
- 实战——童话
- 实战——烟花璀璨
- 实战——闪亮
- 实战——春语
- 实战——彩色世界

12.1 字幕的基本操作

字幕是以各种字体、浮雕和动画等形式出现在画面中的文字总称。接下来用户将了解如何在 Premiere Pro CC 中添加和编辑字幕。

12.1.1 字幕工作区

字幕是以各种字体、浮雕和动画等形式出现在画面中的文字总称，字幕设计与书写是影视造型的艺术手段之一。在通过实例学习创建字幕之前，首先要向读者介绍创建字幕的操作方法，以及掌握"字幕编辑"窗口。

在 Premiere Pro CC 中，字幕是一个独立的文件，用户可以通过创建新的字幕来添加字幕效果，也可以将字幕文件拖入"时间轴"面板中的视频轨道上添加字幕效果。

默认的 Premiere Pro CC 工作界面中并没有打开"字幕编辑"窗口。此时，用户需要单击"文件"|"新建"|"字幕"命令，如图 12-1 所示。弹出"新建字幕"对话框，在其中可根据需要设置新字幕的名称，如图 12-2 所示。

图 12-1 单击"字幕"命令　　　　　　　　　图 12-2 "新建字幕"对话框

单击"确定"按钮，即可打开"字幕编辑"窗口，如图 12-3 所示。"字幕编辑"窗口主要包括工具箱、字幕动作、字幕样式、字幕属性和工作区 5 个部分。

图 12-3 "字幕编辑"窗口

❶ 工具箱：主要包括创建各种字幕、图形的工具。

❷ 字幕动作：主要用于对字幕、图形进行移动、旋转等操作。

❸ 字幕样式：用于设置字幕的样式，用户也可以自己创建字幕样式，单击面板右上方的按钮，弹出列表框，选择"保存样式库"选项即可。

❹ 字幕属性：主要用于设置字幕、图形的一些特性。

❺ 工作区：用于创建字幕、图形的工作区域，在这个区域中有两个线框，外侧的线框为动作安全区；内侧的线框为标题安全区，在创建字幕时，字幕不能超过这个范围。

字幕编辑窗口右上角的字幕工具箱中的各种工具，主要用于输入、移动各种文本和绘制各种图形。字幕工具主要包括有选择工具、旋转工具、文字工具、垂直文字工具、区域文字工具、垂直区域文字工具、路径输入工具、垂直路径输入工具以及钢笔工具等，如图 12-4 所示。

图 12-4 字幕工具箱

❶ 选择工具：选择该工具，可以对已经存在的图形及文字进行选择，以及对位置和控制点进行调整。

❷ 旋转工具：可以对已经存在的图形及文字进行旋转。

❸ 文字工具：选择该工具，可以在工作区中输入文本。

❹ 垂直文字工具：选择该工具，可以在工作区中输入垂直文本。

❺ 区域文字工具：选择该工具，可以制作段落文本，适用于文本较多的时候。

❻ 垂直区域文字工具：选择该工具，可以制作垂直段落文本。

❼ 路径文字工具：选择该工具，可以制作出水平路径文本效果。

❽ 垂直路径文字工具：选择该工具，可以制作出垂直路径文本效果。

❾ 钢笔工具：选择该工具，可以勾画复杂的轮廓和定义多个锚点。

❿ 删除定位点工具：选择该工具，可以在轮廓线上删除锚点。

⓫ 添加定位点工具：选择该工具，可以在轮廓线上添加锚点。

⓬ 转换定位点工具：选择该工具，可以调整轮廓线上锚点的位置和角度。

⑬ **矩形工具**：选择该工具，可以绘制出矩形。

⑭ **圆角矩形工具**：选择该工具，可以绘制出圆角的矩形。

⑮ **切角矩形工具**：选择该工具，可以绘制出切角的矩形。

⑯ **圆矩形工具**：选择该工具，可以绘制出圆矩形。

⑰ **楔形工具**：选择该工具，可以绘制出楔形的图形。

⑱ **弧形工具**：选择该工具，可以绘制出弧形。

⑲ **椭圆形工具**：选择该工具，可以绘制出椭圆形图形。

⑳ **直线工具**：选择该工具，可以绘制出直线图形。

 专家指点

在 Premiere Pro CC 中，除了使用以上方法创建字幕，用户还可以单击菜单栏上的"字幕"|"新建字幕"|"默认静态字幕"命令或按【Ctrl ＋ T】组合键，也可以快速弹出"新建字幕"对话框，创建字幕效果。

12.1.2 字幕样式

"字幕样式"的添加能够帮助用户快速设置字幕的属性，从而获得精美的字幕效果。

在 Premiere Pro CC 中，为用户提供了大量的字幕样式，如图 12-5 所示。同样，用户也可以自己创建字幕，单击面板右上方的按钮 ，弹出列表框，选择"保存样式库"选项即可，如图 12-6 所示。

图 12-5 "字幕样式"面板   图 12-6 选择"保存样式库"选项

 专家指点

根据字体类型的不同，某些字体拥有多种不同的形态效果，而"字体样式"选项便是用于指定当前所要显示的字体形态。

12.1.3 创建水平字幕

水平字幕是指沿水平方向进行分布的字幕类型。用户可以使用字幕工具中的"文字工具"进行创建。

素材文件	光盘 \ 素材 \ 第 12 章 \ 梦想家园 .prproj
效果文件	光盘 \ 效果 \ 第 12 章 \ 梦想家园 .prproj
视频文件	光盘 \ 视频 \ 第 12 章 \12.1.3 创建水平字幕 .mp4

实战 梦想家园

步骤 01 按【Ctrl＋O】组合键，打开随书附带光盘的"素材\第 12 章\梦想家园 .prproj"文件，如图 12-7 所示。

步骤 02 单击"文件"|"新建"|"字幕"命令，如图 12-8 所示。

图 12-7 打开项目文件　　　　　　　　　　图 12-8 单击"字幕"命令

专家指点

　　"字幕"面板的主要功能是创建和编辑字幕，并可以直观地预览到字幕应用到视频影片中的效果。"字幕"面板由属性栏和编辑窗口两部分组成，其中编辑窗口是用户创建和编辑字幕的场所，在编辑完成后可以通过属性栏改变字体和字体样式。

步骤 03 弹出"新建字幕"对话框，设置"名称"为"字幕 01"，如图 12-9 所示。

步骤 04 单击"确定"按钮，打开字幕编辑窗口，选择文字工具，如图 12-10 所示。

图 12-9 设置名称　　　　　　　　　　图 12-10 选择文字工具

步骤 05 在工作区中的合适位置输入文字为"梦想家园"，设置"填充颜色"为白色、"字体大小"为 65.0，如图 12-11 所示。

06 关闭字幕编辑窗口,在"项目"面板中,将会显示新创建的字幕对象,如图 12-12 所示。

专家指点

打开字幕文件与导入素材文件的方法一样,具体方法是:单击"文件"|"导入"命令,在弹出的"导入"对话框中,选择合适的字幕文件,单击"打开"按钮即可。还可以运用快捷键【Ctrl + I】组合键,两种方法来打开字幕。

图 12-11 输入文字

图 12-12 显示新创建的字幕

 07 将新创建的字幕拖曳至"时间线"面板的 V2 轨道上,调整控制条大小,如图 12-13 所示。

 08 执行操作后,即可创建水平字幕,并查看新创建的字幕效果,如图 12-14 所示。

图 12-13 添加字幕效果

图 12-14 预览字幕效果

12.1.4 创建垂直字幕

用户在了解如何创建水平文本字幕后,创建垂直文本字幕的方法就变得十分简单了。下面将介绍创建垂直字幕的操作方法。

素材文件	光盘\素材\第 12 章\父爱如山 .prproj
效果文件	光盘\效果\第 12 章\父爱如山 .prproj
视频文件	光盘\视频\第 12 章\12.1.4 创建垂直字幕 .mp4

实战 父爱如山

步骤 01 按【Ctrl＋O】组合键，打开随书附带光盘的"素材\第12章\父爱如山.prproj"文件，如图12-15所示，单击"文件"|"新建"|"字幕"命令，新建一个字幕文件。

步骤 02 在字幕编辑窗口中，选择垂直文字工具 T，在工作区中合适的位置输入相应的文字，如图12-16所示。

图12-15 打开项目文件　　　　　　　　　图12-16 输入文字效果

步骤 03 在"字幕属性"面板中，设置"字体系列"为黑体、"字体大小"为50.0、"字偶间距"为10.0、"颜色"为红色（RGB为167、0、0），如图12-17所示。

步骤 04 关闭字幕编辑窗口，将新创建的字幕拖曳至"时间线"面板的V2轨道上，调整控制条的长度，即可创建垂直字幕，效果如图12-18所示。

图12-17 设置参数值　　　　　　　　　图12-18 创建垂直字幕后的效果

专家指点

在字幕编辑窗口中创建字幕时，在工作区中，有两个线框，外侧的线框以内为动作安全区；内侧的线框以内为标题安全区，在创建字幕时，字幕不能超过相应范围，否则导出影片时将不能显示。

12.1.5 导出字幕

　　为了让用户更加方便地创建字幕，系统允许用户将设置好的字幕导出到字幕样式库中，这样方便用户随时调用这种字幕。

	素材文件	光盘 \ 素材 \ 第 12 章 \ 环保 .prproj
	效果文件	光盘 \ 效果 \ 第 12 章 \ 环保 .prproj
	视频文件	光盘 \ 视频 \ 第 12 章 \12.1.5 导出字幕 .mp4

实战	环保

步骤 **01** 按【Ctrl ＋ O】组合键，打开随书附带光盘的"素材 \ 第 12 章 \ 环保 .prproj"文件，如图 12-19 所示。

步骤 **02** 在"项目"面板中，选择字幕文件，如图 12-20 所示。

图 12-19 打开项目文件　　　　　　图 12-20 选择字幕文件

步骤 **03** 单击"文件"|"导出"|"字幕"命令，如图 12-21 所示。

步骤 **04** 弹出"保存字幕"对话框，设置文件名和保存路径，单击"保存"按钮，如图 12-22 所示，执行操作后，即可导出字幕文件。

图 12-21 单击"字幕"命令　　　　　　图 12-22 单击"保存"按钮

12.2 了解"字幕属性"面板

"字幕属性"面板位于"字幕编辑"面板的右侧，系统将其分为"变换"、"属性"、"填充"、"描边"以及"阴影"等属性类型，下面将对各选项区进行详细介绍。

12.2.1 "变换"选项区

"变换"选项区主要用于控制字幕的"透明度"、"Y/Y 轴位置"、"宽度 / 高度"以及"旋转"等属性。

单击"变换"选项左侧的三角形按钮，展开该选项，其中各参数如图 12-23 所示。

图 12-23 "变换"选项区

❶ 不透明度：用于设置字幕的不透明度。

❷ X 位置：用于设置字幕在 X 轴的位置。

❸ Y 位置：用于设置字幕在 Y 轴的位置。

❹ 宽度：用于设置字幕的宽度。

❺ 高度：用于设置字幕的高度。

❻ 旋转：用于设置字幕的旋转角度。

12.2.2 "属性"选项区

"属性"选项区可以调整字幕文本的"字体系列"、"字体大小"、"行距"、"字偶间距"以及为字幕添加下划线等属性。

单击"属性"选项左侧的三角形按钮，展开该选项，其中各参数如图 12-24 所示。

图 12-24 "属性"选项区

❶ 字体系列：单击"字体"右侧的按钮，在弹出的下拉列表框中可选择所需要的字体，显示的字体取决于 Windows 中安装的字库。

❷ 字体大小：用于设置当前选择的文本字体大小。

❸ 字偶间距 / 字符间距：用于设置文本的字距，数值越大，文字的距离越大。

❹ 基线位移：在保持文字行距和大小不变的情况下，改变文本在文字块内的位置，或将文本更远地偏离路径。

❺ 倾斜：用于调整文本的倾斜角度，当数值为 0 时，表示文本没有任何倾斜度；当数值大于 0 时，表示文本向右倾斜；当数值小于 0 时，表示文本向左倾斜。

❻ 小型大写字母：选中该复选框，则选择的所有字母将变为大写。

❼ 小型大写字母大小：用于设置大写字母的尺寸。

❽ 下划线：选中该复选框，则可为文本添加下滑线。

12.2.3 "填充"选项区

"填充"效果是一个可选属性效果，因此，当用户关闭字幕的"填充"属性后，必须通过其他方式将字幕元素呈现在画面中。

"填充"选项区主要是用来控制字幕的"填充类型"、"颜色"、"透明度"以及为字幕添加"材质"和"光泽"属性，如图 12-25 所示。

图 12-25 "填充"选项区

① 填充类型：单击"填充类型"右侧的下三角按钮，在弹出的列表框中可选择不同的选项，可以制作出不同的填充效果。

② 颜色：单击其右侧的颜色色块，可以调整文本的颜色。

③ 不透明度：用于调整文本颜色的透明度。

④ 光泽：选中该复选框，并单击左侧的"展开"按钮▶，展开具体的"光泽"参数设置，可以在文本上加入光泽效果。

⑤ 纹理：选中该复选框，并单击左侧的"展开"按钮▶，展开具体的"纹理"参数设置，可以对文本进行纹理贴图方面的设置，从而使字幕更加生动和美观。

12.2.4 "描边"选项区

"描边"选项区中可以为字幕添加描边效果，下面介绍"描边"选项区的相关基础知识。

在 Premiere Pro CC 中，系统将描边分为"内描边"和"外描边"两种类型，单击"描边"选项左侧的"展开"按钮，展开该选项，然后再展开其中相应的选项，如图 12-26 所示。

图 12-26 "描边"选项区

1 类型：单击"类型"右侧的下三角按钮，弹出下拉列表，该列表中包括"边缘"、"凸出"和"凹进"3 个选项。

2 大小：用于设置轮廓线的大小。

3 填充类型：用于设置轮廓的填充类型。

4 颜色：单击右侧的颜色色块，可以改变轮廓线的颜色。

5 不透明度：用于设置文本轮廓的透明度。

6 光泽：选中该复选框，可为轮廓线加入光泽效果。

7 纹理：选中该复选框，可为轮廓线加入纹理效果。

12.2.5 "阴影"选项区

"阴影"选项组可以为字幕设置阴影属性，该选项组是一个可选效果，用户只有在选中"阴影"复选框后，才可以添加阴影效果

选中"阴影"复选框，将激活"阴影"选项区中的各参数，如图 12-27 所示。

图 12-27 "阴影"选项区

1 颜色：用于设置阴影的颜色。

2 不透明度：用于设置阴影的透明度。

3 角度：用于设置阴影的角度。

4 距离：用于调整阴影和文字的距离，数值越大，阴影与文字的距离越远。

5 大小：用于放大或缩小阴影的尺寸。

6 扩展：为阴影效果添加羽化并产生扩散效果。

12.3 字幕属性的设置

为了让字幕的整体效果更加具有吸引力和感染力，因此，需要用户对字幕属性进行精心调整

才能够获得。本节将介绍字幕属性的作用与调整的技巧。

12.3.1 字幕样式

　　字幕样式是 Premiere Pro CC 为用户预设的字幕属性设置方案，让用户能够快速地设置字幕的属性。

素材文件	光盘 \ 素材 \ 第 12 章 \ 蛋糕 .prproj	
效果文件	光盘 \ 效果 \ 第 12 章 \ 蛋糕 .prproj	
视频文件	光盘 \ 视频 \ 第 12 章 \12.3.1 字幕样式 .mp4	

实战 蛋糕

步骤 01 　按【Ctrl ＋ O】组合键，打开随书附带光盘的"素材 \ 第 12 章 \ 蛋糕 .prproj"文件，如图 12-28 所示。

步骤 02 　在"项目"面板上，使用鼠标左键双击字幕文件，如图 12-29 所示。

图 12-28 打开项目文件

图 12-29 双击字幕文件

步骤 03 　打开字幕编辑窗口，在"字幕样式"面板中，选择相应字幕样式，如图 12-30 所示。

步骤 04 　执行操作后，即可应用字幕样式，其图像效果如图 12-31 所示。

图 12-30 选择合适的字幕样式

图 12-31 应用字幕样式后的效果

12.3.2 变换特效

在 Premiere Pro CC 中，设置字幕变换效果可以对文本或图形的透明度和位置等参数进行设置。

素材文件	光盘 \ 素材 \ 第 12 章 \ 节日 .prproj
效果文件	光盘 \ 效果 \ 第 12 章 \ 节日 .prproj
视频文件	光盘 \ 视频 \ 第 12 章 \12.3.2 变换特效 .mp4

实战 节日

 步骤 01 按【Ctrl + O】组合键，打开随书附带光盘的"素材 \ 第 12 章 \ 节日 .prproj"文件，如图 12-32 所示。

步骤 02 在"时间线"面板中的 V2 轨道中，使用鼠标左键双击字幕文件，如图 12-33 所示。

图 12-32 打开项目文件

图 12-33 双击字幕文件

步骤 03 打开字幕编辑窗口，在"变换"选项区中，设置"X 轴位置"为 524.0、"Y 轴位置"为 85.9，如图 12-34 所示。

步骤 04 执行操作后，即可设置变换效果，其图像效果如图 12-35 所示。

图 12-34 设置参数值   图 12-35 设置变换后的效果

12.3.3 字幕间距

字幕间距主要是指文字之间的间隔距离，下面将介绍设置字幕间距的操作方法。

素材文件	光盘 \ 素材 \ 第 12 章 \ 童话 .prproj	
效果文件	光盘 \ 效果 \ 第 12 章 \ 童话 .prproj	
视频文件	光盘 \ 视频 \ 第 12 章 \12.3.3 字幕间距 .mp4	

实战 童话

步骤 01 按【Ctrl ＋ O】组合键，打开随书附带光盘的"素材 \ 第 12 章 \ 童话 .prproj"文件，如图 12-36 所示。

步骤 02 在"时间线"面板中的 V2 轨道中，使用鼠标左键双击字幕文件，如图 12-37 所示。

图 12-36 打开项目文件   图 12-37 双击字幕文件

步骤 03 打开字幕编辑窗口，在"属性"选项区中设置"字符间距"为 20.0，如图 12-38 所示。

步骤 04 执行操作后，即可修改字幕的间距，效果如图 12-39 所示。

图 12-38 设置参数值　　　　　　　　　　　图 12-39 视频效果

12.3.4 字体属性

在"属性"选项区中，可以重新设置字幕的字体，下面将介绍设置字体属性的操作方法。

素材文件	光盘 \ 素材 \ 第 12 章 \ 烟花璀璨 .prproj
效果文件	光盘 \ 效果 \ 第 12 章 \ 烟花璀璨 .prproj
视频文件	光盘 \ 视频 \ 第 12 章 \12.3.4 字体属性 .mp4

实战 烟花璀璨

步骤 01 按【Ctrl＋O】组合键，打开随书附带光盘的"素材 \ 第 12 章 \ 烟花璀璨 .prproj"文件，如图 12-40 所示。

步骤 02 在"项目"面板上，使用鼠标左键双击字幕文件，如图 12-41 所示。

图 12-40 打开项目文件　　　　　　　　　　图 12-41 双击字幕文件

步骤 03 打开字幕编辑窗口，在"属性"选项区中，设置"字体系列"为方正水柱简体、"字体大小"为 110.0，如图 12-42 所示。

步骤 04 执行操作后，即可设置字体属性，效果如图 12-43 所示。

图 12-42 设置各参数　　　　图 12-43 设置字体属性后的效果

12.3.5 旋转字幕角度

在创建字幕对象后，可以将创建的字幕进行旋转操作，以得到更好的字幕效果。

素材文件	光盘 \ 素材 \ 第 12 章 \ 闪亮 .prproj
效果文件	光盘 \ 效果 \ 第 12 章 \ 闪亮 .prproj
视频文件	光盘 \ 视频 \ 第 12 章 \12.3.5 旋转字幕角度 .mp4

实战 闪亮

步骤 01 按【Ctrl＋O】组合键，打开随书附带光盘的"素材 \ 第 12 章 \ 闪亮 .prproj"文件，如图 12-44 所示。

步骤 02 在"项目"面板上，使用鼠标左键双击字幕文件，如图 12-45 所示。

图 12-44 打开项目文件　　　　图 12-45 双击字幕文件

步骤 `03` 打开字幕编辑窗口，在"字幕属性"面板的"变换"选项区中，设置"旋转"为330.0°，如图 12-46 所示。

步骤 `04` 执行操作后，即可旋转字幕角度，在"节目监视器"面板中预览旋转字幕角度后的效果，如图 12-47 所示。

图 12-46 设置参数值   图 12-47 旋转字幕角度后的效果

12.3.6 字幕大小

如果字幕中的字体太小，可以对其进行设置，下面将介绍设置字幕大小的操作方法。

素材文件	光盘 \ 素材 \ 第 12 章 \ 春语 .prproj
效果文件	光盘 \ 效果 \ 第 12 章 \ 春语 .prproj
视频文件	光盘 \ 视频 \ 第 12 章 \12.3.6 字幕大小 .mp4

实战 春语

步骤 `01` 按【Ctrl + O】组合键，打开随书附带光盘的"素材 \ 第 12 章 \ 春语 .prproj"文件，如图 12-48 所示。

步骤 `02` 在"项目"面板上，使用鼠标左键双击字幕文件，如图 12-49 所示。

图 12-48 打开项目文件   图 12-49 双击字幕文件

步骤 03 打开字幕编辑窗口,在"字幕属性"面板中,设置"字体大小"为120.0,如图12-50所示。

步骤 04 执行操作后,即可设置字幕大小,在"节目监视器"面板中预览设置字幕大小后的效果,如图12-51所示。

图 12-50 设置参数值　　　　　　　　　　　图 12-51 预览图像效果

12.3.7 排列属性

在 Premiere Pro CC 中制作字幕文件之前,还可以对字幕进行排序,使字幕文件更加美观。

素材文件	光盘\素材\第 12 章\彩色世界 .prproj
效果文件	光盘\效果\第 12 章\. 彩色世界 prproj
视频文件	光盘\视频\第 12 章\12.3.7 排列属性 .mp4

实战 彩色世界

步骤 01 按【Ctrl + O】组合键,打开随书附带光盘的"素材\第 12 章\彩色世界 .prproj"文件,如图12-52所示。

步骤 02 在"项目"面板上,使用鼠标左键双击字幕文件,如图12-53所示。

图 12-52 打开项目文件　　　　　　　　　图 12-53 双击字幕文件

步骤 03 打开字幕编辑窗口,选择最下方的字幕,如图12-54所示。

步骤 04 单击鼠标右键，弹出快捷菜单，选择"排列"|"后移"选项，如图 12-55 所示，即可设置排列属性。

图 12-54 选择合适的字幕

图 12-55 选择"上移一层"选项

填充与描边视频字幕

学习提示

在 Premiere Pro CC 中对字幕文件进行制作后，还可以进行填充或描边操作，以得到更漂亮的字幕效果。本章主要介绍设置实色填充、设置内描边效果、设置外描边效果以及设置字幕阴影等内容，以供读者掌握。

本章重点

- 实战——沙滩爱情
- 实战——生活的味道
- 实战——影视频道
- 实战——书中有爱
- 实战——信件

- 实战——命运之夜
- 实战——命运之夜 2
- 实战——美味诱人
- 实战——倾国倾城
- 实战——儿童乐园

13.1 字幕填充效果的设置

"填充"属性中除了可以为字幕添加"实色填充"外，还可以添加"线性渐变填充"、"放射性渐变"、"四色渐变"等复杂的色彩渐变填充效果。同时还提供了"光泽"与"纹理"字幕填充效果。本节将详细介绍设置字幕填充效果的操作方法。

13.1.1 设置实色填充

"实色填充"是指在字体内填充一种单独的颜色，下面将介绍设置实色填充的操作方法。

素材文件	光盘\素材\第 13 章\沙滩爱情 .prproj
效果文件	光盘\效果\第 13 章\沙滩爱情 .prproj
视频文件	光盘\视频\第 13 章\13.1.1 设置实色填充 .mp4

实战 沙滩爱情

步骤 01 按【Ctrl＋O】组合键，打开随书附带光盘的"素材\第 13 章\沙滩爱情 .prproj"文件，如图 13-1 所示。

步骤 02 打开项目文件后，在"节目监视器"面板中可以查看素材画面，如图 13-2 所示。

图 13-1 打开项目文件

图 13-2 查看素材画面

步骤 03 单击"字幕"|"新建字幕"|"默认静态字幕"命令，如图 13-3 所示。

步骤 04 在弹出的"新建字幕"对话框中输入字幕的名称，单击"确定"按钮，如图 13-4 所示。

步骤 05 打开"字幕编辑"窗口，选取工具箱中的文字工具 **T**，在绘图区中的合适位置单击鼠标左键，显示闪烁的光标，如图 13-5 所示。

步骤 06 输入文字"沙滩爱情"，选择输入的文字，如图 13-6 所示。

专家指点

在"字幕编辑"窗口中输入汉字时，有时会由于使用的字体样式不支持该文字，导致输入的汉字无法显示，此时用户可以选择输入的文字，将字体样式设置为常用的汉字字体，即可解决该问题。

图 13-3 单击"默认静态字幕"命令　　　　图 13-4 单击"确定"按钮

图 13-5 显示闪烁的光标　　　　图 13-6 选择输入的文字

步骤 **07** 展开"属性"选项，单击"字体系列"右侧的下拉按钮，在弹出的列表框中选择"黑体"选项，如图 13-7 所示。

步骤 **08** 执行操作后，即可调整字幕的字体样式，设置"字体大小"为50.0,选中"填充"复选框，单击"颜色"选项右侧的色块，如图 13-8 所示。

图 13-7 选择"黑体"选项　　　　图 13-8 单击相应的色块

步骤 **09** 在弹出的"拾色器"对话框中，设置颜色为黄色（RGB 参数值分别为 254、254、0），如图 13-9 所示。

步骤 **10** 单击"确定"按钮应用设置，在工作区中显示字幕效果，如图 13-10 所示。

图 13-9 设置颜色

图 13-10 显示字幕效果

步骤 **11** 单击"字幕编辑"窗口右上角的"关闭"按钮，关闭"字幕编辑"窗口，此时可以在"项目"面板中查看创建的字幕，如图 13-11 所示。

步骤 **12** 在字幕文件上，单击鼠标左键并拖曳，至"时间轴"面板中的 V2 轨道中，如图 13-12 所示。

图 13-11 查看创建的字幕

图 13-12 拖曳创建的字幕

 专家指点

　　Premiere Pro CC 软件会以从上至下的顺序渲染视频，如果将字幕文件添加到 V1 轨道，将影片素材文件添加到 V2 及以上的轨道，将会导致渲染的影片素材挡住了字幕文件，导致无法显示字幕。

步骤 **13** 释放鼠标，即可将字幕文件添加到 V2 轨道上，如图 13-13 所示。

步骤 **14** 单击"播放 - 停止切换"按钮，预览视频效果，如图 13-14 所示。

图 13-13 添加字幕文件到 V2 轨道   图 13-14 预览视频效果

13.1.2 设置渐变填充

渐变填充是指从一种颜色逐渐向另一种颜色过度的一种填充方式，下面将介绍设置渐变填充的操作方法。

素材文件	光盘 \ 素材 \ 第 13 章 \ 生活的味道 .prproj
效果文件	光盘 \ 效果 \ 第 13 章 \ 生活的味道 .prproj
视频文件	光盘 \ 视频 \ 第 13 章 \13.1.2 设置渐变填充 .mp4

实战 生活的味道

步骤 01 按【Ctrl + O】组合键，打开随书附带光盘的 "素材 \ 第 13 章 \ 生活的味道 .prproj" 文件，如图 13-15 所示。

步骤 02 打开项目文件后，在 "节目监视器" 面板中可以查看素材画面，如图 13-16 所示。

图 13-15 打开项目文件

图 13-16 查看素材画面

步骤 03 单击 "字幕" | "新建字幕" | "默认静态字幕" 命令，在弹出的 "新建字幕" 对话框中设置 "名称" 为 "字幕 01"，如图 13-17 所示。

步骤 04 单击"确定"按钮，打开"字幕编辑"窗口，选取工具箱中的文字工具，如图 13-18 所示。

图 13-17 输入字幕名称　　　　　　　　　　　　　图 13-18 选择垂直文字工具

步骤 05 在工作区中输入文字"生活的味道"，选择输入的文字，如图 13-19 所示。

步骤 06 展开"变换"选项，设置"X 位置"为223.5、"Y 位置"为96.8；展开"属性"选项，设置"字体系列"为"迷你简黄草"、"字体大小"为80.0，如图 13-20 所示。

图 13-19 选择输入的文字　　　　　　　　　　　　图 13-20 设置相应的选项

步骤 07 选中"填充"复选框，单击"实底"选项右侧的下拉按钮，在弹出的列表框中选择"径向渐变"选项，如图 13-21 所示。

步骤 08 显示"径向渐变"选项，使用鼠标左键双击"颜色"选项右侧的第 1 个色标，如图 13-22 所示。

步骤 09 在弹出的"拾色器"对话框中，设置颜色为绿色（RGB 参数值分别为 18、151、0），如图 13-23 所示。

步骤 10 单击"确定"按钮，返回"字幕编辑"窗口，双击"颜色"选项右侧的第 2 个色标，在弹出的"拾色器"对话框中设置颜色为蓝色（RGB 参数值分别为 0、88、162），如图 13-24 所示。

图 13-21 选择"径向渐变"选项 　　　　　　　　　 图 13-22 双击第 1 个色标

图 13-23 设置第 1 个色标的颜色 　　　　　　　　　 图 13-24 设置第 2 个色标的颜色

步骤 11 单击"确定"按钮，返回"字幕编辑"窗口，单击"外描边"选项右侧的"添加"链接，如图 13-25 所示。

步骤 12 显示"外描边"选项，设置"大小"为 5.0，如图 13-26 所示。

步骤 13 执行上述操作后，在工作区中显示字幕效果，如图 13-27 所示。

步骤 14 单击"字幕编辑"窗口右上角的"关闭"按钮，关闭"字幕编辑"窗口，此时可以在"项目"面板中查看创建的字幕，如图 13-28 所示。

步骤 15 在"项目"面板中选择字幕文件，将其添加到"时间轴"面板中的 V2 轨道上，如图 13-29 所示。

步骤 16 单击"播放 - 停止切换"按钮，预览视频效果，如图 13-30 所示。

图 13-25 单击"添加"链接　　　　图 13-26 设置"大小"参数

图 13-27 显示字幕效果

图 13-28 查看创建的字幕

图 13-29 添加字幕文件　　　　图 13-30 预览视频效果

13.1.3 设置斜面填充

斜面填充是一种通过设置阴影色彩的方式，模拟一种中间较亮、边缘较暗的三维浮雕填充效果。

素材文件	光盘 \ 素材 \ 第 13 章 \ 影视频道 .prproj
效果文件	光盘 \ 效果 \ 第 13 章 \ 影视频道 .prproj
视频文件	光盘 \ 视频 \ 第 13 章 \13.1.3 设置斜面填充 .mp4

实战 影视频道

步骤 01 按【Ctrl ＋ O】组合键，打开随书附带光盘的"素材 \ 第 13 章 \ 影视频道 .prproj"文件，如图 13-31 所示。

步骤 02 打开项目文件后，在"节目监视器"面板中可以查看素材画面，如图 13-32 所示。

图 13-31 打开项目文件　　　　　　　　　　图 13-32 查看素材画面

步骤 03 单击"字幕"|"新建字幕"|"默认静态字幕"命令，在弹出的"新建字幕"对话框中设置"名称"为"影视频道"，如图 13-33 所示。

步骤 04 单击"确定"按钮，打开"字幕编辑"窗口，选取工具箱中的文字工具 T ，如图 13-34 所示。

图 13-33 输入字幕名称　　　　　　　　　　图 13-34 选择文字工具

步骤 05 在工作区中输入文字"影视频道"，选择输入的文字，如图 13-35 所示。

步骤 06 展开"属性"选项，单击"字体系列"右侧的下拉按钮，在弹出的列表框中选择"黑体"选项，如图 13-36 所示。

图 13-35 选择输入的文字　　　　　　图 13-36 选择"黑体"选项

步骤 07 在"字幕属性"面板中，展开"变换"选项，设置"X 位置"为 374.9、"Y 位置"为 285.0，如图 13-37 所示。

步骤 08 选中"填充"复选框，单击"实底"选项右侧的下拉按钮，在弹出的列表框中选择"斜面"选项，如图 13-38 所示。

图 13-37 设置相应选项　　　　　　　图 13-38 选择"斜面"选项

专家指点

　　字幕的填充特效还有"消除"与"重影"两种效果，"消除"效果是用来暂时性地隐藏字幕，包括其字幕的阴影和描边效果；重影与消除拥有类似的功能，两者都可以隐藏字幕的效果，其区别在于重影只能隐藏字幕本身，无法隐藏阴影效果。

步骤 09 显示"斜面"选项，单击"高光颜色"右侧的色块，如图 13-39 所示。

步骤 10 在弹出的"拾色器"对话框中设置颜色为黄色（RGB 参数值分别为 255、255、0），如图 13-40 所示，单击"确定"按钮应用设置。

步骤 11 用与上同样的操作方法，设置"阴影颜色"为红色（RGB 参数值分别为 255、0、0）、"平衡"为 -27.0、"大小"为 18.0，如图 13-41 所示。

步骤 12 执行上述操作后，在工作区中显示字幕效果，如图 13-42 所示。

步骤 13 单击"字幕编辑"窗口右上角的"关闭"按钮，关闭"字幕编辑"窗口，在"项目"

面板选择创建的字幕，将其添加到"时间轴"面板中的 V2 轨道上，如图 13-43 所示。

步骤 14 单击"播放 - 停止切换"按钮，预览视频效果，如图 13-44 所示。

图 13-39 单击相应的色块　　　　　　　　图 13-40 设置颜色

图 13-41 设置"阴影颜色"为红色　　　　　图 13-42 显示字幕效果

图 13-43 添加字幕文件　　　　　　　　图 13-44 预览视频效果

13.1.4 设置消除填充

在 Premiere Pro CC 中，消除是用来暂时性地隐藏字幕，包括其字幕的阴影和描边效果。

素材文件	光盘 \ 素材 \ 第 13 章 \ 书中有爱 .prproj
效果文件	光盘 \ 效果 \ 第 13 章 \ 书中有爱 .prproj
视频文件	光盘 \ 视频 \ 第 13 章 \13.1.4 设置消除填充 .mp4

实战 书中有爱

步骤 01 按【Ctrl＋O】组合键，打开随书附带光盘的"素材 \ 第 13 章 \ 书中有爱 .prproj"文件，如图 13-45 所示。

步骤 02 在 V2 轨道上，使用鼠标左键双击字幕文件，如图 13-46 所示。

图 13-45 打开项目文件 图 13-46 双击字幕文件

步骤 03 打开"字幕编辑"窗口，单击"填充类型"右侧的下拉按钮，弹出列表框，选择"消除"选项，如图 13-47 所示。

步骤 04 执行操作后，即可设置"消除"填充效果，在"节目监视器"面板中，预览设置"消除"填充后的视频效果，如图 13-48 所示。

图 13-47 选择"消除"选项 图 13-48 设置消除填充后的效果

13.1.5 设置重影填充

重影与消除拥有类似的功能，两者都可以隐藏字幕的效果，其区别在于重影只能隐藏字幕本身，无法隐藏阴影效果。

中文版 Premiere Pro CC 应用宝典

素材文件	光盘 \ 素材 \ 第 13 章 \ 信件 .prproj	
效果文件	光盘 \ 效果 \ 第 13 章 \ 信件 .prproj	
视频文件	光盘 \ 视频 \ 第 13 章 \13.1.5 设置重影填充 .mp4	

实战 信件

步骤 01 按【Ctrl ＋ O】组合键，打开随书附带光盘的"素材 \ 第 13 章 \ 信件 .prproj"文件，如图 13-49 所示。

步骤 02 在 V2 轨道上，使用鼠标左键双击字幕文件，如图 13-50 所示。

图 13-49 打开项目文件

图 13-50 双击字幕文件

步骤 03 打开"字幕编辑"窗口，单击"填充类型"右侧的下拉按钮，弹出列表框，选择"重影"选项，如图 13-51 所示。

步骤 04 执行操作后，即可设置"重影"填充效果，在"节目监视器"面板中，预览设置"重影"填充后的视频效果，如图 13-52 所示。

图 13-51 选择"重影"选项

图 13-52 设置重影填充后的效果

13.1.6 设置光泽填充

"光泽"效果的作用主要是为字幕叠加一层逐渐向两侧淡化的颜色，用来模拟物体表面的光泽感。

素材文件	光盘\素材\第13章\命运之夜.prproj
效果文件	光盘\效果\第13章\命运之夜.prproj
视频文件	光盘\视频\第13章\13.1.6 设置光泽填充.mp4

实战 命运之夜

步骤 01 按【Ctrl＋O】组合键，打开随书附带光盘的"素材\第13章\命运之夜.prproj"文件，如图13-53所示。

步骤 02 在V2轨道上，使用鼠标左键双击字幕文件，如图13-54所示。

图13-53 打开项目文件

图13-54 双击字幕文件

步骤 03 打开"字幕编辑"窗口，在"填充"选项区中，选中"光泽"复选框，设置"颜色"为粉红色（RGB参数分别为247、203、196）、"大小"为100.0，如图13-55所示。

步骤 04 执行操作后，即可设置光泽填充效果，在"节目监视器"面板中，预览设置光泽填充后的视频效果，如图13-56所示。

图13-55 设置参数值

图13-56 设置光泽填充后的效果

13.1.7 设置纹理填充

"纹理"效果的作用主要是为字幕设置背景纹理效果，纹理的文件可以是位图，也可以是矢量图。

素材文件	光盘 \ 素材 \ 第 13 章 \ 命运之夜 .prproj
效果文件	光盘 \ 效果 \ 第 13 章 \ 命运之夜 2.prproj
视频文件	光盘 \ 视频 \ 第 13 章 \13.1.7 设置纹理填充 .mp4

实战 命运之夜 2

步骤 01 以 13.1.6 的素材为例，在"项目"面板中，选择字幕文件，双击鼠标左键，如图 13-57 所示。

步骤 02 打开"字幕编辑"窗口，在"填充"选项区中，选中"纹理"复选框，单击"纹理"右侧的按钮■，如图 13-58 所示。

图 13-57 双击字幕文件 　　　　　　　图 13-58 单击"纹理"右侧的按钮

步骤 03 弹出"选择纹理图像"对话框，选择合适的纹理素材，如图 13-59 所示。

步骤 04 单击"打开"按钮，即可设置纹理效果，效果如图 13-60 所示。

图 13-59 选择合适的纹理素材 　　　　　图 13-60 设置纹理填充后的效果

13.2 设置字幕描边与阴影效果

字幕的"描边"与"阴影"主要作用是为了让字幕效果更加突出、醒目。因此，用户可以有选择性的添加或者删除字幕中的描边或阴影效果。

13.2.1 内描边效果

"内描边"主要是从字幕边缘向内进行扩展，这种描边效果可能会覆盖字幕的原有填充效果。

素材文件	光盘 \ 素材 \ 第 13 章 \ 美味诱人 .prproj
效果文件	光盘 \ 效果 \ 第 13 章 \ 美味诱人 .prproj
视频文件	光盘 \ 视频 \ 第 13 章 \13.2.1 内描边效果 .mp4

实战 美味诱人

步骤 01 按【Ctrl + O】组合键，打开随书附带光盘的"素材 \ 第 13 章 \ 美味诱人 .prproj"文件，如图 13-61 所示。

步骤 02 在 V2 轨道上，使用鼠标左键双击字幕文件，如图 13-62 所示。

图 13-61 打开项目文件

图 13-62 双击字幕文件

步骤 03 打开"字幕编辑"窗口，在"描边"选项区中，单击"内描边"右侧"添加"链接，添加一个内描边选项，如图 13-63 所示。

步骤 04 在"内描边"选项区中，单击"类型"右侧的下拉按钮，弹出列表框，选择"深度"选项，如图 13-64 所示。

步骤 05 单击"颜色"右侧的颜色色块，弹出"拾色器"对话框，设置 RGB 参数分别为 199、1、19，如图 13-65 所示。

步骤 06 单击"确定"按钮，返回到字幕编辑窗口，即可设置内描边的描边效果，如图 13-66 所示。

图 13-63 添加内描边选项　　　　　　图 13-64 选择"深度"选项

图 13-65 设置参数值

图 13-66 设置内描边后的描边效果

13.2.2 外描边效果

"外描边"描边效果是从字幕的边缘向外扩展，并增加字幕占据画面的范围。

素材文件	光盘 \ 素材 \ 第 13 章 \ 倾国倾城 .prproj
效果文件	光盘 \ 效果 \ 第 13 章 \ 倾国倾城 .prproj
视频文件	光盘 \ 视频 \ 第 13 章 \13.2.2 外描边效果 .mp4

实战 倾国倾城

步骤 01　按【Ctrl＋O】组合键，打开随书附带光盘的"素材\第13章\倾国倾城.prproj"文件，如图 13-67 所示。

步骤 02　在 V2 轨道上，使用鼠标左键双击字幕文件，如图 13-68 所示。

图 13-67 打开项目文件

图 13-68 双击字幕文件

步骤 03 打开"字幕编辑"窗口，在"描边"选项区中，单击"外描边"右侧"添加"链接，添加一个外描边选项，如图 13-69 所示。

步骤 04 在"外描边"选项区中，单击"类型"右侧的下拉按钮，弹出列表框，选择"凹进"选项，如图 13-70 所示。

图 13-69 添加外描边选项

图 13-70 选择"凹进"选项

步骤 05 单击"颜色"右侧的颜色色块，弹出"拾色器"对话框，设置 RGB 参数为 90、46、26，如图 13-71 所示。

步骤 06 单击"确定"按钮，返回到字幕编辑窗口，即可设置外描边的描边效果，如图 13-72 所示。

图 13-71 设置参数值　　　　　　　　图 13-72 设置外描边后的效果

专家指点

　　在"类型"列表框中，"凸出"描边模式是最正统的描边模式，选择"凸出"模式后，可以设置其大小、色彩、透明度以及填充类型等。

13.2.3 字幕阴影效果

　　由于"阴影"是可选效果，用户只有选中"阴影"复选框的状态下，Premiere Pro CC 才会显示用户添加的字幕阴影效果。在添加字幕阴影效果后，可以对"阴影"选项区中各参数进行设置，以得到更好的阴影效果。

素材文件	光盘 \ 素材 \ 第 13 章 \ 儿童乐园 .prproj
效果文件	光盘 \ 效果 \ 第 13 章 \ 儿童乐园 .prproj
视频文件	光盘 \ 视频 \ 第 13 章 \13.2.3 字幕阴影效果 .mp4

实战 儿童乐园

步骤 01 按【Ctrl＋O】组合键，打开随书附带光盘的"素材 \ 第 13 章 \ 儿童乐园 .prproj"文件，如图 13-73 所示。

步骤 02 打开项目文件后，在"节目监视器"面板中可以查看素材画面，如图 13-74 所示。

图 13-73 打开项目文件　　　　　　　图 13-74 查看素材画面

步骤 `03` 单击"文件"|"新建"|"字幕"命令,在弹出的"新建字幕"对话框中输入字幕名称,如图 13-75 所示。

步骤 `04` 单击"确定"按钮,打开"字幕编辑"窗口,选取工具箱中的文字工具**T**,在工作区中的合适位置输入文字"儿童乐园",选择输入的文字,如图 13-76 所示。

图 13-75 输入字幕名称

图 13-76 选择文字

步骤 `05` 展开"属性"选项,设置"字体系列"为"方正超粗黑简体"、"字体大小"为 70.0;展开"变换"选项,设置"X 位置"为 400.0、"Y 位置"为 190.0,如图 13-77 所示。

步骤 `06` 选中"填充"复选框,单击"实底"选项右侧的下拉按钮,在弹出的列表框中选择"径向渐变"选项,如图 13-78 所示。

图 13-77 设置相应的选项

图 13-78 选择"径向渐变"选项

步骤 `07` 显示"径向渐变"选项,双击"颜色"选项右侧的第 1 个色标,如图 13-79 所示。

步骤 `08` 在弹出的"拾色器"对话框中,设置颜色为红色(RGB 参数值分别为 255、0、0),如图 13-80 所示。

步骤 `09` 单击"确定"按钮,返回"字幕编辑"窗口,双击"颜色"选项右侧的第 2 个色标,在弹出的"拾色器"对话框中设置颜色为黄色(RGB 参数值分别为 255、255、0),如图 13-81 所示。

步骤 `10` 单击"确定"按钮,返回"字幕编辑"窗口,选中"阴影"复选框,设置"扩展"为 50.0,如图 13-82 所示。

图 13-79 单击第 1 个色标

图 13-80 设置第 1 个色标的颜色

图 13-81 设置第 2 个色标的颜色

图 13-82 设置"扩展"为 50.0

步骤 11 执行上述操作后，在工作区中显示字幕效果，如图 13-83 所示。

步骤 12 单击"字幕编辑"窗口右上角的"关闭"按钮，关闭"字幕编辑"窗口，此时可以在"项目"面板中查看创建的字幕，如图 13-84 所示。

图 13-83 显示字幕效果

图 13-84 查看创建的字幕

步骤 13 在"项目"面板中选择字幕文件，将其添加到"时间轴"面板中的 V2 轨道上，如图 13-85 所示。

步骤 14 单击"播放 - 停止切换"按钮，预览视频效果，如图 13-86 所示。

图 13-85 添加字幕文件

图 13-86 预览视频效果

14

创建与制作字幕特效

学习提示

在影视节目中，字幕起着解释画面、补充内容等作用。由于字幕本身是静止的，因此在某些时候无法完美地表达画面的主题。本章将运用 Premiere Pro CC 制作各种文字特效效果，让画面中的文字更加生动。

本章重点

- 实战——邂逅爱情
- 实战——旅游随拍
- 实战——环形
- 实战——烟花
- 实战——城市炫舞
- 实战——彩虹
- 实战——胡杨林
- 实战——女人节
- 实战——河边小孩
- 实战——一束花

14.1 创建字幕路径

字幕特效的种类很多，其中最常见的一种是通过"字幕路径"使字幕按用户创建的路径移动。本节将详细介绍字幕路径的创建方法。

14.1.1 绘制直线

"直线"是所有图形中最简单且最基本的图形，在 Premiere Pro CC 中，用户可以运用绘图工具直接绘制出一些简单的图形。

素材文件	光盘 \ 素材 \ 第 14 章 \ 邂逅爱情 .prproj
效果文件	光盘 \ 效果 \ 第 14 章 \ 邂逅爱情 .prproj
视频文件	光盘 \ 视频 \ 第 14 章 \14.1.1 绘制直线 .mp4

实战 邂逅爱情

步骤 01 按【Ctrl + O】组合键，打开随书附带光盘中的"素材 \ 第 14 章 \ 邂逅爱情 .prproj"文件，如图 14-1 所示。

步骤 02 在 V2 轨道上，使用鼠标左键双击字幕文件，如图 14-2 所示。

图 14-1 打开项目文件　　　　　　　　图 14-2 双击字幕文件

步骤 03 打开字幕编辑窗口，选取直线工具，如图 14-3 所示。

步骤 04 在绘图区合适位置单击鼠标左键并拖曳，绘制直线，如图 14-4 所示。

图 14-3 选取直线工具　　　　　　　　图 14-4 绘制直线

步骤 05 选取选择工具，将直线移至合适位置，并设置"线宽"为3.0，如图14-5所示。

步骤 06 执行操作后，即可绘制直线，效果如图14-6所示。

图14-5 设置参数值　　　　　　　　图14-6 绘制直线效果

14.1.2 调整直线颜色

在绘制直线后，用户可以在"字幕属性"面板中设置"填充"属性，调整直线的颜色。

素材文件	光盘 \ 素材 \ 第 14 章 \ 邂逅爱情 .prproj
效果文件	光盘 \ 效果 \ 第 14 章 \ 邂逅爱情 2.prproj
视频文件	光盘 \ 视频 \ 第 14 章 \14.1.2 调整直线颜色 .mp4

实战 邂逅爱情 2

步骤 01 以上一例的效果文件为例，在 V2 轨道上，双击字幕文件，打开字幕编辑窗口，选择直线，单击"颜色"右侧的色块，如图14-7所示。

步骤 02 弹出"拾色器"对话框，设置 RGB 参数为 233、220、13，单击"确定"按钮，即可调整直线颜色，如图14-8所示。

图14-7 设置颜色块　　　　　　　　图14-8 调整直线颜色后的效果

14.1.3 钢笔工具转换成直线

使用钢笔工具可以直接将直线转换为简单的曲线，下面将介绍使用钢笔工具转换直线的操作方法。

素材文件	光盘 \ 素材 \ 第 14 章 \ 旅游随拍 .prproj
效果文件	光盘 \ 效果 \ 第 14 章 \ 旅游随拍 .prproj
视频文件	光盘 \ 视频 \ 第 14 章 \14.1.3. 钢笔工具转换成直线 .mp4

实战 旅游随拍

步骤 01 按【Ctrl + O】组合键，打开随书附带光盘中的"素材 \ 第 14 章 \ 旅游随拍 .prproj"文件，如图 14-9 所示。

步骤 02 在 V2 轨道上，使用鼠标左键双击字幕文件，如图 14-10 所示。

步骤 03 打开字幕编辑窗口，选取钢笔工具，如图 14-11 所示。

图 14-9 打开项目文件　　　　　　　　　　图 14-10 双击字幕文件

步骤 04 在绘图区合适位置，依次单击鼠标左键，绘制直线，如图 14-12 所示。

图 14-11 选取钢笔工具　　　　　　　　　　图 14-12 绘制直线

步骤 05 在"字幕属性"面板中，取消选中"外描边"复选框与"阴影"复选框，如图 14-13 所示。

步骤 06 执行操作后，即可使用钢笔工具转换成直线，效果如图 14-14 所示。

图 14-13 取消选中"阴影"复选框　　　　　图 14-14 使用钢笔工具转换直线

14.1.4 添加节点的转换锚点工具

当用户需要转换一条比较复杂的曲线时，用户需要用转换锚点工具调整直线。选取转换锚点工具，根据提示进行操作即可。

转换锚点工具可以为直线添加两个或两个以上的节点，用户可以通过这些节点调节出更为复杂的曲线图形，选取转换锚点工具，在需要添加节点的曲线上，单击鼠标左键即可。图 14-15 所示为添加节点的前后对比效果。

图 14-15 添加节点的前后对比效果

14.1.5 创建圆

当用户需要创建圆时，可以使用椭圆工具在绘图区中绘制一个正圆对象。

素材文件	光盘 \ 素材 \ 第 14 章 \ 环形 .prproj	
效果文件	光盘 \ 效果 \ 第 14 章 \ 环形 .prproj	
视频文件	光盘 \ 视频 \ 第 14 章 \14.1.5 创建圆 .mp4	

实战	环形

步骤 01 按【Ctrl + O】组合键，打开随书附带光盘中的"素材 \ 第 14 章 \ 环形 .prproj"文件，如图 14-16 所示，在 V1 轨道上，双击字幕文件。

步骤 `02` 打开字幕编辑窗口，选取椭圆工具 ，在按住【Shift】键的同时，在绘图区中创建圆，如图 14-17 所示。

图 14-16 打开项目文件

图 14-17 创建圆

步骤 `03` 在"变换"选项区中，设置"宽度"和"高"均为 390.0，如图 14-18 所示。

步骤 `04` 调整圆形的位置，即可使用椭圆工具创建圆，效果如图 14-19 所示。

图 14-18 设置参数值

图 14-19 创建圆效果

14.1.6 弧形工具

当用户需要创建一个弧形对象时，可以通过弧形工具进行创建操作。在字幕编辑窗口中，选取弧形工具，在绘图区中，单击鼠标左键并拖曳，即可创建，如图 14-20 所示。

图 14-20 创建弧形效果

14.2 运动字幕的创建

在 Premiere Pro CC 中，字幕被分为"静态字幕"和"动态字幕"两大类型。通过前面的学习，用户已经可以轻松创建出静态字幕以及静态的复杂图形。本节将介绍如何在 Premiere Pro CC 中创建动态字幕。

14.2.1 字幕运动原理

字幕的运动是通过关键帧实现的，为对象指定的关键帧越多，所产生的运动变化越复杂。在 Premiere Pro CC 中，可以通过关键帧对不同的时间点来引导目标运动、缩放、旋转等，并在计算机中随着时间点而发生变化，如图 14-21 所示。

图 14-21 字幕运动原理

14.2.2 "运动"面板

Premiere Pro CC 的运动设置是通过效果控件来实现的，当用户将素材拖入轨道后，用户可以切换到效果控件，此时可以看到 Premiere Pro CC 的"运动"设置面板。为了使文字在画面中运动，用户必须为字幕添加关键帧，然后，通过设置字幕的关键帧得到一个运动的字幕效果，如图 14-22 所示。

图 14-22 设置关键帧

> 用户在制作动态字幕时，除了添加"运动"特效的关键帧外，还可以添加比例、旋转、透明度等选项的关键帧来丰富动态字幕的效果。

14.2.3 游动字幕

"游动字幕"是指字幕在画面中进行水平运动的动态字幕类型，用户可以设置游动的方向和位置。

素材文件	光盘 \ 素材 \ 第 14 章 \ 烟花 .prproj
效果文件	光盘 \ 效果 \ 第 14 章 \ 烟花 .prproj
视频文件	光盘 \ 视频 \ 第 14 章 \14.2.3. 游动字幕 .mp4

实战 烟花

步骤 01 按【Ctrl ＋ O】组合键，打开随书附带光盘中的"素材 \ 第 14 章 \ 烟花 .prproj"文件，如图 14-23 所示，在 V2 轨道上，双击字幕文件。

步骤 02 打开字幕编辑窗口，单击"滚动 / 游动选项"按钮，弹出"滚动 / 游动选项"对话框，选中"向左游动"单选按钮，如图 14-24 所示。

图 14-23 打开项目文件

图 14-24 选中"向左游动"单选按钮

步骤 **03** 选中"开始于屏幕外"复选框，并设置"缓入"为3、"过卷"为7，如图 14-25 所示。

步骤 **04** 单击"确定"按钮，返回到字幕编辑窗口，选取选择工具，将文字向右拖曳至合适位置，如图 14-26 所示。

图 14-25 设置参数值　　　　　　　　　　　图 14-26 拖曳字幕

步骤 **05** 执行操作后，即可创建游动运动字幕，在"节目监视器"面板中，单击"播放-停止切换"按钮，即可预览字幕游动效果，如图 14-27 所示。

图 14-27 预览字幕游动效果

14.2.4 滚动字幕

"滚动字幕"是指字幕从画面的下方逐渐向上欲动的动态字幕类型，这种类型的动态字幕常运用在电视节目中。

素材文件	光盘 \ 素材 \ 第 14 章 \ 城市炫舞 .prproj	
效果文件	光盘 \ 效果 \ 第 14 章 \ 城市炫舞 .prproj	
视频文件	光盘 \ 视频 \ 第 14 章 \14.2.4. 滚动字幕 .mp4	

实战 城市炫舞

步骤 **01** 按【Ctrl + O】组合键，打开随书附带光盘中的"素材 \ 第 14 章 \ 城市炫舞 .prproj"文件，如图 14-28 所示，在 V2 轨道上，双击字幕文件。

步骤 **02** 打开字幕编辑窗口，单击"滚动 / 游动选项"按钮 ▦，弹出相应对话框，选中"滚动"单选按钮，如图 14-29 所示。

图 14-28 打开项目文件　　　　　　　　图 14-29 选中"滚动"单选按钮

专家指点

　　在影视制作中字幕的运动能起到突出主题、画龙点睛的妙用，比如在影视广告中均是通过文字说明向观众强化产品的品牌、性能等信息。以前只有在耗资数万的专业编辑系统中才能实现的字幕效果，现在即使在业余条件下，在 PC 上使用优秀的视频编辑软件 Premiere 就能实现滚动字幕的制作。

步骤 **03** 选中"开始于屏幕外"复选框，并设置"缓入"为 4、"过卷"为 8，如图 14-30 所示。

步骤 **04** 单击"确定"按钮，返回到字幕编辑窗口，选取选择工具，将文字向下拖曳至合适位置，如图 14-31 所示。

图 14-30 设置参数值　　　　　　　　图 14-31 拖曳字幕

步骤 **05** 执行操作后，即可创建滚动运动字幕，在"节目监视器"面板中，单击"播放 - 停止切换"按钮，即可预览字幕滚动效果，如图 14-32 所示。

图 14-32 预览字幕滚动效果

14.3 字幕样式和模板的精彩应用

在 Premiere Pro CC 中，用户可以为文字应用多种字幕样式，使字幕变得更加美观；应用字幕模板功能，可以高质、高效地制作专业品质字幕。本节主要介绍字幕样式和模板的应用方法。

14.3.1 创建字幕模板

在 Premiere Pro CC 中，用户可根据需要手动创建字幕样式，还可以对创建的字幕样式进行复制操作。下面介绍创建与复制字幕样式的方法。

素材文件	光盘 \ 素材 \ 第 14 章 \ 字幕模板 .prproj
效果文件	无
视频文件	光盘 \ 视频 \ 第 14 章 \14.3.1. 创建字幕模板 .mp4

实战	字幕模板

步骤 01 按【Ctrl + O】组合键，打开一个项目文件，在 V1 轨道上，使用鼠标左键双击字幕文件，如图 14-33 所示。

步骤 02 执行操作后，即可打开字幕编辑窗口，单击窗口上方的"模板"按钮，如图 14-34 所示。

图 14-33 双击字幕文件　　　　　　图 14-34 单击"模板"按钮

步骤 03 弹出"模板"对话框，单击相应的按钮 ⊙，弹出列表框，选择"导入当前字幕为模板"选项，如图 14-35 所示。

步骤 04 弹出"另存为"对话框，设置名称，单击"确定"按钮，如图 14-36 所示，即可创建字幕模板。

图 14-35 选择"导入当前字幕为模板"选项 　　　　　图 14-36 单击"确定"按钮

14.3.2 字幕模板的应用

Premiere Pro CC 除了可以直接从字幕模板来创建字幕外，还可以在编辑字幕的过程中应用模板。

在字幕编辑窗口中，单击窗口上方的"模板"按钮 ▥，弹出"模板"对话框，选择需要的模板样式，如图 14-37 所示，单击"确定"按钮，即可将选择的模板导入到工作区中。

图 14-37 选择需要的模板样式

专家指点

在"模板"对话框中，包括了两大类模板：一类是"用户模板"，用户可以将自己认为满意的模板保存为一个新模板，也可以创建一个新模板以方便使用；另一类是"字幕设计器预设"模板，这里提供了所有的模板类型，用户可根据需要进行选择。

14.3.3 删除字幕样式

如果用户对创建好的字幕样式觉得不满意，可以将其删除。

在 Premiere Pro CC 中，删除字幕样式的方法很简单，当用户在"字幕样式"面板中选择不需要的字幕样式后，单击鼠标右键，在弹出的快捷菜单中，选择"删除样式"选项，如图 14-38 所示。此时，系统将弹出信息提示框，如图 14-39 所示，单击"确定"按钮，即可删除当前选择的字幕样式。

图 14-38 选择"删除样式"选项　　　　　　图 14-39 弹出信息提示框

14.3.4 重命名字幕样式

用户可以在 Premiere Pro CC 中为创建好的字幕进行重命名操作，下面将介绍重命名字幕样式的操作方法。

素材文件	光盘 \ 素材 \ 第 14 章 \ 字幕模板 .prproj
效果文件	无
视频文件	光盘 \ 视频 \ 第 14 章 \14.3.4. 创建字幕模板 .mp4

实战 字幕模板 2

步骤 01 以 14.3.1 例的素材为例，在 V1 轨道上，双击字幕文件，打开字幕编辑窗口，选择合适的字幕样式，如图 14-40 所示。

步骤 02 在选择的字幕样式上，单击鼠标右键，弹出快捷菜单，选择"重命名样式"选项，如图 14-41 所示。

图 14-40 选择合适的字幕样式　　　　　　图 14-41 选择"重命名样式"选项

步骤 03 弹出"重命名样式"对话框，输入新名称，如图 14-42 所示。

步骤 04 单击"确定"按钮，即可重命名字幕样式，如图 14-43 所示。

图 14-42 输入新名称　　　　　　　图 14-43 重命名字幕样式

14.3.5 重置字幕样式库

在 Premiere Pro CC 中，重置字幕样式库可以让用户得到最新的样式库。单击"字幕样式"面板右上角的下三角按钮，在弹出的列表框中选择"重置样式库"选项，如图 14-44 所示。执行上述操作后，系统将弹出信息提示框，如图 14-45 所示，单击"确定"按钮，即可重置字幕样式库。

图 14-44 选择"重置样式库"选项　　　　图 14-45 信息提示框

14.3.6 字幕样式库的替换

替换样式库操作可以将用户不满意的字幕样式进行替换。单击"字幕样式"面板右上角的下三角按钮，在弹出的列表框中选择"替换样式库"选项，如图 14-46 所示。

　　执行上述操作后，即可弹出"打开样式库"对话框，选择需要替换的字幕样式库，如图 14-47 所示，单击"打开"按钮，即可完成字幕样式库的替换操作。

图 14-46 选择"替换样式库"选项　　　　　　图 14-47 选择字幕样式库

14.3.7 追加字幕样式库

　　在 Premiere Pro CC 中，重置字幕样式库可以让用户得到最新的样式库。

　　单击"字幕样式"面板右上角的下三角按钮，在弹出的列表框中选择"追加样式库"选项，如图 14-48 所示。执行上述操作后，系统将弹出"打开样式库"对话框，选择需要追加的样式，单击"打开"按钮即可，如图 14-49 所示。

图 14-48 选择"追加样式库"选项　　　　　　图 14-49 追加的字幕样式

14.3.8　字幕样式库的保存

在 Premiere Pro CC 中，重置字幕样式库可以让用户得到最新的样式库。

单击"字幕样式"面板右上角的下三角按钮，在弹出的列表框中选择"保存样式库"选项，如图 14-50 所示。执行操作后，弹出"保存样式库"对话框，如图 14-51 所示，输入存储的文件名，单击"保存"按钮，即可保存字幕样式库。

图 14-50　选择"保存样式库"选项　　　　图 14-51　弹出"保存样式库"对话框

14.3.9　字幕文件保存为模板

在 Premiere Pro CC 中，用户不仅可以直接应用系统提供的字幕模板，还可以将自定义的字幕样式保存为模板。

素材文件	光盘 \ 素材 \ 第 14 章 \ 字幕模板 .prproj
效果文件	无
视频文件	光盘 \ 视频 \ 第 14 章 \14.3.9 字幕文件保存为模板 .mp4

实战 字幕模板 3

步骤 01 以 14.3.1 例的素材为例，在 V1 轨道上，使用鼠标左键双击字幕文件，打开字幕编辑窗口，单击"模板"按钮，如图 14-52 所示。

步骤 02 弹出"模板"对话框，单击黑色三角形按钮，在弹出的列表框中选择"导入文件为模板"选项，如图 14-53 所示。

图 14-52 单击"模板"按钮　　　　　　　　图 14-53 选择"导入文件为模板"选项

步骤　03 弹出"将字幕导入为模板"对话框，选择需要导入的字幕文件，如图 14-54 所示。

步骤　04 单击"打开"按钮，弹出"另存为"对话框，输入名称，如图 14-55 所示。

图 14-54 选择需要导入的字幕　　　　　　　　　图 14-55 输入名称

步骤　05 单击"确定"按钮，即可将字幕文件保存为模板，此时，在"用户模板"中即可查看最新保存的模板，如图 14-56 所示。

图 14-56 查看新保存的模板

14.4 制作字幕的精彩效果

随着动态视频的发展，动态字幕的应用也越来越频繁了，这些精美的字幕特效不仅能够点明影视视频的主题，让影片更加生动，具有感染力，还能够为观众传递一种艺术信息。本节主要介绍精彩字幕特效的制作方法。

14.4.1 流动路径字幕

在 Premiere Pro CC 中，用户可以使用钢笔工具绘制路径，制作字幕路径特效。

素材文件	光盘 \ 素材 \ 第 14 章 \ 彩虹 .prproj
效果文件	
视频文件	光盘 \ 视频 \ 第 14 章 \14.4.1 流动路径字幕 .mp4

实战 彩虹

步骤 01 按【Ctrl + O】组合键，打开随书附带光盘中的"素材 \ 第 14 章 \ 彩虹 .prproj"文件，如图 14-57 所示。

步骤 02 在 V2 轨道上，选择字幕文件，如图 14-58 所示。

图 14-57 打开项目文件

图 14-58 选择字幕文件

步骤 03 展开"效果控件"面板，分别为"运动"选项区中的"位置"和"旋转"选项以及"不透明度"选项添加关键帧，如图 14-59 所示。

步骤 04 将时间线拖曳至 00:00:00:12 的位置，设置"位置"分别为 680.0 和 160.0、"旋转"为 20.0°、"不透明度"为 100.0%，添加一组关键帧，如图 14-60 所示。

步骤 05 制作完成后，单击"节目监视器"面板中的"播放 - 停止切换"按钮，即可预览字幕路径特效，如图 14-61 所示。

图 14-59 设置关键帧 · 图 14-60 添加一组关键帧

图 14-61 预览字幕路径特效

14.4.2 水平翻转字幕

字幕的翻转效果主要是运用了"嵌套"序列将多个视频效果合并在一起,然后通过"摄像机视图"特效让其整体翻转。

素材文件	光盘 \ 素材 \ 第 14 章 \ 胡杨林 .prproj
效果文件	光盘 \ 效果 \ 第 14 章 \ 胡杨林 .prproj
视频文件	光盘 \ 视频 \ 第 14 章 \14.4.2 水平翻转字幕 .mp4

实战 胡杨林

步骤 01 按【Ctrl + O】组合键,打开随书附带光盘中的"素材 \ 第 14 章 \ 胡杨林 .prproj"文件,如图 14-62 所示。

步骤 02 在 V2 轨道上,选择字幕文件,如图 14-63 所示。

图 14-62 打开项目文件

图 14-63 选择字幕文件

步骤 03 在"效果控件"面板中，展开"运动"选项，将时间线移至 00:00:00:00 的位置，分别单击"缩放"和"旋转"左侧的"切换动画"按钮，并设置"缩放"为 50.0、"旋转"为 0.0°，添加一组关键帧，如图 14-64 所示。

步骤 04 将时间线移至 00:00:02:00 的位置，设置"缩放"为 70.0、"旋转"为 90.0°；单击"锚点"左侧的"切换动画"按钮，设置"锚点"为 420.0 和 100.0，添加第二组关键帧，如图 14-65 所示。

图 14-64 添加一组关键帧

图 14-65 添加第二组关键帧

步骤 05 制作完成后，单击"节目监视器"面板中的"播放 - 停止切换"按钮，即可预览字幕翻转特效，如图 14-66 所示。

图 14-66 预览字幕翻转特效

14.4.3 旋转特效字幕

"旋转"字幕效果主要是通过设置"运动"特效中的"旋转"选项的参数,让字幕在画面中旋转。

	素材文件	光盘 \ 素材 \ 第 14 章 \ 女人节 .prproj
	效果文件	光盘 \ 效果 \ 第 14 章 \ 女人节 .prproj
	视频文件	光盘 \ 视频 \ 第 14 章 \14.4.3 旋转特效字幕 .mp4

实战 女人节

步骤 01 按【Ctrl + O】组合键,打开随书附带光盘中的"素材 \ 第 14 章 \ 女人节 .prproj"文件,如图 14-67 所示。

步骤 02 在 V2 轨道上,选择字幕文件,如图 14-68 所示。

图 14-67 打开项目文件

图 14-68 选择字幕文件

步骤 03 在"效果控件"面板中,单击"旋转"左侧的"切换动画"按钮,并设置"旋转"为 30.0°,添加关键帧,如图 14-69 所示。

步骤 04 将时间线移至 00:00:06:15 的位置处,设置"旋转"参数为 180.0°,添加关键帧,如图 14-70 所示。

步骤 05 制作完成后，单击"节目监视器"面板中的"播放 - 停止切换"按钮，即可预览字幕旋转特效，如图 14-71 所示。

图 14-69 添加关键帧　　　　　　　　　　　　图 14-70 添加关键帧

图 14-71 预览字幕旋转特效

14.4.4 拉伸特效字幕

"拉伸"字幕效果常常运用于大型的视频广告中，如电影广告、衣服广告、汽车广告等。

素材文件	光盘 \ 素材 \ 第 14 章 \ 河边小孩 .prproj
效果文件	光盘 \ 效果 \ 第 14 章 \ 河边小孩 .prproj
视频文件	光盘 \ 视频 \ 第 14 章 \14.4.4 拉伸特效字幕 .mp4

实战 河边小孩

步骤 01 按【Ctrl＋O】组合键，打开随书附带光盘中的"素材 \ 第 14 章 \ 河边小孩 .prproj"文件，如图 14-72 所示，在 V2 轨道上，选择字幕文件。

步骤 02 在"效果控件"面板中，单击"缩放"左侧的"切换动画"按钮，添加关键帧，如图 14-73 所示。

图 14-72 打开项目文件

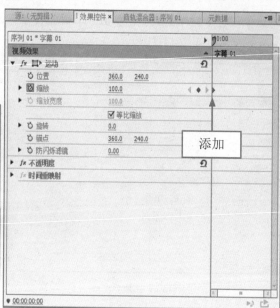

图 14-73 添加关键帧（1）

步骤 03 将时间线移至 00:00:01:15 的位置处，设置"缩放"参数为 70.0，添加关键帧，如图 14-74 所示。

步骤 04 将时间线移至 00:00:02:20 的位置处，设置"缩放"参数为 90.0，添加关键帧，如图 14-75 所示。

步骤 05 执行操作后，即可制作拉伸特效字幕效果，单击"节目监视器"面板中的"播放 - 停止切换"按钮，即可预览字幕拉伸特效，如图 14-76 所示。

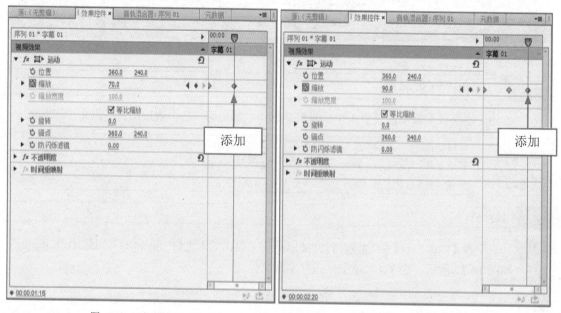

图 14-74 添加关键帧（2） 　　　　　　　　　　　 图 14-75 添加关键帧（3）

图 14-76 预览字幕拉伸特效

14.4.5 扭曲特效字幕

"扭曲"特效字幕主要是运用了"弯曲"特效让画面产生扭曲、变形效果的特点，让用户制作的字幕发生扭曲变形。

素材文件	光盘 \ 素材 \ 第 14 章 \ 光芒四射 .prproj	
效果文件	光盘 \ 效果 \ 第 14 章 \ 光芒四射 .prproj	
视频文件	光盘 \ 视频 \ 第 14 章 \14.4.5 扭曲特效字幕 .mp4	

实战 光芒四射

步骤 01 按【Ctrl + O】组合键，打开随书附带光盘中的"素材 \ 第 14 章 \ 光芒四射 .prproj"文件，如图 14-77 所示。

步骤 02 在"效果"面板中，展开"视频效果"|"扭曲"选项，选择"弯曲"选项，如图 14-78 所示。

图 14-77 打开项目文件

图 14-78 选择"弯曲"选项

步骤 03 单击鼠标左键，将其拖曳至 V2 轨道上，添加"扭曲"特效，如图 14-79 所示。

步骤 04 在"效果控件"面板中，查看添加"扭曲"特效的相应参数，如图 14-80 所示。

图 14-79 添加扭曲特效　　　　　　　　　　图 14-80 查看参数值

步骤 05 执行操作后，即可制作"扭曲"特效字幕效果，单击"节目监视器"面板中的"播放 - 停止切换"按钮，即可预览字幕"扭曲"特效，如图 14-81 所示。

图 14-81 预览字幕扭曲特效

14.4.6 发光特效字幕

在 Premiere Pro CC 中，发光特效字幕主要是运用了"镜头光晕"特效让字幕产生发光的效果。

素材文件	光盘 \ 素材 \ 第 14 章 \ 一束花 .prproj
效果文件	光盘 \ 效果 \ 第 14 章 \ 一束花 .prproj
视频文件	光盘 \ 视频 \ 第 14 章 \14.4.6 发光特效字幕 .mp4

实战 一束花

步骤 01 按【Ctrl + O】组合键，打开随书附带光盘中的"素材 \ 第 14 章 \ 一束花 .prproj"文件，如图 14-82 所示。

步骤 02 在"效果"面板中，展开"视频效果"|"生成"选项，选择"镜头光晕"选项，将"镜头光晕"视频效果拖曳至 V2 轨道上的字幕素材中，如图 14-83 所示。

图 14-82 打开项目文件　　　　　　　　　图 14-83 添加"镜头光晕"视频特效

步骤 03 将时间线拖曳至 00:00:01:00 的位置，选择字幕文件，在"效果控件"面板中分别单击"光晕中心"、"光晕亮度"和"与原始图像混合"左侧的"切换动画"按钮，添加关键帧，如图 14-84 所示。

步骤 04 将时间线拖曳至 00:00:03:00 的位置，在"效果控件"面板中设置"光晕中心"为100.0 和 400.0、"光晕亮度"为 300%、"与原始图像混合"为 30%，添加第二组关键帧，如图14-85 所示。

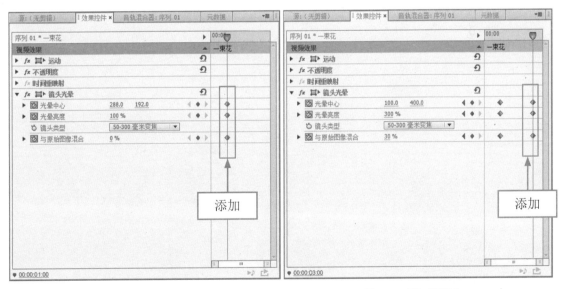

图 14-84 添加关键帧　　　　　　　　　　图 14-85 添加关键帧

步骤 05 执行操作后，即可制作发光特效字幕效果，单击"节目监视器"面板中的"播放 -停止切换"按钮，即可预览字幕发光特效，如图 14-86 所示。

图 14-86 预览字幕发光特效

专家指点

    在 Premiere Pro CC 中，为字幕文件添加"镜头光晕"视频特效后，在"效果控件"面板中可以设置镜头光晕的类型，单击"镜头类型"右侧的下三角按钮，在弹出的列表框中可以根据需要选择"105 毫米定焦"选项即可。

15 操作基础音频文件

学习提示

　　在 Premiere Pro CC 中，音频的制作非常重要，在影视、游戏及多媒体的制作开发中，音频和视频具有同样重要的地位，音频质量的好坏直接影响到作品的质量。本章主要介绍影视背景音乐的制作方法和技巧。本章将对音频编辑的核心技巧进行讲解，让用户在了解声音的同时，了解如何编辑音频。

本章重点

- 实战——温馨生活
- 实战——流年
- 实战——音乐3
- 实战——音乐4
- 实战——音乐5
- 实战——音乐6
- 实战——音乐7
- 实战——音乐8
- 实战——音乐9

15.1 数字音频的定义

数字音频是一种利用数字化手段对声音进行录制、存放、编辑、压缩或播放的技术，是随着数字信号处理技术、计算机技术、多媒体技术的发展而形成的一种全新的声音处理手段，主要应用领域是音乐后期制作和录音。

15.1.1 认识声音的概念

人类听到的所有声音如对话、唱歌、乐器等都可以被称为音频，然而这些声音都需要通过一定的处理。接下来将从声音的最基本概念开始，逐渐深入了解音频编辑的核心技巧。

1. 声音原理

声音是由物体振动产生，正在发声的物体叫声源，声音以声波的形式传播。声音是一种压力波，当演奏乐器、拍打一扇门或者敲击桌面时，他们的振动会引起介质——空气分子有节奏的振动，使周围的空气产生疏密变化，形成疏密相间的纵波，这就产生了声波，这种现象会一直延续到振动消失为止。

2. 声音响度

"响度"是用于表达声音强弱程度的重要指标，其大小取决于声波振幅的大小。响度是人耳判别声音由轻到响的强度等级概念，它不仅取决于声音的强度（如声压级），还与它的频率及波形有关。响度的单位为"宋"，1 宋的定义为声压级为 40dB，频率为 1000Hz，且来自听者正前方的平面波形的强度。如果另一个声音听起来比 1 宋的声音大 n 倍，即该声音的响度为 n 宋。

3. 声音音高

"音高"是用来表示人耳对声音高低的主观感受。通常较大的物体振动所发出的音调会较低，而轻巧的物体则可以发出较高的音调。

音调就是通常大家所说的"音高"，它是声音的一个重要物理特性。音调的高低决定于声音频率的高低，频率越高音调越高，频率越低音调越低。为了得到影视动画中某些特殊效果，可以将声音频率变高或者变低。

4. 声音音色

"音色"主要是由声音波形的谐波频谱和包络决定，也被称为"音品"。音色就好像是绘图中的颜色，发音体和发音环境的不同都会影响声音的质量，声音可分为基音和泛音，音色是由混入基音的泛音所决定的，泛音越高谐波越丰富，音色就越有明亮感和穿透力，不同的谐波具有不同的幅值和相位偏移，由此产生各种音色。

音色的不同取决于不同的泛音，每一种乐器、不同的人以及所有能发声的物体发出的声音，除了一个基音外，还有许多不同频率（振动的速度）的泛音伴随，正是这些泛音决定了其不同的音色，使人能辨别出是不同的乐器甚至不同的人发出的声音。

5. 失真

失真是指声音经录制加工后产生的一种畸变，一般分为非线性失真和线性失真两种。

非线性失真是指声音在录制加工后出现了一种新的频率，与原声产生了差异。

线性失真则没有产生新的频率，但是原有声音的比例发生了变化，要么增加了高频成分的音量，要么减少了低频成分的音量等。

6. 静音和增益

静音和增益也是声音中的一种表现方式，下面将介绍这个表现方式的概念。所谓静音就是无声，在影视作品中没有声音是一种具有积极意义的表现手段。增益是"放大量"的统称，它包括功率的增益、电压的增益和电流的增益。通过调整音响设备的增益量，可以对音频信号电平进行调节，使系统的信号电平处于一种最佳状态。

15.1.2 认识声音类型

通常情况下，人类能够听到 20Hz ~ 20kHz 范围之间的声音频率。因此，按照内容、频率范围以及时间的不同，可以将声音分为"自然音"、"纯音"、"复合音"和"协和音"、"噪音"等类型。

1. 自然音

自然音就是指大自然所发出的声音，如下雨、刮风、流水等。之所以称之为"自然音"，是因为其概念与名称相同。自然音结构是不以人的意志为转移的音之宇宙属性，当地球还没有出现人类时，这种现象就已经存在。

2. 纯音

"纯音"是指声音中只存在一种频率的声波，此时，发出的声音便称为"纯音"。

纯音具有单一频率的正弦波，而一般的声音是由几种频率的波组成的。常见的纯音如金属撞击的声音。

3. 复合音

由基音和泛音结合在一起形成的声音，叫做复合音。复合音的产生是根据物体振动时产生，不仅整体在振动，它的部分同时也在振动。因此，平时所听到的声音，都不只是一个声音，而是由许多个声音组合而成的，于是便产生了复合音。用户可以试着在钢琴上弹出一个较低的音，用心聆听，不难发现，除了最响的音之外，还有一些非常弱的声音同时在响，这就是全弦的振动和弦的部分振动所产生的结果。

4. 协和音

协和音也是声音类型的一种，"协和音"同样是由多个音频所构成的组合音频，不同之处是构成组合音频的频率是两个单独的纯音。

5. 噪音

噪音是指音高和音强变化混乱、听起来不谐和的声音，是由发音体不规则的振动产生的。噪声主要来源于交通运输、车辆鸣笛、工业噪音、建筑施工、社会噪音如音乐厅、高音喇叭、早市和人的大声说话等。

噪音可以对人的正常听觉起一定的干扰，它通常是由不同频率和不同强度声波的无规律组合所形成的声音，即物体无规律的振动所产生的声音。噪音不仅由声音的物理特性决定，而且还与人们的生理和心理状态有关。

15.1.3 应用数字音频

随着数字音频储存和传输功能的提高，许多模拟音频已经无法与之比拟。因此数字音频技术已经广泛应用于数字录影机、调音台以及数字音频工作站等音频制作中。

1. 数字录音机

"数字录音机"与模拟录音机相比，加强了其剪辑功能和自动编辑功能。数字录音机采用了数字化的方式来记录音频信号，因此实现了很高的动态范围和频率响应。

2. 数字调音台

"数字调音台"是一种同时拥有 A/D 和 D/A 转换器以及 DSP 处理器的音频控制台。

数字调音台作为音频设备的新生力量已经在专业录音领域占据重要的席位，特别是近一两年来数字调音台开始涉足扩声场所，足见调音台由模拟向数字转移是一般不可忽视的潮流。数字调音台主要有个 8 个功能，下面将进行介绍。

＊ 操作过程可存储性。

＊ 信号的数字化处理。

＊ 数字调音台的信噪比和动态范围高。

＊ 20bit 的 44，1kHz 取样频率，可以保证 20Hz ～ 20kHz 范围内的频响不均匀度小于 ±1dB，总谐波失真小于 0.015%。

＊ 每个通道都可以方便设置高度质量的数字压缩限制器和降噪扩展器。

＊ 数字通道的位移寄存器，可以给出足够的信号延迟时间，以便对各声部的节凑同步做出调整。

＊ 立体声的两个通道的联动调整十分方便。

＊ 数字使调音台没有故障诊断功能。

3. 数字音频工作站

数字音频工作站是计算机控制的硬磁盘为主要记录媒体，具有很强功能，性能人优异和良好的人机界面的设备。

数字音频工作站是一种可以根据需要对轨道进行扩充，从而能够方便地进行音频、视频同步编辑的数字音频工作站。

数字音频工作站用于节目录制、编辑、播出时，与传统的模拟方式相比，具有节省力、物力、提高节目原理、节目资源共享、操作简单、编辑方便、播出及时安全等优点，因此音频工作站的建立可以认为是声音节目制作由模拟走向数字的必由之路。

15.2 掌握音频基础知识

音频素材是指可以持续一段时间含有各种音乐音响效果的声音。用户在编辑音频前，首先需要了解音频编辑的一些基本操作，如运用"项目"面板添加音频、运用菜单命令删除音频以及分割音频文件等。

15.2.1 "项目"面板

运用"项目"面板添加音频文件的方法与添加视频素材以及图片素材的方法基本相同。

素材文件	光盘 \ 素材 \ 第 15 章 \ 温馨生活 .prproj
效果文件	光盘 \ 效果 \ 第 15 章 \ 温馨生活 .prproj
视频文件	光盘 \ 视频 \ 第 15 章 \15.2.1 "项目"面板 .mp4

实战 温馨生活

步骤 01 按【Ctrl + O】组合键，打开随书附带光盘中的"素材 \ 第 15 章 \ 温馨生活 .prproj"文件，如图 15-1 所示。

步骤 02 在"项目"面板上，选择音频文件，如图 15-2 所示。

图 15-1 打开项目文件

图 15-2 选择音频文件

步骤 03 单击鼠标右键，在弹出的快捷菜单中，选择"插入"选项，如图 15-3 所示。

步骤 04 执行操作后，即可运用"项目"面板添加音频，如图 15-4 所示。

图 15-3 选择"插入"选项

图 15-4 添加音频效果

15.2.2 "菜单"命令

用户在运用"菜单"命令添加音频素材之前，首选需要激活音频轨道。

素材文件	光盘 \ 素材 \ 第 15 章 \ 流年 .prproj
效果文件	光盘 \ 效果 \ 第 15 章 \ 流年 .prproj
视频文件	光盘 \ 视频 \ 第 15 章 \15.2.2 "菜单"命令 .mp4

实战 流年

步骤 01 按【Ctrl + O】组合键，打开随书附带光盘中的"素材 \ 第 15 章 \ 流年 .prproj"文件，如图 15-5 所示。

步骤 02 单击"文件"|"导入"命令，如图 15-6 所示。

图 15-5 打开项目文件

图 15-6 单击"导入"命令

步骤 03 弹出"导入"对话框，选择合适的音频文件，如图 15-7 所示。

步骤 04 单击"打开"按钮，将音频文件拖曳至"时间轴"面板中，如图 15-8 所示。

图 15-7 选择合适的音频

图 15-8 添加音频效果

15.2.3 通过"项目"面板删除音频

用户若想删除多余的音频文件，可以在"项目"面板中进行音频删除操作。

素材文件	光盘＼素材＼第 15 章＼音乐 3.prproj
效果文件	光盘＼效果＼第 15 章＼音乐 3.prproj
视频文件	光盘＼视频＼第 15 章＼15.2.3 通过"项目"面板删除音频 .mp4

实战 音乐 3

步骤 01　按【Ctrl ＋ O】组合键，打开随书附带光盘中的"素材＼第 15 章＼音乐 3.prproj"文件，如图 15-9 所示。

步骤 02　在"项目"面板上，选择音频文件，如图 15-10 所示。

图 15-9 打开项目文件

图 15-10 选择音频文件

步骤 03　单击鼠标右键，在弹出的快捷菜单中，选择"清除"选项，如图 15-11 所示。

步骤 04　弹出信息提示框，单击"是"按钮，如图 15-12 所示，即可删除音频。

图 15-11 选择"清除"选项

图 15-12 单击"是"按钮

15.2.4 通过"时间轴"面板删除音频

在"时间轴"面板中，用户可以根据需要将多余轨道上的音频文件删除。

	素材文件	光盘 \ 素材 \ 第 15 章 \ 音乐 4.prproj
	效果文件	光盘 \ 效果 \ 第 15 章 \ 音乐 4.prproj
	视频文件	光盘 \ 视频 \ 第 15 章 \15.2.4 通过 "时间轴" 删除音频 .mp4

实战 音乐 4

步骤 01 按【Ctrl + O】组合键，打开随书附带光盘中的 "素材 \ 第 15 章 \ 音乐 4.prproj" 文件，如图 15-13 所示。

步骤 02 在 "时间轴" 面板中，选择 A2 轨道上的素材，如图 15-14 所示。

图 15-13 打开项目文件

图 15-14 选择音频素材

步骤 03 按【Delete】键，即可删除音频文件，如图 15-15 所示。

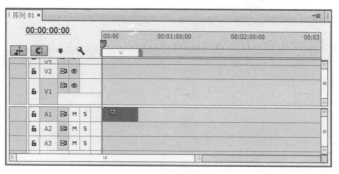

图 15-15 删除音频文件

15.2.5 分割音频文件

分割音频文件是运用剃刀工具将音频素材分割成两段或多段音频素材，这样可以让用户更好地将音频与其他素材相结合。

	素材文件	光盘 \ 素材 \ 第 15 章 \ 音乐 5.prproj
	效果文件	光盘 \ 效果 \ 第 15 章 \ 音乐 5.prproj
	视频文件	光盘 \ 视频 \ 第 15 章 \15.2.5 分割音频文件 .mp4

步骤 01 按【Ctrl＋O】组合键，打开随书附带光盘中的"素材\第15章\音乐 5.prproj"文件，如图 15-16 所示。

步骤 02 在"时间轴"面板中，选取剃刀工具 ，如图 15-17 所示。

图 15-16 打开项目文件

图 15-17 选取剃刀工具

步骤 03 在音频文件上的合适位置，单击鼠标左键，即可分割音频文件，如图 15-18 所示。

步骤 04 依次单击鼠标左键，分割其他位置，如图 15-19 所示。

图 15-18 分割音频文件

图 15-19 分割其他位置

15.2.6 通过"菜单"命令添加音频轨道

用户在添加音频轨道时，可以选择运用"序列"菜单中的"添加轨道"命令的方法。运用菜单命令添加音频轨道的具体方法是：单击"序列"|"添加轨道"命令，如图 15-20 所示。在弹出的"添加轨道"对话框中，设置"视频轨"的添加参数为 0、"音频轨"的添加参数为 1，如图 15-21 所示。单击"确定"按钮，即可完成音频轨道的添加。

图 15-20　单击"添加轨道"命令　　　　　图 15-21　"添加轨道"对话框

15.2.7　通过"时间轴"面板添加音频轨道

　　在默认情况下将自动创建 3 个音频轨道和一个主音轨，当用户添加的音频素材过多时，可以选择性的添加 1 个或多个音频轨道。

　　运用"时间轴"面板添加音频轨道的具体方法是：拖曳鼠标至"时间轴"面板中的 A1 轨道，单击鼠标右键，在弹出的快捷菜单中选择"添加轨道"选项，如图 15-22 所示。弹出"添加轨道"对话框，用户可以选择需要添加的音频数量，并单击"确定"按钮，此时用户可以在时间轴面板中查看到添加的音频轨道，如图 15-23 所示。

图 15-22　选择"添加轨道"选项　　　　　图 15-23　添加音频轨道后的效果

15.2.8　删除音频轨道

　　当用户添加的音频轨道过多时，用户可以删除部分音频轨道。下面将介绍如何删除音频轨道。

素材文件	无
效果文件	无
视频文件	光盘 \ 视频 \ 第 15 章 \15.2.8 删除音频轨道 .mp4

实战 删除音频轨道

步骤 01 按【Ctrl ＋ N】组合键，新建一个项目文件，单击"序列"|"删除轨道"命令，如图 15-24 所示。

步骤 02 弹出"删除轨道"对话框，选中"删除音频轨道"复选框，并设置删除"音频 1"轨道，如图 15-25 所示。

图 15-24 单击"删除轨道"命令 　　　　　图 15-25 设置需要删除的轨道

步骤 03 单击"确定"按钮，即可删除音频轨道，如图 15-26 所示。

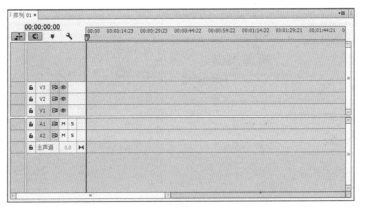

图 15-26 删除音频轨道

15.2.9 重命名音频轨道

为了更好的管理音频轨道，用户可以为新添加的音频轨道设置名称。接下来将介绍如何重命名音频轨道。

素材文件	光盘 \ 素材 \ 第 15 章 \ 音乐 6.prproj
效果文件	光盘 \ 效果 \ 第 15 章 \ 音乐 6.prproj
视频文件	光盘 \ 视频 \ 第 15 章 \15.2.9 重命名音频轨道 .mp4

实战 音乐 6

步骤 01 按【Ctrl + O】组合键，打开随书附带光盘中的"素材 \ 第 15 章 \ 音乐 6.prproj"文件，如图 15-27 所示。

步骤 02 在"时间轴"面板中，使用鼠标左键双击 A1 轨道，如图 15-28 所示。

图 15-27 打开项目文件　　　　　图 15-28 双击 A1 轨道

步骤 03 单击鼠标右键，在弹出的快捷菜单中，选择"重命名"选项，如图 15-29 所示。

步骤 04 输入名称后按【Enter】键，即可完成轨道的重命名操作，如图 15-30 所示。

图 15-29 选择"重命名"选项　　　　图 15-30 重命名轨道

15.2.10 调整音频持续时间

音频素材的持续时间是指音频的播放长度，当用户设置音频素材的出入点后，即可改变音频素材的持续时间。运用鼠标拖曳音频素材来延长或缩短音频的持续时间，这是最简单且方便的操作方法。然而，这种方法很可能会影响到音频素材的完整性。因此，用户可以选择运用"速度 / 持续时间"命令来实现。

 专家指点

当用户在调整素材长度时，向左拖曳鼠标则可以缩短持续时间，向右拖曳鼠标则可以增长持续时间。如果该音频处于最长持续时间状态，则无法继续增加其长度。

用户可以在"时间轴"面板中选择需要调整的音频文件，单击鼠标右键，在弹出的快捷菜单中选择"速度 / 持续时间"选项，如图 15-31 所示。在弹出的"剪辑速度 / 持续时间"对话框中，设置持续时间选项的参数值即可，如图 15-32 所示。

图 15-31 选择"速度 / 持续时间"选项　　　　　图 15-32 设置参数值

15.3 音频效果的编辑

在 Premiere Pro CC 中，用户可以对音频素材进行适当的处理，让音频达到更好的视听效果。本节将详细介绍编辑音频效果的操作方法。

15.3.1 添加音频过渡

在 Premiere Pro CC 中系统为用户预设了"恒定功率"、"恒定增益"和"指数淡化"3 中音频过渡效果。

	素材文件	光盘 \ 素材 \ 第 15 章 \ 音乐 7.prproj
	效果文件	光盘 \ 效果 \ 第 15 章 \ 音乐 7.prproj
	视频文件	光盘 \ 视频 \ 第 15 章 \15.3.1 添加音频过渡 .mp4

实战 音乐 7

步骤 01 按【Ctrl＋O】组合键，打开随书附带光盘中的"素材\第15章\音乐7.prproj"文件，如图 15-33 所示。

步骤 02 在"效果"面板中，依次展开"音频过渡"|"交叉淡化"选项，选择"指数淡化"选项，如图 15-34 所示。

图 15-33 打开项目文件　　　　　　　图 15-34 选择"指数淡化"选项

步骤 03 单击鼠标左键并拖曳至 A1 轨道上，如图 15-35 所示，即可添加音频过渡。

图 15-35 添加音频过渡

15.3.2 添加音频特效

由于 Premiere Pro CC 是一款视频编辑软件，因此在音频特效的编辑方面并不是表现得那么突出，但系统仍然提供了大量的音频特效。

素材文件	光盘\素材\第15章\音乐8.prproj
效果文件	光盘\效果\第15章\音乐8.prproj
视频文件	光盘\视频\第15章\15.3.2 添加音频特效.mp4

实战 音乐8

步骤 01 按【Ctrl＋O】组合键，打开随书附带光盘中的"素材＼第15章＼音乐8.prproj"文件，如图15-36所示。

步骤 02 在"效果"面板中展开"音频效果"选项，选择"带通"选项，如图15-37所示。

步骤 03 单击鼠标左键，将其拖曳至A1轨道上，添加特效，如图15-38所示。

步骤 04 在"效果控件"面板中，查看各参数，如图15-39所示。

图15-36 打开项目文件

图15-37 选择"带通"选项

图15-38 添加特效

图15-39 查看各参数

15.3.3 通过"效果控件"面板删除特效

如果用户对添加的音频特效不满意，可以选择删除音频特效。运用"效果控件"面板删除音频特效的具体方法是：选择"效果控件"面板中的音频特效，单击鼠标右键，在弹出的快捷菜单中，选择"清除"选项，如图15-40所示，即可删除音频特效，如图15-41所示。

图 15-40 选择"清除"选项　　　　　　　　图 15-41 删除音频特效

专家指点

　　除了运用上述方法删除特效外，还可以在选择特效的情况下，按【Delete】键，即可删除特效。

15.3.4 设置音频增益

　　在运用 Premiere Pro CC 调整音频时，往往会使用多个音频素材。因此，用户需要通过调整增益效果来控制音频的最终效果。

素材文件	光盘 \ 素材 \ 第 15 章 \ 音乐 9.prproj	
效果文件	光盘 \ 效果 \ 第 15 章 \ 音乐 9.prproj	
视频文件	光盘 \ 视频 \ 第 15 章 \15.3.4 设置音频增益 .mp4	

实战 音乐 9

步骤 01　按【Ctrl + O】组合键，打开随书附带光盘中的"素材 \ 第 15 章 \ 音乐 9.prproj"文件，如图 15-42 所示。

步骤 02　在"时间轴"面板中，选择 A1 轨道上的素材，如图 15-43 所示。

图 15-42 打开项目文件　　　　　　　　图 15-43 选择音乐素材

步骤 03 单击"剪辑"|"音频选项"|"音频增益"命令，如图15-44所示。

步骤 04 弹出"音频增益"对话框，选中"将增益设置为"单选按钮，并设置其参数为12dB，如图15-45所示。

步骤 05 单击"确定"按钮，即可设置音频的增益。

图15-44 单击"音频增益"命令 　　　　　　　　图15-45 设置参数值

15.3.5 设置音频淡化

淡化效果可以让音频随着播放的背景音乐逐渐较弱，直到完全消失。淡化效果需要通过两个以上的关键帧来实现。

选择"时间轴"面板中的音频素材，在"效果控件"面板中，展开"音量"特效，选择"级别"选项，添加一个关键帧，如图15-46所示。拖曳"当前时间指示器"至合适位置，并将"级别"选项的参数设置为-300.0dB，创建另一个关键帧，即可完成对音频素材的淡化设置，如图15-47所示。

图15-46 添加关键帧

图15-47 完成音频淡化的设置

处理与制作音频特效

学习提示

在 Premiere Pro CC 中，为影片添加优美动听的音乐，可以使制作的影片更上一个台阶。因此，音频的编辑是完成影视节目必不可少的一个重要环节。本章将详细介绍处理 EQ 均衡器、处理高低音转换、导入视频素材、运用音轨混合器处理音频等内容，让读者通过本章的学习，可以掌握处理与制作音频效果的操作方法。

本章重点

- 实战——音乐 1
- 实战——音乐 2
- 实战——音乐 3
- 实战——风云变幻 1
- 实战——风云变幻 2
- 实战——添加音频特效
- 实战——风云变幻 3

16.1 认识音轨混合器

"音轨混合器"是 Premiere Pro CC 为制作高质量音频效果准备的多功能音频处理平台。接下来将介绍音轨混合器的一些基本功能，并运用这些功能来调整音频素材。

16.1.1 了解"音轨混合器"面板

"音轨混合器"是由许多音频轨道控制器和播放控制器组成的。在 Premiere Pro CC 界面中，单击"窗口"|"音轨混合器"命令，展开"音轨混合器"面板，如图 16-1 所示。

图 16-1 "音轨混合器"面板

> **专家指点**
>
> 在默认情况下，"音轨混合器"面板中只会显示当前"时间线"面板中激活的音频轨道。如果用户需要在"音轨混合器"面板中显示其他轨道，则必须将序列中的轨道激活。在默认情况下，"音轨混合器"面板中只会显示当前"时间线"面板中激活的音频轨道。如果用户需要在"音轨混合器"面板中显示其他轨道，则必须将序列中的轨道激活。

16.1.2 "音轨混合器"的基本功能

"音轨混合器"面板中的基本功能主要用来对音频文件进行修改与编辑操作。

下面将介绍"音轨混合器"面板中的各主要基本功能。

＊ "自动模式"列表框：主要是用来调节音频素材和音频轨道，如图 16-2 所示。当调节对象是音频素材时，调节效果只会对当前素材有效，如果当调节对象是音频轨道，则音频特效将应用与整个音频轨道。

＊ "轨道控制"按钮组：该类型的按钮包括"静音轨道"按钮、"独奏轨"按钮、"激活录制轨"

按钮等, 如图 16-3 所示。这些按钮的主要作用是让音频或素材在预览时, 其指定的轨道完全以静音或独奏的方式进行播放。

图 16-2 "自动模式"列表框　　　　　　　图 16-3 "轨道控制"按钮组

　　❋ "声道调节"滑轮: 可以用来调节只有左、右两个声道音频素材, 当用户向左拖动滑轮时, 左声道音量将提升; 反之, 用户向右拖动滑轮时, 右声道将提升, 如图 16-4 所示。

　　❋ "音量控制器"按钮: 分别控制着音频素材播放的音量, 如图 16-5 所示, 以及素材播放的状态。

图 16-4 "声道调节"滑轮　　　　　　　图 16-5 音量控制器

16.1.3 "音轨混合器"的面板菜单

　　通过对"音轨混合器"面板的基本认识, 用户应该对"音轨混合器"面板的组成有了一定了解。接下来将介绍"音轨混合器"的面板菜单。

　　在"音轨混合器"面板中, 单击面板右上角的三角形按钮, 将弹出面板菜单, 如图 16-6 所示。

图 16-6 "音轨混合器"面板菜单

❶ 显示 / 隐藏轨道：该选项可以对"音轨混合器"面板中的轨道进行隐藏或者显示设置。选择该选项，或按【Ctrl + Alt+T】组合键，弹出"显示 / 隐藏轨道"对话框，如图 16-7 所示，在左侧列表框中，处于选中状态的轨道属于显示状态，未被选中的轨道则处于隐藏的状态。

❷ 显示音频时间单位：选择该选项，可以在"时间线"窗口的时间标尺上显示音频单位，如图 16-8 所示。

❸ 循环：选择该选项，则系统会循环播放音乐。

❹ 仅计量器输入：如果在 VU 表上显示硬件输入电平，而不是轨道电平，则选择该选项来监控音频，以确定是否所有的轨道都被录制。

❺ 写入后切换到触动：选择该选项，则回放结束后，或一个回放循环完成后，所有的轨道设置将记录模式转换到接触模式。

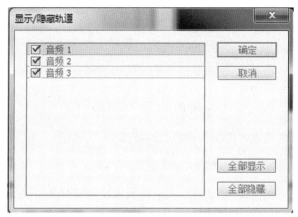

图 16-7 "显示 / 隐藏轨道"对话框

图 16-8 显示音频单位

16.2 音频效果的处理

在 Premiere Pro CC 中，用户可以对音频素材进行适当的处理，通过对音频的高低音的调节，可以让素材达到更好的视听效果。

16.2.1 处理 EQ 均衡器

EQ 特效是用于平衡对音频素材中的声音频率、波段和多重波段均衡等内容。

素材文件	光盘 \ 素材 \ 第 16 章 \ 音乐 1.prproj
效果文件	光盘 \ 效果 \ 第 16 章 \ 音乐 1.prproj
视频文件	光盘 \ 视频 \ 第 16 章 \16.2.1 处理 EQ 均衡器 .mp4

实战 音乐 1

步骤 01 按【Ctrl + O】组合键，打开随书附带光盘中的"素材 \ 第 16 章 \ 音乐 1.prproj"文件，如图 16-9 所示。

步骤 02 在"效果"面板上，选择 EQ 选项，如图 16-10 所示。

图 16-9 打开项目文件

图 16-10 选择 EQ 选项

步骤 03 单击鼠标左键，并将其拖曳至 A1 轨道上，添加音频特效，如图 16-11 所示。

步骤 04 在"效果控件"面板中，单击"编辑"按钮，如图 16-12 所示。

步骤 05 弹出"剪辑效果编辑器"对话框，选中 Low 复选框，调整控制点，如图 16-13 所示，即可处理 EQ 均衡器。

图 16-11 添加音频特效　　　　　　　　　图 16-12，单击"编辑"按钮

图 16-13　调整控制点

16.2.2 处理高低音转换

在 Premiere Pro CC 中，高低音之间的转换是运用 Dynamics 特效对组合的或独立的音频进行的调整。

素材文件	光盘 \ 素材 \ 第 16 章 \ 音乐 2.prproj
效果文件	光盘 \ 效果 \ 第 16 章 \ 音乐 2.prproj
视频文件	光盘 \ 视频 \ 第 16 章 \16.2.2 处理高低音转换 .mp4

实战 音乐 2

步骤 01 按【Ctrl＋O】组合键，打开随书附带光盘中的"素材\第 16 章\音乐 2.prproj"文件，如图 16-14 所示。

步骤 02 在"效果"面板上，选择 Dynamics 选项，如图 16-15 所示。

图 16-14 打开项目文件

图 16-15 选择 Dynamics 选项

步骤 03 单击鼠标左键，将其拖曳至 A1 轨道上，添加音频特效，如图 16-16 所示。

步骤 04 在"效果控件"面板中，单击"自定义设置"选项右边的"编辑"按钮，如图 16-17 所示。

图 16-16 添加音频特效

图 16-17 选择"编辑"选项

步骤 05 弹出"剪辑效果编辑器"对话框，如图 16-18 所示。

步骤 06 单击"预设"选项右侧的下三角形按钮，在弹出的列表框中选择 medium compression 选项，如图 16-19 所示。

图 16-18 "剪辑效果编辑器"对话框　　　　　　　　　　图 16-19 选择合适的选项

步骤 07 展开"各个参数"选项，单击每一个参数前面的"切换动画"按钮，添加关键帧，如图 16-20 所示。

步骤 08 将时间线移至 00:00:08:00 位置处，单击 Dynamics 选项右侧的"预设"按钮，在弹出的列表框中选择 Soft clip 选项，此时系统将自动插入一组关键帧，如图 16-21 所示，设置完成后，将时间线移至开始位置，单击"播放 - 停止切换"按钮，用户可以听出原本开始的柔弱部分变得具有一定的力度，而原来具有力度的后半部分，也因为设置了 Soft Clip 效果而变得柔和了。

图 16-20 添加关键帧　　　　　　　　　　　　　图 16-21 添加关键帧

专家指点

尽管可以压缩音频素材的声音到一个更小的动态播放范围，但是对于扩展而言，如果超过了音频素材所能提供的范围，就不能再进一步扩展了，除非降低原始素材的动态范围。

16.2.3 处理声音的波段

在 Premiere Pro CC 中，可以运用"多频段压缩器（旧版）"特效设置声音波段，该特效可以对音频的高、中、低 3 个波段进行压缩控制，让音频的效果更加理想。

素材文件	光盘 \ 素材 \ 第 16 章 \ 音乐 3.prproj
效果文件	光盘 \ 效果 \ 第 16 章 \ 音乐 3.prproj
视频文件	光盘 \ 视频 \ 第 16 章 \16.2.3 处理声音的波段 .mp4

实战 音乐 3

步骤 01 按【Ctrl ＋ O】组合键，打开随书附带光盘中的"素材 \ 第 16 章 \ 音乐 3.prproj"文件，如图 16-22 所示。

步骤 02 在"效果"面板上，选择"多频段压缩器（旧版）"选项，如图 16-23 所示。

图 16-22 打开项目文件   图 16-23 选择"多频段压缩器（旧版）"选项

步骤 03 为音乐素材添加音频特效，在"效果控件"面板中，展开"各个参数"选项，单击每一个参数前面的"切换动画"按钮，添加关键帧，如图 16-24 所示。

步骤 04 选择"自定义设置"右边的"编辑"选项，弹出"剪辑效果编辑器"对话框，调整波形窗口中右侧波段的位置，使之变高一个波段，如图 16-25 所示。

步骤 05 将时间线移至 00:00:04:00 的位置，在"自定义设置"选项下的波形窗口中，进行实时性的拖动，如图 16-26 所示。

步骤 06 此时，系统可在编辑线所在的位置自动为素材添加关键帧，如图 16-27 所示，播放音乐，即可听到修改后的音频效果。

图 16-24 添加关键帧　　　　　　　　图 16-25 设置波段

图 16-26 设置波段　　　　　　　　图 16-27 添加关键帧

16.3 制作立体声音频的效果

Premiere Pro CC 拥有强大的立体音频处理能力，在使用的素材为立体声道时，Premiere Pro CC 可以在两个声道间实现立体声音频特效的效果。本节主要介绍立体声音频效果的制作方法。

16.3.1 导入视频素材

在制作立体声音频效果之前，用户首先需要导入一段音频或有声的视频素材，并将其拖曳至"时间线"面板中。

素材文件	光盘 \ 素材 \ 第 16 章 \ 风云变幻 .MP4
效果文件	光盘 \ 效果 \ 第 16 章 \ 风云变幻 1.prproj
视频文件	光盘 \ 视频 \ 第 16 章 \16.3.1 导入视频素材 .mp4

实战 风云变幻 1

> **步骤 01** 新建一个项目文件,单击"文件"|"导入"命令,弹出"导入"对话框,导入随书附带光盘中的"素材\第 16 章\风云变幻.MP4"文件,如图 16-28 所示。

> **步骤 02** 选择导入的视频素材,将其拖曳至"时间线"面板中的 V1 视频轨道上,即可添加视频素材,如图 16-29 所示。

图 16-28 导入视频素材　　　　　　　　图 16-29 添加视频素材

16.3.2 分离视频与音频

在导入一段视频文件后,接下来需要对视频素材文件的音频与视频进行分离。

素材文件	光盘\素材\第 16 章\风云变幻.MP4
效果文件	光盘\效果\第 16 章\风云变幻 2.prproj
视频文件	光盘\视频\第 16 章\16.3.2 分离视频与音频.mp4

实战 风云变幻 2

> **步骤 01** 以 16.3.1 的效果为例,选择视频文件,如图 16-30 所示。

> **步骤 02** 单击鼠标右键,弹出快捷菜单,选择"取消链接"选项,如图 16-31 所示。

图 16-30 选择视频文件　　　　　　　图 16-31 选择"取消链接"选项

> **步骤 03** 执行操作后,即可解除音频和视频之间的链接,如图 16-32 所示。

步骤 **04** 设置完成后，将时间线移至素材的开始位置，在"节目监视器"面板中，单击"播放 - 停止切换"按钮，预览视频效果，如图 16-33 所示。

图 16-32 解除音频和视频之间链接

图 16-33 预览效果

16.3.3 添加音频特效

在 Premiere Pro CC 中，分割音频素材后，接下来可以为分割的音频素材添加音频特效。

素材文件	光盘 \ 素材 \ 第 16 章 \ 风云变幻 .MP4	
效果文件	无	
视频文件	光盘 \ 视频 \ 第 16 章 \16.3.3 添加音频特效 .mp4	

实战 添加音频特效

步骤 **01** 以 16.3.2 的效果为例，在"效果"面板中展开"音频效果"选项，选择"多功能延迟"选项，如图 16-34 所示。

步骤 **02** 单击鼠标左键，并将其拖曳至 A1 轨道中的音频素材上，拖曳时间线至 00:00:02:00 的位置，如图 16-35 所示。

图 16-34 选择"多功能延迟"选项

图 16-35 拖曳时间线

步骤 **03** 在"效果控件"面板中展开"多功能延迟"选项，选中"旁路"复选框，并设置"延迟 1"为 1.000 秒，如图 16-36 所示。

步骤 04 拖曳时间线至 00:00:04:00 的位置，单击"旁路"和"延迟 1"左侧的"切换动画"按钮，添加关键帧，如图 16-37 所示。

图 16-36 设置参数值　　　　　　　　　图 16-37 添加关键帧

步骤 05 取消选中"旁路"复选框，并将时间线拖曳至 00:00:07:00 的位置，如图 16-38 所示。

步骤 06 执行操作后，选中"旁路"复选框，添加第 2 个关键帧，如图 16-39 所示，即可添加音频特效。

图 16-38 拖曳时间线　　　　　　　　　图 16-39 添加关键帧

16.3.4 设置音轨混合器

在 Premiere Pro CC 中，音频特效添加完成后，接下来需要使用音轨混合器来控制添加的音频特效。

	素材文件	光盘 \ 素材 \ 第 16 章 \ 风云变幻 .mp4
	效果文件	光盘 \ 效果 \ 第 16 章 \ 风云变幻 3.prproj
	视频文件	光盘 \ 视频 \ 第 16 章 \16.3.4 设置音轨混合器 .mp4

实战 风云变幻 3

步骤 01 以 16.3.3 的效果为例，展开"音轨混合器：序列 01"面板，设置 A1 选项的参数为 3.1、"左 / 右平衡"为 10.0，如图 16-40 所示。

步骤 02 执行操作后，单击"音轨混合器：序列 01"面板底部的"播放 - 停止切换"按钮，即可播放音频，如图 16-41 所示。

图 16-40 设置参数值

图 16-41 播放音频

步骤 03 在"节目监视器"面板中，单击"播放 - 停止切换"按钮，预览效果，如图 16-42 所示。

图 16-42 预览效果

17

制作音频特效技巧

学习提示

在 Premiere Pro CC 中，声音能够带给影视节目更加强烈的震撼和冲击力，一部精彩的影视节目离不开音乐。因此，音频的编辑是影视节目编辑中必不可少的一个环节。本章主要介绍背景音乐特效的制作方法和技巧。

本章重点

- 实战——樱花
- 实战——汽车广告
- 实战——亲近自然
- 实战——肉松蛋糕
- 实战——可爱小孩

- 实战——音乐 1
- 实战——音乐 2
- 实战——携手一生
- 实战——音乐 3
- 实战——音乐 4

17.1 常用音频的精彩应用

在 Premiere Pro CC 中，音频在影片中是一个不可或缺的元素，用户可以根据需要制作常用的音频效果。本节主要介绍常用音频效果的制作方法。

17.1.1 制作音量特效

用户在导入一段音频素材后，对应的"效果控件"面板中将会显示"音量"选项，用户可以根据需要制作音量特效。

素材文件	光盘 \ 素材 \ 第 17 章 \ 樱花 .prproj
效果文件	光盘 \ 效果 \ 第 17 章 \ 樱花 .prproj
视频文件	光盘 \ 视频 \ 第 17 章 \17.1.1 制作音量特效 .mp4

实战 樱花

步骤 01 按【Ctrl + O】组合键，打开随书附带光盘的"素材 \ 第 17 章 \ 樱花 .prproj"文件，如图 17-1 所示。

步骤 02 在"项目"面板中选择"樱花 .jpg"素材文件，将其添加到"时间轴"面板中的 V1 轨道上，在"节目监视器"面板中可以查看素材画面，如图 17-2 所示。

图 17-1 打开项目文件

图 17-2 查看素材画面

步骤 03 选择 V1 轨道上的素材文件，切换至"效果控件"面板，设置"缩放"为 50.0，如图 17-3 所示。

步骤 04 在"项目"面板中选择"樱花 .mp3"素材文件，将其添加到"时间轴"面板中的 A1 轨道上，如图 17-4 所示。

步骤 05 将鼠标移至"樱花 .jpg"素材文件的结尾处，单击鼠标左键并向右拖曳，调整素材文件的持续时间，与音频素材的持续时间一致为止，如图 17-5 所示。

步骤 06 选择 A1 轨道上的素材文件，拖曳时间指示器至 00:00:13:00 的位置，切换至"效果控件"面板，展开"音量"选项，单击"级别"选项右侧的"添加 / 移除关键帧"按钮，如图 17-6 所示。

图 17-3 设置"缩放"为 50.0　　　　　图 17-4 添加素材文件

图 17-5 调整素材持续时间　　　　　图 17-6 单击"切换动画"按钮

步骤 07 拖曳时间指示器至 00:00:14:23 的位置，设置"级别"为 -20.0dB，如图 17-7 所示。

步骤 08 将鼠标移至 A1 轨道名称上，向上滚动鼠标滚轮，展开轨道并显示音量调整效果，如图 17-8 所示，单击"播放 - 停止切换"按钮，试听音量效果。

图 17-7 设置"级别"为 -20.0dB　　　　图 17-8 展开轨道并显示音量调整效果

17.1.2　制作降噪特效

可以通过 DeNoiser（降噪）特效来降低音频素材中的机器噪音、环境噪音和外音等不应有的杂音。

素材文件	光盘\素材\第17章\汽车广告.prproj
效果文件	光盘\效果\第17章\汽车广告.prproj
视频文件	光盘\视频\第17章\17.1.2 制作降噪特效.mp4

实战 汽车广告

步骤 01 按【Ctrl＋O】组合键，打开随书附带光盘的"素材\第17章\汽车广告.prproj"文件，如图17-9所示。

步骤 02 在"项目"面板中选择"汽车广告.jpg"素材文件，并将其添加到"时间轴"面板中的V1轨道上，如图17-10所示。

图17-9 打开项目文件

图17-10 添加素材文件

步骤 03 选择V1轨道上的素材文件，切换至"效果控件"面板，设置"缩放"为110.0，如图17-11所示。

步骤 04 设置视频缩放效果后，在"节目监视器"面板中可以查看素材画面，如图17-12所示。

图17-11 设置"缩放"为110.0

图17-12 查看素材画面

步骤 05 将"汽车广告.mp3"素材文件添加到"时间轴"面板中的 A1 轨道上,在"工具"面板中选取剃刀工具,如图 17-13 所示。

步骤 06 拖曳时间指示器至 00:00:05:00 的位置,将鼠标移至 A1 轨道上时间指示器的位置,单击鼠标左键,如图 17-14 所示。

图 17-13 选择剃刀工具　　　　　　图 17-14 单击鼠标左键

步骤 07 执行操作后,即可分割相应的素材文件,如图 17-15 所示。

步骤 08 在"工具"面板中选取选择工具,选择 A1 轨道上第 2 段音频素材文件,按【Delete】键删除素材文件,如图 17-16 所示。

图 17-15 分割素材文件　　　　　　图 17-16 删除素材文件

步骤 09 选择 A1 轨道上的素材文件,在"效果"面板中展开"音频效果"选项,使用鼠标左键双击 DeNoiser 选项,如图 17-17 所示,即可为选择的素材添加 DeNoiser 音频效果。

步骤 10 在"效果控件"面板中展开 DeNoiser 选项,单击"自定义设置"选项右侧的"编辑"按钮,如图 17-18 所示。

专家指点

　　用户也可以在"效果控件"面板中展开"各个参数"选项,在 Reduction 与 Offset 选项的右侧输入数字,设置降噪参数,如图 17-19 所示。

图 17-17 双击 DeNoiser 选项　　　　　　　　图 17-18 单击"编辑"按钮

步骤 11 在弹出的"剪辑效果编辑器"对话框中选中 Freeze 复选框，在 Reduction 旋转按钮上单击鼠标左键并拖曳，设置 Reduction 为 -20.0dB，运用同样的操作方法，设置 Offset 为 10.0dB，如图 17-20 所示，单击"关闭"按钮，关闭对话框，单击"播放 - 停止切换"按钮，试听降噪效果。

图 17-19 Reduction 的参数选项　　　　　　　　图 17-20 设置相应参数

专家指点

　　用户在使用摄像机拍摄的素材时，常常会出现一些电流的声音，此时便可以添加 DeNoiser（降噪）或者 Notch（消频）特效来消除这些噪音。

17.1.3 制作平衡特效

在 Premiere Pro CC 中，通过音质均衡器可以对素材的频率进行音量的提升或衰减，下面将介绍制作平衡特效的操作方法。

素材文件	光盘 \ 素材 \ 第 17 章 \ 亲近自然 .prproj
效果文件	光盘 \ 效果 \ 第 17 章 \ 亲近自然 .prproj
视频文件	光盘 \ 视频 \ 第 17 章 \17.1.3 制作平衡特效 .mp4

实战 | 亲近自然

步骤 01 按【Ctrl + O】组合键，打开随书附带光盘的"素材 \ 第 17 章 \ 亲近自然 .prproj"文件，如图 17-21 所示。

步骤 02 在"项目"面板中选择"亲近自然 .jpg"素材文件，并将其添加到"时间轴"面板中的 V1 轨道上，如图 17-22 所示。

图 17-21 打开项目文件　　　　　图 17-22 添加素材文件

步骤 03 选择 V1 轨道上的素材文件，切换至"效果控件"面板，设置"缩放"为 85.0，在"节目监视器"面板中可以查看素材画面，如图 17-23 所示。

步骤 04 将"亲近自然 .mp3"素材添加到"时间轴"面板中的 A1 轨道上，如图 17-24 所示。

图 17-23 查看素材画面　　　　　图 17-24 添加素材文件

步骤 05 拖曳时间指示器至 00:00:05:00 的位置，使用剃刀工具分割 A1 轨道上的素材文件，如图 17-25 所示。

步骤 06 在"工具"面板中选取选择工具，选择 A1 轨道上第 2 段音频素材文件，按【Delete】键删除素材文件，如图 17-26 所示。

图 17-25 分割素材文件　　　　　　　　图 17-26 删除素材文件

步骤 07 选择 A1 轨道上的素材文件，在"效果"面板中展开"音频效果"选项，使用鼠标左键双击"平衡"选项，如图 17-27 所示，即可为选择的素材添加"平衡"音频效果。

步骤 08 在"效果控件"面板中展开"平衡"选项，选中"旁路"复选框，设置"平衡"为50.0，如图 17-28 所示，单击"播放 - 停止切换"按钮，试听平衡效果。

图 17-27 双击"平衡"选项　　　　　　　图 17-28 设置相应选项

17.1.4 制作延迟特效

在 Premiere Pro CC 中，"延迟"音频效果是室内声音特效中常用的一种效果，下面将介绍制作延迟特效的操作方法。

素材文件	光盘 \ 素材 \ 第 17 章 \ 肉松蛋糕 .prproj
效果文件	光盘 \ 效果 \ 第 17 章 \ 肉松蛋糕 .prproj
视频文件	光盘 \ 视频 \ 第 17 章 \17.1.4 制作延迟特效 .mp4

实战 肉松蛋糕

步骤 01 按【Ctrl ＋ O】组合键，打开随书附带光盘的"素材 \ 第 17 章 \ 肉松蛋糕 .prproj"文件，如图 17-29 所示。

步骤 02 在"项目"面板中选择"肉松蛋糕 .jpg"素材文件，并将其添加到"时间轴"面板中的 V1 轨道上，如图 17-30 所示。

图 17-29 打开项目文件　　　　　　图 17-30 添加素材文件

步骤 03 选择 V1 轨道上的素材文件，切换至"效果控件"面板，设置"缩放"为 60.0，在"节目监视器"面板中可以查看素材画面，如图 17-31 所示。

步骤 04 将"肉松蛋糕 .mp3"素材添加到"时间轴"面板中的 A1 轨道上，如图 17-32 所示。

图 17-31 查看素材画面　　　　　　图 17-32 添加素材文件

步骤 05 拖拽时间指示器至 00:00:30:00 的位置，如图 17-33 所示。

步骤 06 使用剃刀工具分割 A1 轨道上的素材文件，如图 17-34 所示。

图 17-33 拖曳时间指示器

图 17-34 分割素材文件

步骤 07 在"工具"面板中选取选择工具，选择 A1 轨道上第 2 段音频素材文件，按【Delete】键删除素材文件，如图 17-35 所示。

步骤 08 将鼠标移至"肉松蛋糕 .jpg"素材文件的结尾处，单击鼠标左键并拖曳，调整素材文件的持续时间，与音频素材的持续时间一致为止，如图 17-36 所示。

图 17-35 删除素材文件

图 17-36 调整素材文件的持续时间

步骤 09 选择 A1 轨道上的素材文件，在"效果"面板中展开"音频效果"选项，双击"延迟"选项，如图 17-37 所示，即可为选择的素材添加"延迟"音频效果。

步骤 10 拖曳时间指示器至开始位置，在"效果控件"面板中展开"延迟"选项，单击"旁路"选项左侧的"切换动画"按钮，并选中"旁路"复选框，如图 17-38 所示。

图 17-37 双击"延迟"选项　　　　　　　　　　图 17-38 选中"旁路"复选框

专家指点

　　声音是以一定的速度进行传播的，当遇到障碍物后就会反射回来，与原声之间形成差异。在前期录音或后期制作中，用户可以利用延时器来模拟不同的延时时间的反射声，从而造成一种空间感。运用"延迟"特效可以为音频素材添加一个回声效果，回声的长度可根据需要进行设置。

步骤 11 拖曳时间指示器至 00:00:06:00 的位置，取消选中"旁路"复选框，如图 17-39 所示。

步骤 12 拖曳时间指示器至 00:00:15:00 的位置，再次选中"旁路"复选框，如图 17-40 所示。单击"播放 - 停止切换"按钮，试听延迟特效。

图 17-39 取消选中"旁路"复选框　　　　　　图 17-40 选中"旁路"复选框

17.1.5 制作混响特效

在 Premiere Pro CC 中，"混响"特效可以模拟房间内部的声波传播方式，是一种室内回声效果，能够体现出宽阔回声的真实效果。

素材文件	光盘\素材\第 17 章\可爱小孩 .prproj
效果文件	光盘\效果\第 17 章\可爱小孩 .prproj
视频文件	光盘\视频\第 17 章\17.1.5 制作混响特效 .mp4

实战 可爱小孩

步骤 01 按【Ctrl＋O】组合键，打开随书附带光盘的"素材\第 17 章\可爱小孩 .prproj"文件，如图 17-41 所示。

步骤 02 在"项目"面板中选择"可爱小孩 .jpg"素材文件，并将其添加到"时间轴"面板中的 V1 轨道上，如图 17-42 所示。

图 17-41 打开项目文件　　　　　　图 17-42 添加素材文件

步骤 03 选择 V1 轨道上的素材文件，切换至"效果控件"面板，设置"缩放"为80.0，在"节目监视器"面板中可以查看素材画面，如图 17-43 所示。

步骤 04 将"可爱小孩 .mp3"素材添加到"时间轴"面板中的 A1 轨道上，如图 17-44 所示。

图 17-43 查看素材画面　　　　　　图 17-44 添加素材文件

步骤 05　拖曳时间指示器至 00:00:10:00 的位置，如图 17-45 所示。

步骤 06　使用剃刀工具分割 A1 轨道上的素材文件，运用选择工具选择 A1 轨道上第 2 段音频素材文件，按【Delete】键删除素材文件，如图 17-46 所示。

图 17-45　拖曳时间指示器　　　　　　　　　　　图 17-46　删除素材文件

步骤 07　将鼠标移至"可爱小孩 .jpg"素材文件的结尾处，单击鼠标左键并拖曳，调整素材文件的持续时间，与音频素材的持续时间一致为止，如图 17-47 所示。

步骤 08　选择 A1 轨道上的素材文件，在"效果"面板中展开"音频效果"选项，双击 Reverb 选项，如图 17-48 所示，即可为选择的素材添加 Reverb 音频效果。

步骤 09　拖曳时间指示器至 00:00:04:00 的位置，在"效果控件"面板中展开 Reverb 选项，单击"旁路"选项左侧的"切换动画"按钮，并选中"旁路"复选框，如图 17-49 所示。

图 17-47　调整素材文件的持续时间　　　　　　　图 17-48　双击 Reverb 选项

步骤 10　拖曳时间指示器至 00:00:08:00 的位置，取消选中"旁路"复选框，如图 17-50 所示。单击"播放 - 停止切换"按钮，试听混响特效。

图 17-49 选中"旁路"复选框　　　　　图 17-50 取消选中"旁路"复选框

❶ PreDelay：指定信号与回响之间的时间。

❷ Absorption：指定声音被吸收的百分比。

❸ Size：指定空间大小的百分比。

❹ Density：指定回响拖尾的密度。

❺ LoDamp：指定低频的衰减，衰减低频可以防止环境声音造成的回响。

❻ HiDamp：指定高频的衰减，高频的衰减可以使回响声音更加柔和。

❼ Mix：控制回响的力度。

17.1.6 制作消频特效

在 Premiere Pro CC 中，"消频"特效主要是用来过滤特定频率范围之外的一切频率。下面介绍制作消频特效的操作方法。

素材文件	光盘 \ 素材 \ 第 17 章 \ 音乐 1.prproj
效果文件	光盘 \ 效果 \ 第 17 章 \ 音乐 2.prproj
视频文件	光盘 \ 视频 \ 第 17 章 \17.1.6 制作消频特效 .mp4

实战 音乐 1

步骤 01 按【Ctrl ＋ O】组合键，打开随书附带光盘的"素材 \ 第 17 章 \ 音乐 1.prproj"文件，如图 17-51 所示。

步骤 02 在"效果"面板中展开"音频效果"选项，在其中选择"消频"音频效果，如图 17-52 所示。

步骤 03 单击鼠标左键，并将其拖曳至 A1 轨道的音频素材上，释放鼠标左键，即可添加音频效果，如图 17-53 所示。

步骤 04 在"效果控件"面板展开"消频"选项，选中"旁路"复选框，设置"中心"为 200.0Hz，如图 17-54 所示，执行上述操作后，即可完成"消频"特效的制作。

图 17-51 打开项目文件　　　　　　　图 17-52 选择"消频"音频效果

图 17-53 添加音频效果　　　　　　　图 17-54 设置相应参数

17.2　其他音频效果的制作

在了解了一些常用的音频效果后，用户接下来将学习如何制作一些并不常用的音频效果，如 Chorus（合成）特效、DeCrackler（降爆声）特效、低通特效以及高音特效等。

17.2.1　制作合成特效

对于仅包含单一乐器或语音的音频信号来说，运用"合成"特效可以取得较好的效果。

素材文件	光盘 \ 素材 \ 第 17 章 \ 音乐 2.prproj
效果文件	光盘 \ 效果 \ 第 17 章 \ 音乐 2.prproj
视频文件	光盘 \ 视频 \ 第 17 章 \17.2.1 制作合成特效 .mp4

实战　音乐 2

步骤　01　按【Ctrl ＋ O】组合键，打开随书附带光盘的"素材 \ 第 17 章 \ 音乐 2.prproj"文件，如图 17-55 所示。

步骤 02 在"效果"面板中，选择 Chorus 选项，如图 17-56 所示。

图 17-55 打开项目文件　　　　　　　　　图 17-56 选择 Chorus 选项

步骤 03 单击鼠标左键，并将其拖曳至 A1 轨道的音频素材上，释放鼠标左键，即可添加合成特效，如图 17-57 所示。

步骤 04 在"效果控件"面板中展开 Chorus 选项，单击"自定义设置"选项右侧的"编辑"按钮，如图 17-58 所示。

图 17-57 添加合成特效　　　　　　　　　图 17-58 单击"编辑"按钮

步骤 05 弹出"剪辑效果编辑器"对话框，设置 Rate 为 7.60、Depth 为 22.5%、Delay 为 12.0ms，如图 17-59 所示，关闭对话框，单击"播放 - 停止切换"按钮，试听效果。

图 17-59 设置相应参数

17.2.2 制作反转特效

在 Premiere Pro CC 中，"反转"特效可以模拟房间内部的声音情况，能表现出宽阔、真实的效果。

素材文件	光盘 \ 素材 \ 第 17 章 \ 携手一生 .prproj
效果文件	光盘 \ 效果 \ 第 17 章 \ 携手一生 .prproj
视频文件	光盘 \ 视频 \ 第 17 章 \17.2.2 制作反转特效 .mp4

实战 携手一生

步骤 01 按【Ctrl＋O】组合键，打开随书附带光盘的"素材\第17章\携手一生.prproj"文件，如图 17-60 所示。

步骤 02 在"项目"面板中选择"携手一生.jpg"素材文件，并将其添加到"时间轴"面板中的 V1 轨道上，如图 17-61 所示。

图 17-60 打开项目文件   图 17-61 添加素材文件

步骤 03 选择 V1 轨道上的素材文件，切换至"效果控件"面板，设置"缩放"为 125.0，在"节目监视器"面板中可以查看素材画面，如图 17-62 所示。

步骤 04 将"携手一生 .mp3"素材添加到"时间轴"面板中的 A1 轨道上，如图 17-63 所示。

图 17-62 查看素材画面   图 17-63 添加素材文件

步骤 05 拖曳时间指示器至 00:00:03:14 的位置，使用剃刀工具分割 A1 轨道上的素材文件，如图 17-64 所示。

步骤 06 在工具箱中选取选择工具，选择 A1 轨道上第 2 段音频素材文件，按【Delete】键删除素材文件，选择 A1 轨道上第 1 段音频素材文件，如图 17-65 所示。

步骤 07 在"效果"面板中展开"音频效果"选项，双击"反转"选项，如图 17-66 所示，即可为选择的素材添加"反转"音频效果。

步骤 08 在"效果控件"面板中，展开"反转"选项，选中"旁路"复选框，如图 17-67 所示。单击"播放 - 停止切换"按钮，试听反转特效。

图 17-64 分割素材文件　　　　　　　　　　图 17-65 选择素材文件

图 17-66 双击"反转"选项　　　　　　　　图 17-67 选中"旁路"复选框

17.2.3 制作低通特效

在 Premiere Pro CC 中，"低通"特效主要是用于去除音频素材中的高频部分。

素材文件	光盘 \ 素材 \ 第 17 章 \ 生如夏花 .prproj	
效果文件	光盘 \ 效果 \ 第 17 章 \ 生如夏花 .prproj	
视频文件	光盘 \ 视频 \ 第 17 章 \17.2.3 制作低通特效 .mp4	

实战 生如夏花

步骤 01 按【Ctrl + O】组合键，打开随书附带光盘的"素材 \ 第 17 章 \ 生如夏花 .prproj"文件，如图 17-68 所示。

步骤 02 在"项目"面板中选择"生如夏花 .jpg"素材文件，并将其添加到"时间轴"面板中的 V1 轨道上，如图 17-69 所示。

图 17-68 打开项目文件

图 17-69 添加素材文件

步骤 03 选择 V1 轨道上的素材文件，切换至"效果控件"面板，设置"缩放"为 110.0，在"节目监视器"面板中可以查看素材画面，如图 17-70 所示。

步骤 04 将"生如夏花 .mp3"素材文件添加到"时间轴"面板中的 A1 轨道上，如图 17-71 所示。

图 17-70 查看素材画面

图 17-71 添加素材文件

步骤 05 拖曳时间指示器至 00:00:03:14 的位置，使用剃刀工具分割 A1 轨道上的素材文件，运用选择工具选择 A1 轨道上第 2 段音频素材文件并删除，如图 17-72 所示。

步骤 06 选择 A1 轨道上的素材文件，在"效果"面板中展开"音频效果"选项，双击"低通"选项，如图 17-73 所示，即可为选择的素材添加"低通"音频效果。

步骤 07 拖曳时间指示器至开始位置，在"效果控件"面板中展开"低通"选项，单击"屏蔽度"选项左侧的"切换动画"按钮，如图 17-74 所示，添加一个关键帧。

步骤 08 将时间指示器拖曳至 00:00:03:00 的位置，设置"屏蔽度"为 300.0Hz，如图 17-75 所示。单击"播放 - 停止切换"按钮，试听低通特效。

图 17-72 删除素材文件   图 17-73 双击"低通"选项

图 17-74 单击"切换动画"按钮   图 17-75 设置"屏蔽度"为 300.0Hz

17.2.4 制作高通特效

在 Premiere Pro CC 中，"高通"特效主要是用于去除音频素材中的低频部分。

	素材文件	光盘 \ 素材 \ 第 17 章 \ 音乐 3.prproj
	效果文件	光盘 \ 效果 \ 第 17 章 \ 音乐 3.prproj
	视频文件	光盘 \ 视频 \ 第 17 章 \17.2.4 制作高通特效 .mp4

实战 音乐 3

步骤 01 按【Ctrl ＋ O】组合键，打开随书附带光盘的"素材 \ 第 17 章 \ 音乐 3.prproj"文件，如图 17-76 所示。

步骤 02 在"效果"面板中，选择"高通"选项，如图 17-77 所示。

步骤 03 单击鼠标左键，并将其拖曳至 A1 轨道的音频素材上，释放鼠标左键，即可添加"高通"特效，如图 17-78 所示。

步骤 04 在"效果控件"面板中展开"高通"选项，设置"屏蔽度"为 3500.0Hz，如图 17-79 所示，执行操作后，即可制作"高通"特效。

图 17-76 打开项目文件

图 17-77 选择"高通"选项

图 17-78 添加"高通"特效

图 17-79 设置参数值

17.2.5 制作高音特效

在 Premiere Pro CC 中，"高音"特效用于对素材音频中的高音部分进行处理，可以增加也可以衰减重音部分同时又不影响素材的其他音频部分。

素材文件	光盘 \ 素材 \ 第 17 章 \ 音乐 4.prproj
效果文件	光盘 \ 效果 \ 第 17 章 \ 音乐 4.prproj
视频文件	光盘 \ 视频 \ 第 17 章 \17.2.5 制作高音特效 .mp4

实战 音乐4

步骤 01 按【Ctrl + O】组合键，打开随书附带光盘的"素材\第17章\音乐4.prproj"文件，如图17-80所示。

步骤 02 在"效果"面板中，选择"高音"选项，如图17-81所示。

图17-80 打开项目文件

图17-81 选择"高音"选项

步骤 03 单击鼠标左键，并将其拖曳至A1轨道的音频素材上，释放鼠标左键，即可添加"高音"特效，如图17-82所示。

步骤 04 在"效果控件"面板中展开"高音"选项，设置"提升"为20.0dB，如图17-83所示。执行操作后，即可制作高音特效。

图17-82 添加"高音"特效

图17-83 设置参数值

17.2.6 制作低音特效

在 Premiere Pro CC 中，"低音"特效主要是用于增加或减少低音频率。

素材文件	光盘 \ 素材 \ 第 17 章 \ 音乐 5.prproj
效果文件	光盘 \ 效果 \ 第 17 章 \ 音乐 5.prproj
视频文件	光盘 \ 视频 \ 第 17 章 \17.2.6 制作低音特效 .mp4

实战 音乐 5

步骤 01 按【Ctrl ＋ O】组合键，打开随书附带光盘的"素材 \ 第 17 章 \ 音乐 5.prproj"文件，如图 17-84 所示。

步骤 02 在"效果"面板中，选择"低音"选项，如图 17-85 所示。

图 17-84 打开项目文件

图 17-85 选择"低音"选项

步骤 03 单击鼠标左键，并将其拖曳至 A1 轨道的音频素材上，释放鼠标左键，即可添加"低音"特效，如图 17-86 所示。

步骤 04 在"效果控件"面板中展开"低音"选项，设置"提升"为 -10.0dB，如图 17-87 所示。执行操作后，即可制作低音特效。

图 17-86 添加"低音"特效　　　　　　　　　图 17-87 设置参数值

17.2.7 制作降爆声特效

在 Premiere Pro CC 中，DeCrackler（降爆声）特效可以消除音频中无声部分的背景噪声。

素材文件	光盘 \ 素材 \ 第 17 章 \ 音乐 6.prproj	
效果文件	光盘 \ 效果 \ 第 17 章 \ 音乐 6.prproj	
视频文件	光盘 \ 视频 \ 第 17 章 \17.2.7 制作降爆声特效 .mp4	

实战 音乐 6

步骤 01　按【Ctrl ＋ O】组合键，打开随书附带光盘的"素材 \ 第 17 章 \ 音乐 6.prproj"文件，如图 17-88 所示。

步骤 02　在"效果"面板中，选择 DeCrackler 选项，如图 17-89 所示。

图 17-88 打开项目文件　　　　　　　　　图 17-89 选择 DeCrackler 选项

步骤 03　单击鼠标左键，并将其拖曳至 A1 轨道的音频素材上，释放鼠标左键，即可添加降爆声特效，如图 17-90 所示。

步骤 04　在"效果控件"面板中，单击"自定义设置"选项右侧的"编辑"按钮，如图 17-91 所示。

图 17-90 添加降爆声特效　　　　　图 17-91 单击"编辑"按钮

步骤 05　弹出"剪辑效果编辑器"对话框，设置 Threshold 为 15%、Reduction 为 28%，如图 17-92 所示。执行操作后，即可制作降爆声特效。

图 17-92 设置参数值

17.2.8 制作滴答声特效

在 Premiere Pro CC 中，滴答声（DeClicker）特效可以消除音频素材中的滴答声。

	素材文件	光盘 \ 素材 \ 第 17 章 \ 音乐 7.prproj
	效果文件	光盘 \ 效果 \ 第 17 章 \ 音乐 7.prproj
	视频文件	光盘 \ 视频 \ 第 17 章 \17.2.8 制作滴答声特效 .mp4

实战 音乐 7

步骤 01　按【Ctrl ＋ O】组合键，打开随书附带光盘的"素材 \ 第 17 章 \ 音乐 7.prproj"文件，如图 17-93 所示。

步骤 02 在"效果"面板中，选择 DeClicker 选项，如图 17-94 所示。

步骤 03 单击鼠标左键，并将其拖曳至 A1 轨道的音频素材上，释放鼠标左键，即可添加滴答声特效，如图 17-95 所示。

步骤 04 在"效果控件"面板中，单击"自定义设置"选项右侧的"编辑"按钮，如图 17-96 所示。

步骤 05 弹出"剪辑效果编辑器"对话框，选中 Classj 单选按钮，如图 17-97 所示。执行操作后，即可制作滴答声特效。

图 17-93 打开项目文件   图 17-94 选择 DeClicker 选项

图 17-95 添加滴答声特效   图 17-96 单击"编辑"按钮

图 17-97 选中 Classj 单选按钮

17.2.9 制作互换声道特效

在 Premiere Pro CC 中，"互换声道"音频效果的主要功能是将声道的相位进行反转。

素材文件	光盘 \ 素材 \ 第 17 章 \ 信手涂鸦 .prproj
效果文件	光盘 \ 效果 \ 第 17 章 \ 信手涂鸦 .prproj
视频文件	光盘 \ 视频 \ 第 17 章 \17.2.9 制作互换声道特效 .mp4

实战 信手涂鸦

步骤 01 按【Ctrl ＋ O】组合键，打开随书附带光盘的"素材 \ 第 17 章 \ 信手涂鸦 .prproj"文件，如图 17-98 所示。

步骤 02 在"项目"面板中选择"信手涂鸦 .jpg"素材文件，并将其添加到"时间轴"面板中的 V1 轨道上，如图 17-99 所示。

图 17-98 打开项目文件

图 17-99 添加素材文件

步骤 03 选择 V1 轨道上的素材文件，切换至"效果控件"面板，设置"缩放"为 65.0，在"节目监视器"面板中可以查看素材画面，如图 17-100 所示。

步骤 04 将"信手涂鸦.mp3"素材添加到"时间轴"面板的 A1 轨道上，如图 17-101 所示。

图 17-100 查看素材画面　　　　　　　图 17-101 添加素材文件

步骤 05 拖曳时间指示器至 00:00:03:14 的位置，使用剃刀工具分割 A1 轨道上的素材文件，运用选择工具选择 A1 轨道上第 2 段音频素材文件并删除，然后选择 A1 轨道上的第 1 段音频素材文件，如图 17-102 所示。

步骤 06 在"效果"面板中展开"音频效果"选项，双击"互换声道"选项，如图 17-103 所示，即可为选择的素材添加"互换声道"音频效果。

图 17-102 选择素材文件　　　　　　　图 17-103 双击"互换声道"选项

步骤 07 拖曳时间指示器至开始位置，在"效果控件"面板中展开"互换声道"选项，单击"旁路"选项左侧的"切换动画"按钮，添加第 1 个关键帧，如图 17-104 所示。

步骤 08 再拖曳时间指示器至 00:00:02:00 的位置，选中"旁路"复选框，添加第 2 个关键帧，如图 17-105 所示。单击"播放 - 停止切换"按钮，试听"互换声道"特效。

图 17-104 添加第 1 个关键帧　　　　图 17-105 添加第 2 个关键帧

17.2.10 制作多段压缩特效

"多段压缩"特效是 Premiere Pro 新引进的进行标准音频插件之一。

"多段压缩"（Multiband Compressor）特效可以对高、中、低 3 个波段进行压缩控制，为该特效展开的各选项。如果用户觉得用前面的动态范围的压缩调整还不够理想的话，可以尝试使用 Multiband Compressor 特效的方法来获得较为理想的效果。图 17-106 所示为"效果控件"面板中的"自定义设置"选项区。

图 17-106　"自定义设置"选项区

❶ Threshold（1 ～ 3）：设置一个值，当导入的素材信号超过这个值的时候开始调用压缩，范围为 - 60 ～ 0dB。

❷ Ratio（1～3）：设置一个压缩比率，最高为 8:1。

❸ Attack（1～3）：设定一个时间，即导入素材的信号超过 Threshold 参数值以后到压缩开始进行的时间。

❹ Release（1～3）：指定一个时间，当信号电平低于 Threshold 参数值以后到压缩重新取样的响应时间。

17.2.11 制作参数均衡特效

在 Premiere Pro CC 中，"参数均衡"音频效果主要用于精确地调整一个音频文件的音调，增强或衰减接近中心频率处的声音。

素材文件	光盘 \ 素材 \ 第 17 章 \ 电脑广告 .prproj	
效果文件	光盘 \ 效果 \ 第 17 章 \ 电脑广告 .prproj	
视频文件	光盘 \ 视频 \ 第 17 章 \17.2.11 制作参数均衡特效 .mp4	

实战 电脑广告

步骤 01 按【Ctrl＋O】组合键，打开随书附带光盘的"素材\第 17 章\电脑广告 .prproj"文件，如图 17-107 所示。

步骤 02 在"项目"面板中选择"电脑广告 .jpg"素材文件，并将其添加到"时间轴"面板中的 V1 轨道上，如图 17-108 所示。

图 17-107 打开项目文件　　　　　　　　　图 17-108 添加素材文件

步骤 03 选择 V1 轨道上的素材文件，切换至"效果控件"面板，设置"缩放"为 60.0，在"节目监视器"面板中可以查看素材画面，如图 17-109 所示。

步骤 04 将"电脑广告 .mp3"素材添加到"时间轴"面板的 A1 轨道上，如图 17-110 所示。

图 17-109 查看素材画面

图 17-110 添加素材文件

步骤 05 拖曳时间指示器至 00:00:05:00 的位置，使用剃刀工具分割 A1 轨道上的素材文件，如图 17-111 所示。

步骤 06 在"工具"面板中选取选择工具，选择 A1 轨道上第 2 段音频素材文件，按【Delete】键删除素材文件，如图 17-112 所示。

步骤 07 选择 A1 轨道上的素材文件，在"效果"面板中展开"音频效果"选项，双击"参数均衡"选项，如图 17-113 所示，即可为选择的素材添加"参数均衡"音频效果。

步骤 08 在"效果控件"面板中展开"参数均衡"选项，设置"中心"为 12000.0Hz、Q 为 10.1、"提升"为 2.0dB，如图 17-114 所示。单击"播放 - 停止切换"按钮，试听参数均衡特效。

图 17-111 分割素材文件

图 17-112 删除素材文件

图 17-113 双击"参数均衡"选项

图 17-114 设置相应选项

17.2.12 制作 Pitch Shifter 特效

在 Premiere Pro CC 中，PitchShifter 特效主要是用来调整引入信号的高音。

PitchShifter 特效又称音高转换器，该特效可以加深或减少原始音频素材的高音，可以用来调整输入信号的定调。

素材文件	光盘 \ 素材 \ 第 17 章 \ 音乐 8.prproj	
效果文件	光盘 \ 效果 \ 第 17 章 \ 音乐 8.prproj	
视频文件	光盘 \ 视频 \ 第 17 章 \17.2.12 制作 Pitch Shifter 特效 .mp4	

实战 音乐 8

步骤 01 按【Ctrl ＋ O】组合键，打开随书附带光盘的"素材 \ 第 17 章 \ 音乐 8.prproj"文件，如图 17-115 所示。

步骤 02 在"效果"面板中，选择 PitchShifter 选项，如图 17-116 所示。

图 17-115 打开项目文件

图 17-116 选择 PitchShifter 选项

步骤 03　单击鼠标左键，并将其拖曳至 A1 轨道的音频素材上，释放鼠标左键，即可添加合成特效，如图 17-117 所示。

步骤 04　在"效果控件"面板中展开 PitchShifter|"各个参数"选项，并单击各选项左侧的"切换动画"按钮，如图 17-118 所示。

图 17-117 添加音频特效

图 17-118 单击"切换动画"按钮

步骤 05　拖曳"当前时间指示器"至 00:00:05:00 的位置，单击"预设"按钮，在弹出的列表框中选择 A quint up 选项，如图 17-119 所示。

步骤 06　设置完成后，系统将自动为素材添加关键帧，如图 17-120 所示，执行上述操作后，即可完成 PitchShifter 特效的制作。

图 17-119 选择 A quint up 选项　　　　　　　图 17-120 添加关键帧

17.2.13　光谱减少噪声特效

在 Premiere Pro CC 中，Spectral NoiseReduction（光谱减少噪声）特效用于光谱方式对噪音进行处理。

制作光谱减少噪声特效的具体方法是：在"效果"面板中，依次选择"音频效果"|Spectral NoiseReduction 选项，单击鼠标左键并将其拖曳至 A1 轨道的音频素材上，释放鼠标左键，在"效

果控件"面板中，设置各关键帧，即可制作光谱减少噪声特效。在"效果控件"面板中用户还可以使用自定义设置选项中的图标来调整各属性，如图 17-121 所示。

图 17-121 自定义设置选项区

18

制作影视覆叠特效

学习提示

在 Premiere Pro CC 中，所谓覆叠特效，是 Premiere Pro CS6 提供的一种视频编辑方法，它将视频素材添加到视频轨中之后，然后对视频素材的大小、位置以及透明度等属性的调节，从而产生视频叠加效果。本章主要介绍影视覆叠特效的制作方法与技巧。

本章重点

- 实战——幸福时光
- 实战——儿童时光
- 实战——光圈
- 实战——字母
- 实战——水果

- 实战——庆祝
- 实战——唯美镜头
- 实战——夏日
- 实战——星藤学园
- 实战——少女

18.1 Alpha 通道与遮罩的认识

Alpha 通道是图像额外的灰度图层,利用 Alpha 通道可以将视频轨道中图像、文字等素材与其他视频轨道中的素材进行组合。本节主要介绍 Premiere Pro CC 中的 Alpha 通道与遮罩特效。

18.1.1 Alpha 通道的定义

通道就如同摄影胶片一样,主要作用是用来记录图像内容和颜色信息,然而随着图像的颜色模式改变,通道的数量也会随着改变。

在 Premiere Pro CC 中,颜色模式主要以 RGB 模式为主,Alpha 通道可以把所需要的图像分离出来,让画面达到最佳的透明效果。为了更好地理解通道,接下来将通过同样由 Adobe 公司开发的 Photoshop 来进行更深的了解。

在启动 Photoshop 后,打开一副 RGB 模式的图像。接下来,用户可以单击"窗口"|"通道"命令,展开 RGB 颜色模式下的"通道"面板,此时"通道"面板中除了 RGB 混合通道外,还分别有"红"、"绿"、"蓝"3 个专色通道,如图 18-1 所示。

当用户打开一副颜色模式为 CMYK 的素材图像时,在"通道"面板中的专色通道将变为青色、洋红、黄色以及黑色,如图 18-2 所示。

图 18-1 RGB 素材图像的通道

图 18-2 CMYK 素材图像的通道

18.1.2 通过 Alpha 通道进行视频叠加

在 Premiere Pro CC 中，一般情况下，利用通道进行视频叠加的方法很简单，用户可以根据需要运用 Alpha 通道进行视频叠加。Alpha 通道信息都是静止的图像信息，因此需要运用 Photoshop 这一类图像编辑软件来生成带有通道信息图像文件。

在创建完带有通道信息的图像文件后，接下来只需要将带有 Alpha 通道信息的文件拖入到 Premiere Pro CC 的"时间线"面板的视频轨道上即可，视频轨道中编号较低的内容将自动透过 Alpha 通道显示出来。

素材文件	光盘 \ 素材 \ 第 18 章 \ 幸福时光 .prproj
效果文件	光盘 \ 效果 \ 第 18 章 \ 幸福时光 .prproj
视频文件	光盘 \ 视频 \ 第 18 章 \18.1.2 通过 Alpha 通道进行视频叠加 .mp4

实战 幸福时光

步骤 01 按【Ctrl + O】组合键，打开随书附带光盘中的"素材 \ 第 18 章 \ 幸福时光 .prproj"文件，如图 18-3 所示。

图 18-3 打开项目文件

步骤 02 在"项目"面板中将素材分别添加至 V1 和 V2 轨道上，拖动控制条调整视图，选择 V2 轨道上的素材，在"效果控件"面板中展开"运动"选项，设置"缩放"为 50.0，如图 18-4 所示。

步骤 03 在"效果"面板中展开"视频效果"|"键控"选项，选择"Alpha 调整"视频效果，如图 18-5 所示，单击鼠标左键，并将其拖曳至 V2 轨道的素材上，即可添加 Alpha 调整视频效果。

步骤 04 将时间线移至素材的开始位置，在"效果控件"面板中展开"Alpha 调整"选项，单击"不透明度"、"反转 Alpha"和"仅蒙版"3 个选项左侧的"切换动画"按钮，如图 18-6 所示。

步骤 05 然后将"当前时间指示器"拖曳至 00:00:02:10 的位置，设置"不透明度"为 50.0%，并选中"仅蒙版"复选框，添加关键帧，如图 18-7 所示。

步骤 06 设置完成后，将时间线移至素材的开始位置，在"节目监视器"面板中单击"播放 - 停止切换"按钮，即可预览视频叠加后的效果，如图 18-8 所示。

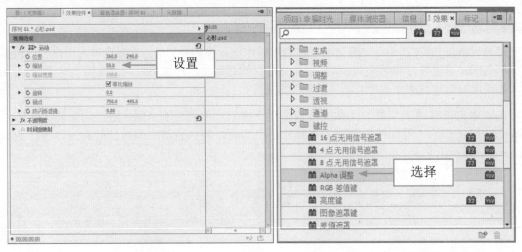

图 18-4 设置缩放值   图 18-5 选择"Alpha 调整"视频效果

图 18-6 单击"切换动画"按钮   图 18-7 添加关键帧

图 18-8 预览视频叠加后的效果

18.1.3 了解遮罩的概念

遮罩是一种能够根据自身灰阶的不同,有选择地隐藏素材画面中的内容。在 Premiere Pro CC 中,遮罩的作用主要是用来隐藏顶层素材画面中的部分内容，并显示下一层画面的内容。

1. 无用信号遮罩

无用信号遮罩主要是针对视频图像的特定键进行处理，"无用信号遮罩"是运用多个遮罩点，并在素材画面中连成一个固定的区域，用来隐藏画面中的部分图像。系统提供了 4 点、8 点以及 16 点无信号遮罩特效。

2. 色度键

"色度键"特效用于将图像上的某种颜色及其相似范围的颜色设定为透明，从而可以看见低层的图像。"色度键"特效的作用是利用颜色来制作遮罩效果，这种特效多运用画面中有大量近似色的素材中。"色度键"特效也常常用于其他文件的 Alpha 通道或填充，如果输入的素材是包含背景的 Alpha，可能需要去除图像中的光晕，而光晕通常和背景及图像有很大的差异。

3. 亮度键

"亮度键"特效用于将叠加图像的灰度值设置为透明。"亮度键"是用来去除素材画面中较暗的部分图像，所以该特效常运用于画面明暗差异化特别明显的素材中。

4. 非红色键

"非红色键"特效与"蓝屏键"特效的效果类似，其区别在于蓝屏键去除的是画面中蓝色图像，而非红色键不仅可以去除蓝色背景，还可以去除绿色背景。

5. 图像遮罩键

"图像遮罩键"特效可以用一幅静态的图像作蒙版。在 Premiere Pro CC 中，"图像遮罩键"特效是将素材作为划定遮罩的范围，或者为图像导入一张带有 Alpha 通道的图像素材来指定遮罩的范围。

6. 差异遮罩键

"差异遮罩键"特效可以将两个图像相同区域进行叠加。"差异遮罩键"特效是作用于对比两个相似的图像剪辑，并去除图像剪辑在画面中的相似部分，最终只留下有差异的图像内容。

7. 颜色键

"颜色键"特效用于设置需要透明的颜色来设置透明效果。"颜色键"特效主要运用于大量相似色的素材画面中，其作用是隐藏素材画面中指定的色彩范围。

18.2 常用透明叠加的应用

在 Premiere Pro CC 中可以通过对素材透明度的设置，制作出各种透明混合叠加的效果。透明度叠加是将一个素材的部分显示在另一个素材画面上，利用半透明的画面来呈现下一张画面。本节主要介绍运用常用透明叠加的基本操作方法。

18.2.1 应用透明度叠加

在 Premiere Pro CC 中，用户可以直接在"效果控件"面板中降低或提高素材的透明度，这样可以让两个轨道的素材同时显示在画面中。

素材文件	光盘 \ 素材 \ 第 18 章 \ 儿童时光 .prproj	
效果文件	光盘 \ 效果 \ 第 18 章 \ 儿童时光 .prproj	
视频文件	光盘 \ 视频 \ 第章 \18.2.1 应用透明度叠加 .mp4	

实战 儿童时光

步骤 01 按【Ctrl + O】组合键，打开随书附带光盘中的"素材 \ 第 18 章 \ 儿童时光 .prproj"文件，如图 18-9 所示。

步骤 02 在 V2 轨道上，选择视频素材，如图 18-10 所示。

步骤 03 在"效果控件"面板中，展开"不透明度"选项，单击"不透明度"选项左侧的"切换动画"按钮，添加关键帧，如图 18-11 所示。

步骤 04 将时间线移至 00:00:04:00 的位置，设置"不透明度"为 50.0%，添加关键帧，如图 18-12 所示。

图 18-9 打开项目文件

图 18-10 选择视频素材

图 18-11 添加关键帧（1）

图 18-12 添加关键帧（2）

步骤 05 用与上同样的方法，分别在 00:00:06:00、00:00:08:00 和 00:00:09:00 位置，为素材添加关键帧，并分别设置"不透明度"为 25.0%、40.0% 和 80.0%，设置完成后，将时间线移至素材的开始位置，在"节目监视器"面板中，单击"播放 - 停止切换"按钮，预览透明度叠加效果，如图 18-13 所示。

图 18-13 预览透明化叠加效果

18.2.2 应用蓝屏键透明叠加

在 Premiere Pro CC 中，"蓝屏键"特效可以去除画面中的所有蓝色部分，这样可以为画面添加更加特殊的叠加效果，这种特效常运用在影视抠图中。

素材文件	光盘 \ 素材 \ 第 18 章 \ 光圈 .prproj	
效果文件	光盘 \ 效果 \ 第 18 章 \ 光圈 .prproj	
视频文件	光盘 \ 视频 \ 第章 \18.2.2 应用蓝屏键透明度叠加 .mp4	

实战 光圈

步骤 01 按【Ctrl + O】组合键，打开随书附带光盘中的"素材 \ 第 18 章 \ 光圈 .prproj"文件，如图 18-14 所示。

步骤 02 在"效果"面板中，选择"蓝屏键"选项，如图 18-15 所示。

图 18-14 打开项目文件　　　　　图 18-15 选择"蓝屏键"选项

步骤 03 单击鼠标左键，并将其拖曳至 V2 的素材图像上，添加视频效果，如图 18-16 所示。

步骤 04 展开"效果控件"面板，展开"蓝屏键"选项，设置"阈值"为 50.0%，如图 18-17 所示。

图 18-16 添加视频效果

图 18-17 设置参数值

步骤 05 设置完成后，将时间线移至素材的开始位置，在"节目监视器"面板中，单击"播放 - 停止切换"按钮，预览蓝屏键叠加效果，如图 18-18 所示。

图 18-18 预览蓝屏键叠加效果

18.2.3 应用非红色键叠加

　　"非红色键"特效可以将图像上的背景变成透明色，下面将介绍运用非红色键叠加素材的操作方法。

	素材文件	光盘 \ 素材 \ 第 18 章 \ 字母 .prproj
	效果文件	光盘 \ 效果 \ 第 18 章 \ 字母 .prproj
	视频文件	光盘 \ 视频 \ 第章 \18.2.3 应用非红色键叠加 .mp4

实战 字母

步骤 01 按【Ctrl ＋ O】组合键，打开随书附带光盘中的"素材\第 18 章\字母 .prproj"文件，如图 18-19 所示。

步骤 02 在"效果"面板中，选择"非红色键"选项，如图 18-20 所示。

图 18-19 打开项目文件　　　　　　图 18-20 选择"非红色键"选项

步骤 03 单击鼠标左键，并将其拖曳至 V2 的视频素材上，如图 18-21 所示。

步骤 04 在"效果控件"面板中，设置"阈值"为 0.0%、"屏蔽度"为 1.5%，即可运用非红色键叠加素材，效果如图 18-22 所示。

图 18-21 拖曳至视频素材上　　　　　图 18-22 运用非红色键叠加素材

18.2.4 应用颜色键透明叠加

在 Premiere Pro CC 中，用户可以运用"颜色键"特效制作出一些比较特别的效果叠加。下面介绍如何使用颜色键来制作特殊效果。

素材文件	光盘\素材\第 18 章\水果 .prproj
效果文件	光盘\效果\第 18 章\水果 .prproj
视频文件	光盘\视频\第章\18.2.3 应用颜色键透明叠加 .mp4

实战 水果

步骤 01 按【Ctrl + O】组合键，打开随书附带光盘中的"素材\第 18 章\水果 .prproj"文件，如图 18-23 所示。

步骤 02 在"效果"面板中，选择"颜色键"选项，如图 18-24 所示。

图 18-23 打开项目文件   图 18-24 选择"颜色键"选项

步骤 03 单击鼠标左键，并将其拖曳至 V2 的素材图像上，添加视频效果，如图 18-25 所示。

步骤 04 在"效果控件"面板中，设置"主要颜色"为绿色（RGB 参数值为 45、144、66）、"颜色容差"为 50，如图 18-26 所示。

图 18-25 添加视频效果   图 18-26 设置参数值

❶ 颜色容差："颜色容差"选项主要是用于扩展所选颜色的范围。

❷ 边缘细化："边缘细化"选项能够在选定色彩的基础上，扩大或缩小"主要颜色"的范围。

❸ 羽化边缘："羽化边缘"选项可以在图像边缘产生平滑过度，其参数越大，羽化的效果越明显。

步骤 05 执行上述操作后，即可运用颜色键叠加素材，效果如图 18-27 所示。

图 18-27 运用颜色键叠加素材效果

18.2.5 应用亮度键透明叠加

在 Premiere Pro CC 中，亮度键是用来抠出图层中指定明亮度或亮度的所有区域。下面将介绍添加"亮度键"特效，去除背景中的黑色区域。

素材文件	光盘 \ 素材 \ 第 18 章 \ 水果 .prproj
效果文件	光盘 \ 效果 \ 第 18 章 \ 水果 1.prproj
视频文件	光盘 \ 视频 \ 第章 \18.2.3 应用亮度键透明叠加 .mp4

实战	水果 1

步骤 01 以 18.2.4 的效果为例，在"效果"面板中，依次展开"键控"|"亮度键"选项，如图 18-28 所示。

步骤 02 单击鼠标左键，并将其拖曳至 V2 的素材图像上，添加视频效果，如图 18-29 所示。

图 18-28 选择"亮度键"选项　　　　图 18-29 拖曳视频效果

步骤 03 在"效果控件"面板中，设置"阈值"、"屏蔽度"均为 100.0%，如图 18-30 所示。

步骤 **04** 执行上述操作后，即可运用"亮度键"叠加素材，效果如图 18-31 所示。

图 18-30 设置相应的参数

图 18-31 预览视频效果

18.3 制作其他叠加方式

在 Premiere Pro CC 中，除了上一节介绍的叠加方式外，还有"字幕"叠加方式、"淡入淡出"叠加方式以及"RGB 差值键"叠加方式等，这些叠加方式都是相当实用的。本节主要介绍运用这些叠加方式的基本操作方法。

18.3.1 制作字幕叠加

在 Premiere Pro CC 中，华丽的字幕效果往往会让整个影视素材显得更加耀眼。下面介绍运用字幕叠加的操作方法。

素材文件	光盘\素材\第 18 章\花纹 .prproj
效果文件	光盘\效果\第 18 章\花纹 .prproj
视频文件	光盘\视频\第章\18.3.1 制作字幕叠加 .mp4

实战 花纹

步骤 **01** 按【Ctrl + O】组合键，打开随书附带光盘中的"素材\第 18 章\花纹 .prproj"文件，如图 18-32 所示。

步骤 **02** 在"效果控件"面板中，设置 V1 轨道素材的"缩放"为 135.0，如图 18-33 所示。

步骤 **03** 按【Ctrl + T】组合键，弹出"新建字幕"对话框，单击"确定"按钮，打开"字幕编辑"窗口，在窗口中输入文字并设置字幕属性，如图 18-34 所示。

专家指点

字幕在创建的时候，Premiere Pro CC 中会自动加上 Alpha 通道，所以也能带来透明叠加的效果。在需要进行视频叠加的时候，利用字幕创建工具制作出文字或者图形的可叠加视频内容，然后在利用"时间线"面板进行编辑即可。

图 18-32 打开项目文件

图 18-33 设置相应选项　　　　　　　　　　　图 18-34 输入文字

步骤 04　关闭"字幕编辑"窗口，在"项目"面板中拖曳"字幕 01"至 V3 轨道中，如图 18-35 所示。

步骤 05　选择 V2 轨道中的素材，在"效果"面板中展开"视频效果"|"键控"选项，选择"轨道遮罩键"视频效果，如图 18-36 所示。

步骤 06　单击鼠标左键并将其拖曳至 V2 轨道中的素材上，在"效果控件"面板中展开"轨道遮罩键"选项，设置"遮罩"为"视频 3"，如图 18-37 所示。

步骤 07　在面板中展开"运动"选项，设置"缩放"为 65.0，执行上述操作后，即可完成叠加字幕的制作，效果如图 18-38 所示。

图 18-35 拖曳字幕素材

图 18-36 选择"轨道遮罩键"视频效果

图 18-37 设置相应参数

图 18-38 字幕叠加效果

18.3.2 制作 RGB 差值键

在 Premiere Pro CC 中,"RGB 差值键"特效主要用于将视频素材中的一种颜色差值做透明处理。下面介绍运用 RGB 差值键的操作方法。

素材文件	光盘 \ 素材 \ 第 18 章 \ 庆祝 .prproj	
效果文件	光盘 \ 效果 \ 第 18 章 \ 庆祝 .prproj	
视频文件	光盘 \ 视频 \ 第章 \18.3.2 制作 RGB 差值键 .mp4	

实战 庆祝

步骤 01 按【Ctrl + O】组合键,打开随书附带光盘中的"素材 \ 第 18 章 \ 庆祝 .prproj"文件,如图 18-39 所示。

步骤 02 在"效果"面板中展开"视频效果"|"键控"选项,选择"RGB 差值键"视频效果,如图 18-40 所示。

步骤 03 单击鼠标左键并将其拖曳至 V2 轨道的素材上,添加视频效果,如图 18-41 所示。

图 18-39 打开项目文件

图 18-40 选择"RGB 差值键"视频效果

图 18-41 拖曳视频效果

步骤 04 在"效果控件"面板中展开"RGB 差值键"选项，设置"颜色"为粉色（RGB 参数值为 253、223、223）、"相似性"为 50.0%，如图 18-42 所示。

步骤 05 执行上述操作后，即可运用"RGB 差值键"制作叠加效果，在"节目监视器"面板中可以预览其效果，如图 18-43 所示。

图 18-42 设置相应参数

图 18-43 运用"RGB 差值键"制作叠加效果

18.3.3 制作淡入淡出叠加

在 Premiere Pro CC 中,"淡入淡出叠加"效果通过对两个或两个以上的素材文件添加"不透明度"特效,并为素材添加关键帧实现素材之间的叠加转换。下面介绍运用淡入淡出叠加的操作方法。

素材文件	光盘 \ 素材 \ 第 18 章 \ 唯美镜头 .prproj
效果文件	光盘 \ 效果 \ 第 18 章 \ 唯美镜头 .prproj
视频文件	光盘 \ 视频 \ 第章 \18.3.3 制作淡入淡出叠加 .mp4

实战 唯美镜头

步骤 01 按【Ctrl + O】组合键,打开随书附带光盘中的"素材 \ 第 18 章 \ 唯美镜头 .prproj"文件,如图 18-44 所示。

图 18-44 打开项目文件

步骤 02 在"效果控件"面板中,分别设置 V1 和 V2 轨道中的素材"缩放"为 72.0、160.0,如图 18-45 所示。

步骤 03 选择 V2 轨道中的素材,在"效果控件"面板中展开"不透明度"选项,设置"不透明度"为 0.0%,添加关键帧,如图 18-46 所示。

图 18-45 设置素材"缩放"   图 18-46 添加关键帧（1）

专家指点

　　在 Premiere Pro CC 中，淡出就是一段视频剪辑结束时由亮变暗的过程，淡入是指一段视频剪辑开始时由暗变亮的过程。淡入淡出叠加效果会增加影视内容本身的一些主观气氛，而不像无技巧剪接那么生硬。另外，Premiere Pro CC 中的淡入淡出在影视转场特效中也被称为溶入溶出，或者渐隐与渐显。

步骤 04 将"当前时间指示器"拖曳至 00:00:02:04 的位置，设置"不透明度"为 100.0%，添加第 2 个关键帧，如图 18-47 所示。

步骤 05 将"当前时间指示器"拖曳至 00:00:04:05 的位置，设置"不透明度"为 0.0%，添加第 3 个关键帧，如图 18-48 所示。

图 18-47 添加关键帧（2）

图 18-48 添加关键帧（3）

步骤 06 执行上述操作后，将时间线移至素材的开始位置，在"节目监视器"面板中单击"播放 - 停止切换"按钮，即可预览淡入淡出叠加效果，如图 18-49 所示。

图 18-49 预览淡入淡出叠加效果

18.3.4 制作 4 点无用信号遮罩

　　在 Premiere Pro CC 中，"4 点无用信号遮罩"特效可以在视频画面中设定 4 个遮罩点，并利用这些遮罩点连成的区域来隐藏部分图像。

素材文件	光盘 \ 素材 \ 第 18 章 \ 夏日 .prproj
效果文件	光盘 \ 效果 \ 第 18 章 \ 夏日 .prproj
视频文件	光盘 \ 视频 \ 第章 \18.3.4 制作 4 点无用信号遮罩 .mp4

实战 夏日

步骤 01 按【Ctrl + O】组合键，打开随书附带光盘中的"素材 \ 第 18 章 \ 夏日 .prproj"文件，如图 18-50 所示。

图 18-50 打开项目文件

步骤 02 在"效果控件"面板中，设置素材的"缩放"均为 80.0，如图 18-51 所示。

步骤 03 在"效果"面板中展开"视频效果"|"键控"选项，选择"4 点无用信号遮罩"视频效果，如图 18-52 所示。

图 18-51 设置素材的"缩放"　　　图 18-52 选择相应视频效果

步骤 04 单击鼠标左键并将其拖曳至 V2 轨道的素材上，在"效果控件"面板中单击"4 点无用信号遮罩"选项中的所有"切换动画"按钮，创建关键帧，如图 18-53 所示。

步骤 05 将"当前时间指示器"拖曳至 00:00:01:00 的位置，设置"上左"为（200.0、0.0）、"上右"为（650.0、0.0）、"下右"为（900.0、727.0）、"下左"为（0.0、727.0），添加第 2 组关键帧，如图 18-54 所示。

图 18-53 创建关键帧

图 18-54 添加关键帧（1）

步骤 06 将"当前时间指示器"拖曳至 00:00:02:10 的位置，设置"上左"为（733.0、0.0）、"上右"为（650.0、400.0）、"下右"为（963.0、700.0）、"下左"为（0.0、500.0），添加第 3 组关键帧，如图 18-55 所示。

步骤 07 将"当前时间指示器"拖曳至 00:00:03:12 的位置，设置"上左"为（500.0、0.0）、上右为（0.0、200.0）、"下右"为（500.0、750.0）、"下左"为（0.0、450.0），添加第 4 组关键帧，效果如图 18-56 所示。

图 18-55 添加关键帧（2）

图 18-56 添加关键帧（3）

步骤 08 执行上述操作后，将时间线移至素材的开始位置，在"节目监视器"面板中单击"播放 - 停止切换"按钮，即可预览"4 点无用信号遮罩"效果，如图 18-57 所示。

图 18-57 预览视频效果

18.3.5 制作 8 点无用信号遮罩

　　在 Premiere Pro CC 中，"8 点无用信号遮罩"与"4 点无用信号遮罩"的作用一样，该效果包含了 4 点无用信号遮罩特效的所有遮罩点，并增加了 4 个调节点。下面介绍运用"8 点无用信号遮罩"的操作方法。

	素材文件	光盘 \ 素材 \ 第 18 章 \ 星藤学园 .prproj
	效果文件	光盘 \ 效果 \ 第 18 章 \ 星藤学园 .prproj
	视频文件	光盘 \ 视频 \ 第章 \18.3.5 制作 8 点无用信号遮罩 .mp4

实战　星藤学园

步骤　01　按【Ctrl + O】组合键，打开随书附带光盘中的"素材 \ 第 18 章 \ 星藤学园 .prproj"文件，如图 18-58 所示。

图 18-58 打开项目文件

步骤　02　在"效果"面板中展开"视频效果"|"键控"选项，选择"8 点无用信号遮罩"视频效果，如图 18-59 所示。

步骤　03　单击鼠标左键并将其拖曳至 V2 轨道的素材上，在"效果控件"面板中，单击"8 点无用信号遮罩"选项中的"上左顶点"、"右上顶点"、"下右顶点"、"左下顶点"选项的"切换动画"按钮，创建关键帧，如图 18-60 所示。

图 18-59 选择相应视频效果　　　　　　　图 18-60 创建关键帧

步骤 04 然后将"当前时间指示器"拖曳至 00:00:01:00 的位置，设置"上左顶点"为（200.0、0.0）、"右上顶点"为（600.0、0.0）、"下右顶点"为（600.0、593.0）、"左下顶点"为（200.0、593.0），此时系统会自动添加第 2 组关键帧，如图 18-61 所示。

步骤 05 然后用与上述相同的方法，分别将"当前时间指示器"拖曳至 00:00:02:00、00:00:03:00 和 00:00:04:00 的位置，分别设置"上左顶点"为（400.0、600.0 和 1000.0）、"右上顶点"为（400.0、200.0 和 -200.0）、"下右顶点"为（400.0、600.0 和 -200.0）、"左下顶点"为（400.0、200.0 和 1000.0），右侧参数均不变，设置完成后，即可添加关键帧，如图 18-62 所示。

步骤 06 执行上述操作后，将时间线移至素材的开始位置，在"节目监视器"面板中单击"播放 - 停止切换"按钮，即可预览"8 点无用信号遮罩"效果，如图 18-63 所示。

图 18-61 添加关键帧（1）　　　　　　　图 18-62 添加关键帧（2）

图 18-63 预览 "8 点无用信号遮罩" 视频效果

 专家指点

在 Premiere Pro CC 中，使用 "8 点无用信号遮罩" 视频效果后，将在 "节目监视器" 面板中显示带有控制柄的蒙版，通过移动控制柄可以调整蒙版的形状。

制作 8 点无用信号遮罩效果时，在 "效果控件" 面板中展开 "8 点无用信号遮罩" 选项，用户可以根据需要在面板中添加相应关键帧，并且可以移动关键帧的位置，制作不同的 8 点无用信号遮罩效果。

18.3.6 制作 16 点无用信号遮罩

在 Premiere Pro CC 中， "16 点无用信号遮罩" 包含了 "8 点无用信号遮罩" 的所有遮罩点，并在 "16 点无用信号遮罩" 的基础上增加了 8 个遮罩点。下面介绍运用 "16 点无用信号遮罩" 的方法。

素材文件	光盘 \ 素材 \ 第 18 章 \ 少女 .prproj	
效果文件	光盘 \ 效果 \ 第 18 章 \ 少女 .prproj	
视频文件	光盘 \ 视频 \ 第章 \18.3.6 制作 16 点无用信号遮罩 .mp4	

实战 少女

步骤 01 按【Ctrl ＋ O】组合键，打开随书附带光盘中的 "素材 \ 第 18 章 \ 少女 .prproj" 文件，如图 18-64 所示。

步骤 02 在 "效果" 面板中展开 "视频效果" | "键控" 选项，选择 "16 点无用信号遮罩" 视频效果，如图 18-65 所示。

步骤 03 单击鼠标左键并将其拖曳至 V2 轨道的素材上，如图 18-66 所示。

步骤 04 在 "效果控件" 面板中单击 "16 点无用信号遮罩" 选项中的所有 "切换动画" 按钮，创建关键帧，如图 18-67 所示。

步骤 05 然后将 "当前时间指示器" 拖曳至 00:00:01:20 的位置，设置 "上左顶点" 为（185.0、160.0）、 "上中切点" 为（336.0、140.0）、 "右上顶点" 为（480.0、180.0）、 "右中切点" 为（518.0、312.0）、 "下右顶点" 为（498.0、454.0）、 "下中切点" 为（350.0、440.0）、 "左下顶点" 为（178.0、440.0）、 "左中切点" 为（180.0、300.0），添加第 2 组关键帧，如图 18-68 所示。

图 18-64 打开项目文件

图 18-65 选择相应视频效果

图 18-66 拖曳视频效果

图 18-67 创建关键帧

图 18-68 添加关键帧（1）

步骤 06 然后将"当前时间指示器"拖曳至 00:00:03:20 的位置，设置"上左顶点"为（330.0、300.0）、"上中切点"为（400.0、260.0）、"右上顶点"为（330.0、260.0）、"右中切点"为（380.0、300.0）、"下右顶点"为（380.0、250.0）、"下中切点"为（350.0、330.0）、"左下顶点"为（320.0、300.0）、"左中切点"为（320.0、250.0），添加第 3 组关键帧，如图 18-69 所示。

步骤 07 在"时间线"面板中将"当前时间指示器"拖曳至素材的开始位置，如图 18-70 所示。

图 18-69 添加关键帧（2）　　　　　　　图 18-70 拖曳至开始位置

步骤 08 执行操作后，在"节目监视器"面板中单击"播放 - 停止切换"按钮，即可预览"16 点无用信号遮罩"效果，如图 18-71 所示。

图 18-71 预览"16 点无用信号遮罩"视频效果

19

制作视频运动效果

学习提示

　　动态效果是指在原有的视频画面中合成或创建移动、变形和缩放等运动效果。在 Premiere Pro CC 中，为静态的素材加入适当的运动效果，可以让画面活动起来，显得更加逼真、生动。本章主要介绍影视运动效果的制作方法与技巧，让画面效果更为精彩。

本章重点

- 实战——儿童照
- 实战——草莓
- 实战——小猪
- 实战——爱的婚纱

- 实战——小清新
- 实战——圣诞雪人
- 实战——美丽风景
- 实战——米老鼠

19.1 运动关键帧的设置

在 Premiere Pro CC 中，关键帧可以帮助用户控制视频或音频特效的变化，并形成一个变化的过渡效果。

19.1.1 通过时间线添加关键帧

用户在"时间轴"面板中可以针对应用与素材的任意特效添加关键帧，也可以指定添加关键帧的可见性。在"时间轴"面板中为某个轨道上的素材文件添加关键帧之前，首先需要展开相应的轨道，将鼠标移至在 V1 轨道的"切换轨道输出"按钮 👁 右侧的空白处，如图 19-1 所示。双击鼠标左键即可展开 V1 轨道，如图 19-2 所示。用户也可以向上滚动鼠标滚轮展开轨道，继续向上滚动滚轮，显示关键帧控制按钮；向下滚动鼠标滚轮，最小化轨道。

图 19-1 将鼠标移至空白处　　　　　　　　　图 19-2 展开 V1 轨道

选择"时间轴"面板中的对应素材，单击素材名称右侧的"不透明度：不透明度"按钮 ⬚，在弹出的列表框中选择"运动"|"缩放"选项，如图 19-3 所示。

将鼠标移至连接线的合适位置，按住【Ctrl】键，当鼠标指针呈白色带＋号的形状时，单击鼠标左键，即可添加关键帧，如图 19-4 所示。

图 19-3 选择"缩放"选项　　　　　　　　　图 19-4 添加关键帧

19.1.2 通过效果控件添加关键帧

在"效果控件"面板中除了可以添加各种视频和音频特效外，还可以通过设置选项参数的方法创建关键帧。

选择"时间轴"面板中的素材，并展开"效果控件"面板，单击"旋转"选项左侧的"切换动画"按钮🕐，如图 19-5 所示。拖曳时间指示器至合适位置，并设置"旋转"选项的参数，即可添加对应选项的关键帧，如图 19-6 所示。

图 19-5 单击"切换动画"按钮

图 19-6 添加关键帧

专家指点

在"时间轴"面板中也可以指定展开轨道后关键帧的可见性。单击"时间轴显示设置"按钮，在弹出的列表框中选择"显示视频关键帧"选项，如图 19-7 所示。取消该选项前的对勾符号，即可在时间轴中隐藏关键帧，如图 19-8 所示。

图 19-7 选择"显示视频关键帧"选项

图 19-8 隐藏关键帧

19.1.3 调节关键帧

用户在添加完关键帧后，可以适当调节关键帧的位置和属性，这样可以使运动效果更加流畅。

在 Premiere Pro CC 中，调节关键帧同样可以通过"时间线"面板和"效果控件"面板两种方法来完成。

在"效果控件"面板中，用户只需要选择需要调节的关键帧，如图 19-9 所示，然后单击鼠标左键将其拖曳至合适位置，即可完成关键帧的调节，如图 19-10 所示。

图 19-9 选择需要调节的关键帧

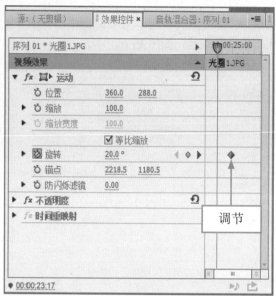

图 19-10 调节关键帧

在"时间线"面板中调节关键帧时，不仅可以调整其位置，同时可以调节其参数的变化。当用户向上拖曳关键帧，则对应参数将增加，如图 19-11 所示；反之，用户向下拖曳关键帧，则对应参数将减少，如图 19-12 所示。

图 19-11 向上调节关键帧

图 19-12 向下调节关键帧

19.1.4 复制和粘贴关键帧

当用户需要创建多个相同参数的关键帧时，可以使用复制与粘贴关键帧的方法快速添加关键帧。

在 Premiere Pro CC 中，用户首先需要复制关键帧。选择需要复制的关键帧后，单击鼠标右键，在弹出的快捷菜单中，选择"复制"选项，如图 19-13 所示。

接下来，拖曳"当前时间指示器"至合适位置，在"效果控件"面板内单击鼠标右键，在弹出的快捷菜单中，选择"粘贴"选项，如图 19-14 所示，执行操作后，即可复制一个相同的关键帧。

图 19-13 选择"复制"选项　　　　　图 19-14 选择"粘贴"选项

专家指点

在 Premiere Pro CC 中，用户还可以通过以下两种方法复制和粘贴关键帧。

单击"编辑"|"复制"命令或者按【Ctrl ＋ C】组合键，复制关键帧。

单击"编辑"|"粘贴"命令或者按【Ctrl ＋ V】组合键，粘贴关键帧。

19.1.5 切换关键帧

在 Premiere Pro CC 中，用户可以在已添加的关键帧之间进行快速切换。

在"效果控件"面板中选择已添加关键帧的素材后，单击"转到下一关键帧"按钮，即可快速切换至第二关键帧，如图 19-15 所示。当用户单击"转到上一关键帧"时，即可切换至第一关键帧，如图 19-16 所示。

图 19-15 转到下一关键帧　　　　　　　　　图 19-16 转到上一关键帧

19.1.6 删除关键帧

在 Premiere Pro CC 中，当用户对添加的关键帧不满意时，可以将其删除，并重新添加新的关键帧。

用户在删除关键帧时，可以通过在"时间轴"面板选中要删除的关键帧，单击鼠标右键，在弹出的快捷菜单中选择"删除"选项，即可删除关键帧，如图 19-17 所示。当用户需要创建多个相同参数的关键帧时，便可使用复制与粘贴关键帧的方法快速添加关键帧。

如果用户需要删除素材中的所有关键帧，除了运用上述方法外，还可以直接单击"效果控件"面板中对应选项左侧的"切换动画"按钮，此时，系统将弹出信息提示框，如图 19-18 所示。单击"确定"按钮，即可清除素材中的所有关键帧。

图 19-17 选择"删除"选项　　　　　　　　图 19-18 单击"确定"按钮

19.2 运动效果的精彩运用

通过对关键帧的学习，用户已经了解运动效果的基本原理了。在本节中可以从制作运动效果的一些基本操作开始学习，并逐渐熟练掌握各种运动特效的制作方法。

19.2.1　飞行运动

在制作运动特效的过程中，用户可以通过设置"位置"选项的参数得到一段镜头飞过的画面效果。

素材文件	光盘 \ 素材 \ 第 19 章 \ 儿童照 .prproj
效果文件	光盘 \ 效果 \ 第 19 章 \ 儿童照 .prproj
视频文件	光盘 \ 视频 \ 第 19 章 \19.2.1 飞行运动 .mp4

实战　儿童照

步骤　01　按【Ctrl ＋ O】组合键，打开随书附带光盘中的"素材 \ 第 19 章 \ 儿童照 .prproj"文件，如图 19-19 所示。

步骤　02　选择 V2 轨道上的素材文件，在"效果控件"面板中单击"位置"选项左侧的"切换动画"按钮，设置"位置"为（650.0、120.0）、"缩放"为 25.0，如图 19-20 所示。

步骤　03　拖曳时间指示器至 00:00:02:00 的位置，在"效果控件"面板中设置"位置"为（155.0、370.0），如图 19-21 所示。

步骤　04　拖曳时间指示器至 00:00:04:00 的位置，在"效果控件"面板中设置"位置"为（600.0、770.0），如图 19-22 所示。

步骤　05　执行操作后，即可制作飞行运动效果，将时间线移至素材的开始位置，在"节目监视器"面板中，单击"播放 - 停止切换"按钮，即可预览飞行运动效果，如图 19-23 所示。

图 19-19　打开项目文件　　　　　　　　　　图 19-20　添加第 1 个关键帧

专家指点

在 Premiere Pro CC 中经常会看到在一些镜头画面的上面飞过其他的镜头，同时两个镜头的视频内容照常进行，这就是设置运动方向的效果。在 Premiere Pro CC 中，视频的运动方向设置可以在"效果控件"面板的"运动"特效中得到实现，而"运动"特效是视频素材自带的特效，不需要在"效果"面板中选择特效即可进行应用。

图 19-21 添加第 2 个关键帧

图 19-22 添加第 3 个关键帧

图 19-23 预览视频效果

19.2.2 缩放运动

缩放运动效果是指对象以从小到大或从大到小的形式展现在观众的眼前。

素材文件	光盘 \ 素材 \ 第 19 章 \ 草莓 .prproj
效果文件	光盘 \ 效果 \ 第 19 章 \ 草莓 .prproj
视频文件	光盘 \ 视频 \ 第 19 章 \19.2.2 缩放运动 .mp4

实战 草莓

步骤 01 按【Ctrl ＋ O】组合键,打开随书附带光盘中的"素材 \ 第 19 章 \ 草莓 .prproj"文件,如图 19-24 所示。

步骤 02 选择 V1 轨道上的素材文件,在"效果控件"面板中设置"缩放"为 99.0,如图 19-25 所示。

步骤 03 设置视频缩放效果后,在"节目监视器"面板中可以查看素材画面,如图 19-26 所示。

步骤 04 选择 V2 轨道上的素材,在"效果控件"面板中,单击"位置"、"缩放"以及"不透明度"选项左侧的"切换动画"按钮，设置"位置"为（360.0、288.0）、"缩放"为0.0、"不透明度"为0.0%，如图19-27所示。

图 19-24 打开项目文件

图 19-25 设置"缩放"为 99.0

图 19-26 查看素材画面

图 19-27 添加第 1 组关键帧

步骤 05 拖曳时间指示器至 00:00:01:20 的位置，设置"缩放"为 80.0、"不透明度"为 100.0%，如图 19-28 所示。

步骤 06 单击"位置"选项右侧的"添加/移除关键帧"按钮，如图 19-29 所示，即可添加关键帧。

图 19-28 添加第 2 组关键帧

图 19-29 单击"添加/移除关键帧"按钮

步骤 07 拖曳时间指示器至 00:00:04:10 的位置，选择"运动"选项，如图 19-30 所示。

步骤 08 执行操作后，在"节目监视器"面板中显示运动控件，如图 19-31 所示。

图 19-30 选择"运动"选项

图 19-31 显示运动控件

步骤 09 在"节目监视器"面板中，单击运动控件的中心并拖曳，调整素材位置，拖曳素材四周的控制点，调整素材大小，如图 19-32 所示。

步骤 10 切换至"效果"面板，展开"视频效果"|"透视"选项，使用鼠标左键双击"投影"选项，如图 19-33 所示，即可为选择的素材添加投影效果。

步骤 11 在"效果控件"面板中展开"投影"选项，设置"距离"为 10.0、"柔和度"为 15.0，如图 19-34 所示。

步骤 12 单击"播放 - 停止切换"按钮，预览视频效果，如图 19-35 所示。

图 19-32 调整素材

图 19-33 双击"投影"选项

图 19-34 设置相应选项

图 19-35 预览视频效果

 专家指点

　　在 Premiere Pro CC 中，缩放运动效果在影视节目中，运用得比较频繁，该效果不仅操作简单，而且制作的画面对比较强，表现力丰富。在工作界面中，为影片素材制作缩放运动效果后，如果对效果不满意，可以展开"特效控制台"面板，在其中设置相应"缩放"参数，即可改变缩放运动效果。

19.2.3 旋转降落

　　在 Premiere Pro CC 中，旋转运动效果可以将素材围绕指定的轴进行旋转。

素材文件	光盘 \ 素材 \ 第 19 章 \ 小猪 .prproj
效果文件	光盘 \ 效果 \ 第 19 章 \ 小猪 .prproj
视频文件	光盘 \ 视频 \ 第 19 章 \19.2.3 旋转降落 .mp4

实战 小猪

步骤 01 按【Ctrl + O】组合键，打开随书附带光盘中的"素材 \ 第 19 章 \ 小猪 .prproj"文件，如图 19-36 所示。

步骤 02 在"项目"面板中选择素材文件，分别添加到"时间轴"面板中的 V1 与 V2 轨道上，如图 19-37 所示。

步骤 03 选择 V2 轨道上的素材文件，切换至"效果控件"面板，设置"位置"为（360.0、-30.0）、"缩放"为 9.5；单击"位置"与"旋转"选项左侧的"切换动画"按钮，添加关键帧，如图 19-38 所示。

步骤 04 拖曳时间指示器至 00:00:00:13 的位置，在"效果控件"面板中设置"位置"为（360.0、50.0）、"旋转"为 -180.0°，添加关键帧，如图 19-39 所示。

步骤 05 拖曳时间指示器至 00:00:03:00 的位置，在"效果控件"面板中设置"位置"为（467.0、357.0）、"旋转"为 2.0°，添加关键帧，如图 19-40 所示。

步骤 06 单击"播放 - 停止切换"按钮，预览视频效果，如图 19-41 所示。

图 19-36 打开项目文件

图 19-37 添加素材文件

图 19-38 添加第 1 组关键帧

图 19-39 添加第 2 组关键帧

图 19-40 添加第 3 组关键帧

图 19-41 预览视频效果

专家指点

在"效果控件"面板中，"旋转"选项是指以对象的轴心为基准，对对象进行旋转，用户可对对象进行任意角度的旋转。

19.2.4 镜头推拉

在视频节目中,制作镜头的推拉可以增加画面的视觉效果。下面介绍如何制作镜头的推拉效果。

素材文件	光盘 \ 素材 \ 第 19 章 \ 爱的婚纱 .prproj
效果文件	光盘 \ 效果 \ 第 19 章 \ 爱的婚纱 .prproj
视频文件	光盘 \ 视频 \ 第 19 章 \19.2.4 镜头推拉 .mp4

实战 爱的婚纱

步骤 01 按【Ctrl + O】组合键,打开随书附带光盘中的"素材 \ 第 19 章 \ 爱的婚纱 .prproj"文件,如图 19-42 所示。

步骤 02 在"项目"面板中选择"爱的婚纱 .jpg"素材文件,并将其添加到"时间轴"面板中的 V1 轨道上,如图 19-43 所示。

图 19-42 打开项目文件

图 19-43 添加素材文件

步骤 03 选择 V1 轨道上的素材文件,在"效果控件"面板中设置"缩放"为 95.0,如图 19-44 所示。

步骤 04 将"爱的婚纱 .png"素材文件添加到"时间轴"面板中的 V2 轨道上,如图 19-45 所示。

图 19-44 设置"缩放"为 34.0

图 19-45 添加素材文件

步骤 05 选择 V2 轨道上的素材，在"效果控件"面板中单击"位置"与"缩放"选项左侧的"切换动画"按钮，设置"位置"为（110.0、90.0）、"缩放"为 10.0，如图 19-46 所示。

步骤 06 拖曳时间指示器至 00:00:02:00 的位置，设置"位置"为（600.0、90.0）、"缩放"为 25.0，如图 19-47 所示。

图 19-46 添加第 1 组关键帧　　　　　　　图 19-47 添加第 2 组关键帧

步骤 07 拖曳时间指示器至 00:00:03：00 的位置，设置"位置"为（350.0、160.0）、"缩放"为 30.0，如图 19-48 所示。

步骤 08 单击"播放 - 停止切换"按钮，预览视频效果，如图 19-49 所示。

图 19-48 添加第 3 组关键帧　　　　　　　图 19-49 预览视频效果

19.2.5　字幕漂浮

字幕漂浮效果主要是通过调整字幕的位置来制作运动效果，然后为字幕添加透明度效果来制作漂浮的效果。

	素材文件	光盘 \ 素材 \ 第 19 章 \ 小清新 .prproj
	效果文件	光盘 \ 效果 \ 第 19 章 \ 小清新 .prproj
	视频文件	光盘 \ 视频 \ 第 19 章 \19.2.5 字幕漂浮 .mp4

实战　小清新

步骤 01 按【Ctrl ＋ O】组合键，打开随书附带光盘中的"素材 \ 第 19 章 \ 小清新 .prproj"文件，如图 19-50 所示。

步骤 02 在"项目"面板中选择"小清新.jpg"素材文件，并将其添加到"时间轴"面板中的 V1 轨道上，如图 19-51 所示。

图 19-50 打开项目文件 　　　　　　　　　　图 19-51 添加素材文件

步骤 03 选择 V1 轨道上的素材文件，在"效果控件"面板中设置"缩放"为 77.0，如图 19-52 所示。

步骤 04 将"小清新"字幕文件添加到"时间轴"面板中的 V2 轨道上，调整素材的区间位置，如图 19-53 所示。

图 19-52 设置"缩放"为 77.0 　　　　　　　图 19-53 添加字幕文件

专家指点

在 Premiere Pro CC 中，字幕漂浮效果是指为文字添加波浪特效后，通过设置相关的参数，可以模拟水波流动效果。

步骤 05 在"时间轴"面板中添加素材后，在"节目监视器"面板中可以查看素材画面，如图 19-54 所示。

步骤 06 选择 V2 轨道上的素材，切换至"效果"面板，展开"视频效果"|"扭曲"选项，双击"波形变形"选项，如图 19-55 所示，即可为选择的素材添加波形变形效果。

图 19-54 查看素材画面　　　　　　图 19-55 双击"波形变形"选项

步骤 07 在"效果控件"面板中，单击"位置"与"不透明度"选项左侧的"切换动画"按钮，设置"位置"为（150.0、250.0）、"不透明度"为 50.0%，如图 19-56 所示。

步骤 08 拖曳时间指示器至 00:00:02:00 的位置，设置"位置"为（300.0、300.0）、"不透明度"为 60.0%，如图 19-57 所示。

图 19-56 添加第 1 组关键帧　　　　　图 19-57 添加第 2 组关键帧

步骤 09 拖曳时间指示器至 00:00:03:24 的位置，设置"位置"为（450.0、250.0）、"不透明度"为 100.0%，如图 19-58 所示。

图 19-58 添加第 3 组关键帧

步骤 10 单击"播放 - 停止切换"按钮，预览视频效果，如图 19-59 所示。

图 19-59 预览视频效果

19.2.6 字幕逐字输出

在 Premiere Pro CC 中，用户可以通过"裁剪"特效制作字幕逐字输出效果。下面介绍制作字幕逐字输出效果的操作方法

素材文件	光盘 \ 素材 \ 第 19 章 \ 圣诞雪人 .prproj
效果文件	光盘 \ 效果 \ 第 19 章 \ 圣诞雪人 .prproj
视频文件	光盘 \ 视频 \ 第 19 章 \19.2.6 字幕逐字输出 .mp4

实战 圣诞雪人

步骤 01 按【Ctrl + O】组合键，打开随书附带光盘中的"素材 \ 第 19 章 \ 圣诞雪人 .prproj"文件，如图 19-60 所示。

步骤 02 在"项目"面板中选择"圣诞雪人 .jpg"素材文件，并将其添加到"时间轴"面板中的 V1 轨道上，如图 19-61 所示。

图 19-60 打开项目文件   图 19-61 添加素材文件

步骤 03 选择 V1 轨道上的素材文件，在"效果控件"面板中设置"缩放"为 80.0，如图 19-62 所示。

步骤 04 将"圣诞雪人"字幕文件添加到"时间轴"面板中的 V2 轨道上，按住【Shift】键的同时，选择两个素材文件，单击鼠标右键，在弹出的快捷菜单中选择"速度 / 持续时间"选项，如图 19-63 所示。

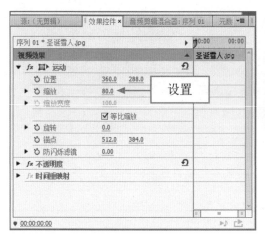

图 19-62 设置"缩放"为 80.0 　　　　　图 19-63 选择"速度 / 持续时间"选项

步骤 05 在弹出的"剪辑速度 / 持续时间"对话框中设置"持续时间"为 00:00:10:00，如图 19-64 所示。

步骤 06 单击"确定"按钮，设置持续时间，在"时间轴"面板中选择 V2 轨道上的字幕文件，如图 19-65 所示。

图 19-64 设置"持续时间"参数

图 19-65 选择字幕文件

步骤 07 切换至"效果"面板，展开"视频效果"|"变换"选项，使用鼠标左键双击"裁剪"选项，如图 19-66 所示，即可为选择的素材添加裁剪效果。

步骤 08 在"效果控件"面板中展开"裁剪"选项，拖曳时间指示器至 00:00:00:12 的位置，单击"右侧"与"底对齐"选项左侧的"切换动画"按钮，设置"右侧"为 100.0%、"底对齐"为 81.0%，如图 19-67 所示。

图 19-66 双击"裁剪"选项

图 19-67 设置相应选项

步骤 09 执行上述操作后，在"节目监视器"面板中可以查看素材画面，如图 19-68 所示。

步骤 10 拖曳时间指示器至 00:00:00:13 的位置，设置"右侧"为 83.5%、"底对齐"为 81.0%，如图 19-69 所示。

图 19-68 查看素材画面

图 19-69 添加第 2 组关键帧

步骤 11 拖曳时间指示器至 00:00:01:00 的位置，设置"右侧"为 78.5%，如图 19-70 所示。

步骤 12 拖曳时间指示器至 00:00:01:13 的位置，设置"右侧"为 71.5%、"底对齐"为 81.0%，如图 19-71 所示。

图 19-70 添加第 3 组关键帧   图 19-71 添加第 4 组关键帧

步骤 13 拖曳时间指示器至 00:00:02:00 的位置，设置"右侧"为 71.5%、"底对齐"为 0.0%，如图 19-72 所示。

步骤 14 用与上同样的操作方法，在时间轴上的其他位置添加相应的关键帧，并设置关键帧的参数，如图 19-73 所示。

图 19-72 添加第 5 组关键帧   图 19-73 添加其他关键帧

步骤 15 单击"播放 - 停止切换"按钮，预览视频效果，如图 19-74 所示。

图 19-74 预览视频效果

19.2.7 字幕立体旋转

在 Premiere Pro CC 中，用户可以通过"基本 3D"特效制作字幕立体旋转效果。下面介绍制作字幕立体旋转效果的操作方法。

素材文件	光盘 \ 素材 \ 第 19 章 \ 美丽风景 .prproj
效果文件	光盘 \ 效果 \ 第 19 章 \ 美丽风景 .prproj
视频文件	光盘 \ 视频 \ 第 19 章 \19.2.7 字幕立体旋转 .mp4

实战 美丽风景

步骤 01 按【Ctrl + O】组合键，打开随书附带光盘中的"素材 \ 第 19 章 \ 美丽风景 .prproj"文件，如图 19-75 所示。

步骤 02 在"项目"面板中选择"美丽风景 .jpg"素材文件，并将其添加到"时间轴"面板中的 V1 轨道上，如图 19-76 所示。

图 19-75 打开项目文件　　　　　　　　图 19-76 添加素材文件

步骤 03 选择 V1 轨道上的素材文件，在"效果控件"面板中设置"缩放"为 80.0，如图 19-77 所示。

步骤 **04** 将"美丽风景"字幕文件添加到"时间轴"面板中的 V2 轨道上，如图 19-78 所示。

图 19-77 设置"缩放"为 65.0　　　　　　　　图 19-78 添加字幕文件

步骤 **05** 选择 V2 轨道上的素材，在"效果控件"面板中设置"位置"为（360.0、260.0），如图 19-79 所示。

步骤 **06** 切换至"效果"面板，展开"视频效果"|"透视"选项，使用鼠标左键双击"基本 3D"选项，如图 19-80 所示，即可为选择的素材添加"基本 3D"效果。

图 19-79 设置"位置"参数　　　　　　　　图 19-80 双击"基本 3D"选项

步骤 **07** 拖曳时间指示器到时间轴的开始位置，在"效果控件"面板中展开"基本 3D"选项，单击"旋转"、"倾斜"以及"与图像的距离"选项左侧的"切换动画"按钮，设置"旋转"为 0.0°、"倾斜"为 0.0°、"与图像的距离"为 100.0，如图 19-81 所示。

步骤 **08** 拖曳时间指示器至 00:00:01:00 的位置，设置"旋转"为 1x0.0°、"倾斜"为 0.0°、"与图像的距离"为 200.0，如图 19-82 所示。

步骤 **09** 拖曳时间指示器至 00:00:02:00 的位置，设置"旋转"为 1x0.0°、"倾斜"为 1x0.0°、"与图像的距离"为 100.0，如图 19-83 所示。

步骤 10 拖曳时间指示器至 00:00:03:00 的位置，设置"旋转"为 2x0.0°、"倾斜"为 2x0.0°、"与图像的距离"为 0.0，如图 19-84 所示。

图 19-81 添加第 1 组关键帧　　　　　　　图 19-82 添加第 2 组关键帧

图 19-83 添加第 2 组关键帧　　　　　　　图 19-84 添加第 3 组关键帧

步骤 11 单击"播放 - 停止切换"按钮，预览视频效果，如图 19-85 所示。

图 19-85 预览视频效果

19.3 画中画

画中画效果是在影视节目中常用的技巧之一，是利用数字技术，在同一屏幕上显示两个画面。本节将详细介绍画中画的相关基础知识以及制作方法，以供读者掌握。

19.3.1 认识画中画

画中画效果是指在正常观看的主画面上，同时插入一个或多个经过压缩的子画面，以便在欣赏主画面的同时，观看其它影视效果。通过数字化处理，生成景物远近不同、具有强烈视觉冲击力的全景图像，给人一种身在画中的全新视觉享受。

画中画效果不仅可以同步显示多个不同的画面，还可以显示两个或多个内容相同画面效果，让画面产生万花筒的特殊效果。

1. 画中画在天气预报的应用

随着电脑的普及，画中画效果逐渐成为天气预报节目的常用的播放技巧。

在天气预报节目中，几乎大部分都是运用了画中画效果来进行播放的。工作人员通过后期的制作，将两个画面和合成至一个背景中，得到最终天气预报的效果。

2. 画中画在新闻播报的应用

画中画效果在新闻播放节目中的应用也十分广泛。在新闻联播中，常常会看到节目主持人的右上角出来一个新的画面，这些画面通常是为了配合主持人报道新闻。

3. 中画在影视广告宣传的应用

影视广告是非常奏效而且覆盖面较广的广告传播方法之一。

在随着数码科技的发展，这种画中画效果被许多广告产业搬上了银幕中，加入了画中画效果的宣传动画，常常可以表现出更加明显的宣传效果。

4. 画中画在显示器中的应用

如今网络电视的不断普及，以及大屏显示器的出现，画中画在显示器中的应用也并非人们想象中的那么"鸡肋"。在市场上，华硕 VE276Q 和三星 P2370HN 为代表的带有画中画功能显示器的出现，受到了用户的一致认可，同时也将显示器的娱乐性进一步增强。

19.3.2 画中画的导入

画中画是以高科技为载体，将普通的平面图像转化为层次分明，全景多变的精彩画面。在 Premiere Pro CC 中，制作画中画运动效果之前，首先需要导入影片素材。

素材文件	光盘 \ 素材 \ 第 19 章 \ 米老鼠 .prproj
效果文件	无
视频文件	光盘 \ 视频 \ 第 19 章 \19.3.2 画中画的导入 .mp4

实战 米老鼠

步骤 01 按【Ctrl + O】组合键，打开随书附带光盘中的"素材 \ 第 19 章 \ 米老鼠 .prproj"文件，如图 19-86 所示。

图 19-86 打开项目文件

步骤 **02** 在"时间轴"面板上，将导入的素材分别添加至 V1 和 V2 轨道上，拖动控制条调整视图，如图 19-87 所示。

步骤 **03** 将时间线移至 00:00:06:00 的位置，将 V2 轨道的素材向右拖曳至 6 秒处，如图 19-88 所示。

图 19-87 添加素材图像

图 19-88 拖曳鼠标

19.3.3 画中画的制作

在添加完素材后，用户可以继续对画中画素材设置运动效果。接下来将介绍如何设置画中画的特效属性。

素材文件	光盘 \ 素材 \ 第 19 章 \ 米老鼠 .prproj
效果文件	光盘 \ 效果 \ 第 19 章 \ 米老鼠 .prproj
视频文件	光盘 \ 视频 \ 第 19 章 \19.3.2 画中画的制作 .mp4

实战 米老鼠

步骤 **01** 以 19.3.2 的效果为例，将时间线移至素材的开始位置，选择 V1 轨道上的素材，在"效果控件"面板中，单击"位置"和"缩放"左侧的"切换动画"按钮，添加一组关键帧，如图 19-89 所示。

步骤 02 选择 V2 轨道上的素材，设置"缩放"为 20.0，在"节目监视器"面板中，将选择的素材拖曳至面板左上角，单击"位置"和"缩放"左侧前的"切换动画"按钮，添加关键帧，如图 19-90 所示。

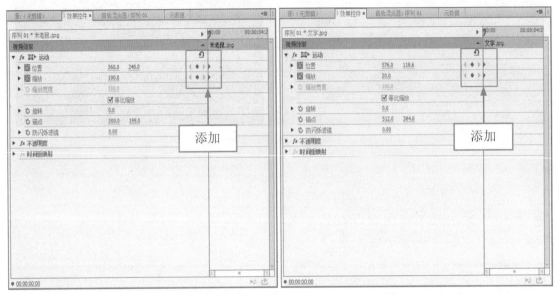

图 19-89 添加关键帧（1）   图 19-90 添加关键帧（2）

步骤 03 将时间线移至 00:00:00:18 的位置，选择 V2 轨道中的素材，在"节目监视器"面板中沿水平方向向右拖曳素材，系统会自动添加一个关键帧，如图 19-91 所示。

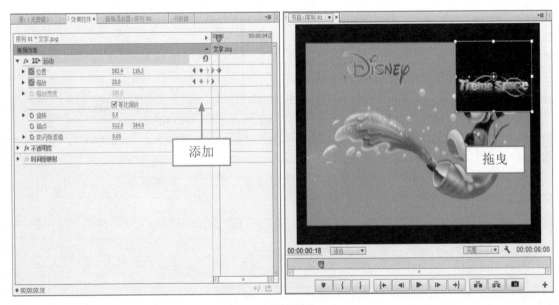

图 19-91 添加关键帧（3）

步骤 04 将时间线移至 00:00:01:00 的位置，选择 V2 轨道中的素材，在"节目监视器"面板中垂直向下方向拖曳素材，系统会自动添加一个关键帧，如图 19-92 所示。

图 19-92 添加关键帧（4）

步骤 05 将"米老鼠"素材图像添加至 V3 轨道 00:00:01:04 的位置中，选择 V3 轨道上的素材，将时间线移至 00:00:01:05 的位置，在"效果控件"面板中，展开"运动"选项，设置"缩放"为 40.0，在"节目监视器"窗口中向右上角拖曳素材，系统会自动添加一组关键帧，如图 19-93 所示。

图 19-93 添加关键帧（5）

步骤 06 执行操作后，即可制作画中画效果，在"节目监视器"面板中，单击"播放-停止切换"按钮，即可预览画中画效果，如图 19-94 所示。

图 19-94 预览画中画效果

20 设置与导出视频文件

学习提示

在 Premiere Pro CC 中，当用户完成一段影视内容的编辑，并且对编辑的效果感到满意时，用户可以将其输出成各种不同格式的文件。在导出视频文件时，用户需要对视频的格式、预设、输出名称和位置以及其他选项进行设置。本章主要介绍如何设置影片输出的参数，并输出成各种不同格式的文件。

本章重点

20.1 视频参数的设置

在导出视频文件时，用户需要对视频的格式、预设、输出名称和位置以及其他选项进行设置。本节将介绍"导出设置"对话框以及导出视频所需要设置的参数。

20.1.1 预览视频区域

视频预览区域主要用来预览视频效果，下面将介绍设置视频预览区域的操作方法。

素材文件	光盘 \ 素材 \ 第 20 章 \ 鲜花绽放 .prproj
效果文件	无
视频文件	光盘 \ 视频 \ 第 20 章 \20.1.1 预览视频区域 .mp4

实战 鲜花绽放

步骤 01 按【Ctrl ＋ O】组合键，打开随书附带光盘中的"素材 \ 第 20 章 \ 鲜花绽放 .prproj"文件，如图 20-1 所示。

步骤 02 在 Premiere Pro CC 的界面中，单击"文件"|"导出"|"媒体"命令，如图 20-2 所示。

图 20-1 打开项目文件

图 20-2 单击命令

步骤 03 即可弹出"导出设置"对话框，拖曳窗口底部的"当前时间指示器"查看导出的影视效果，如图 20-3 所示。

步骤 04 单击对话框左上角的"裁剪输出视频"按钮，视频预览区域中的画面将显示 4 个调节点，拖曳其中的某个点，即可裁剪输出视频的范围，如图 20-4 所示。

图 20-3 查看影视效果　　　　　　　　　　　图 20-4 裁剪视频范围

20.1.2 设置参数区域

　　"参数设置区域"选项区中的各参数决定着影片的最终效果，用户可以在这里设置视频参数。

素材文件	光盘 \ 素材 \ 第 20 章 \ 鲜花绽放 .prproj
效果文件	无
视频文件	光盘 \ 视频 \ 第 20 章 \20.1.2 设置参数区域 .mp4

实战 鲜花绽放

步骤 01　以 20.1.1 节的素材为例，单击"格式"选项右侧的下三角按钮，在弹出的列表框中选择 MPEG4 作为当前导出的视频格式，如图 20-5 所示。

步骤 02　根据导出视频格式的不同，设置"预设"选项。单击"预设"选项右侧的下三角按钮，在弹出的列表框中选择 3GPP 352×288 H.263 选项，如图 20-6 所示。

图 20-5 设置导出格式　　　　　　　　　　　图 20-6 选择相应选项

步骤 03　单击"输出名称"右侧的超链接，如图 20-7 所示。

步骤 04　弹出"另存为"对话框，设置文件名和储存位置，如图 20-8 所示，单击"保存"按钮，即可完成视频参数的设置。

图 20-7 单击超链接 　　　　　　　　　　　 图 20-8 设置文件名和储存位置

20.2 设置影片导出参数

当用户完成 Premiere Pro CC 中的各项编辑操作后，即可将项目导出为各种格式类型的音频文件。本节将详细介绍影片导出参数的设置方法。

20.2.1 音频参数

通过 Premiere Pro CC，可以将素材输出为音频，接下来将介绍导出 MP3 格式的音频文件需要进行那些设置。

首先，需要在"导出设置"对话框中设置"格式"为 MP3，并设置"预设"为"MP3 256kbps 高质量"，如图 20-9 所示。接下来，用户只需要设置导出音频的文件名和保存位置，单击"输出名称"右侧的相应超链接，弹出"另存为"对话框，设置文件名和储存位置，如图 20-10 所示。单击"保存"按钮，即可完成音频参数的设置。

图 20-9 单击超链接 　　　　　　　　　　　 图 20-10 设置文件名和储存位置

20.2.2 滤镜参数

在 Premiere Pro CC 中，用户还可以为需要导出的视频添加"高斯模糊"滤镜效果，让画面效果产生朦胧的模糊效果。

　　设置滤镜参数的具体方法是：首先，用户需要设置导出视频的"格式"为 AVI；接下来，切换至"滤镜"选项卡，选中"高斯模糊"复选框，设置"模糊度"为 11、"模糊尺寸"为"水平和垂直"，如图 20-11 所示。

　　设置完成后，用户可以在"视频预览区域"中单击"导出"标签，切换至"输出"选项卡，查看输出视频的模糊效果，如图 20-12 所示。

图 20-11 设置"滤镜"参数　　　　　　　　　　图 20-12 查看模糊效果

20.3　导出影视文件

　　随着视频文件格式的增加，Premiere Pro CC 会根据所选文件的不同，调整不同的视频输出选项，以便用户更为快捷地调整视频文件的设置。本节主要介绍影视的导出方法。

20.3.1　编码文件的导出

　　编码文件就是现在常见的 AVI 格式文件，这种文件格式的文件兼容性好、调用方便、图像质量好。

	素材文件	光盘 \ 素材 \ 第 20 章 \ 星空轨迹 .prproj
	效果文件	光盘 \ 效果 \ 第 20 章 \ 星空轨迹 .prproj
	视频文件	光盘 \ 视频 \ 第 20 章 \20.3.1 编码文件的导出 .mp4

实战	星空轨迹

步骤 **01**　按【Ctrl ＋ O】组合键，打开随书附带光盘中的"素材 \ 第 20 章 \ 星空轨迹 .prproj"文件，如图 20-13 所示。

图 20-13 打开项目文件

步骤 02 单击"文件"|"导出"|"媒体"命令，如图 20-14 所示。

步骤 03 执行上述操作后，弹出"导出设置"对话框，如图 20-15 所示。

图 20-14 单击"媒体"命令　　　　　　　　图 20-15 "导出设置"对话框

步骤 04 在"导出设置"选项区中设置"格式"为 AVI、"预设"为"NTSC DV 宽银幕"，如图 20-16 所示。

步骤 05 单击"输出名称"右侧的超链接，弹出"另存为"对话框，在其中设置保存位置和文件名，如图 20-17 所示。

步骤 06 设置完成后，单击"保存"按钮，然后单击对话框右下角的"导出"按钮，如图 20-18 所示。

步骤 07 执行上述操作后，弹出"编码 序列 01"对话框，开始导出编码文件，并显示导出进度，如图 20-19 所示，导出完成后，即可完成编码文件的导出。

图 20-16 设置参数值　　　　　　　　　　图 20-17 设置保存位置和文件名

图 20-18 单击"导出"按钮　　　　　　　　　图 20-19 显示导出进度

20.3.2　EDL 文件的导出

在 Premiere Pro CC 中，用户不仅可以将视频导出为编码文件，还可以根据需要将其导出为 EDL 视频文件。

素材文件	光盘 \ 素材 \ 第 20 章 \ 蝴蝶飞舞 .prproj
效果文件	光盘 \ 效果 \ 第 20 章 \ 蝴蝶飞舞 .prproj
视频文件	光盘 \ 视频 \ 第 20 章 \20.3.2 EDL 文件的导出 .mp4

实战 蝴蝶飞舞

步骤 01 按【Ctrl + O】组合键，打开随书附带光盘中的"素材 \ 第 20 章 \ 蝴蝶飞舞 .prproj"文件，如图 20-20 所示。

步骤 02 单击"文件" | "导出" |EDL 命令，如图 20-21 所示。

专家指点

在 Premiere Pro CC 中，EDL 是一种广泛应用于视频编辑领域的编辑交换文件，其作用是记录用户对素材的各种编辑操作。这样，用户便可以在所有支持 EDL 文件的编辑软件内共享编辑项目，或通过替换素材来实现影视节目的快速编辑与输出。

步骤 03 弹出"EDL 导出设置"对话框，单击"确定"按钮，如图 20-22 所示。

步骤 **04** 弹出"将序列另存为 EDL"对话框，设置文件名和保存路径，如图 20-23 所示。

图 20-20 打开项目文件

图 20-21 单击 EDL 命令

图 20-22 单击"确定"按钮

图 20-23 设置文件名和保存路径

步骤 **05** 单击"保存"按钮，即可导出 EDL 文件。

 专家指点

　　EDL 文件在存储时只保留两轨的初步信息，因此在用到两轨道以上的视频时，两轨道以上的视频信息便会丢失。

20.3.3 OMF 文件的导出

　　在 Premiere Pro CC 中，OMF 是由 Avid 推出的一种音频封装格式，能够被多种专业的音频封装格式。

	素材文件	光盘 \ 素材 \ 第 20 章 \ 音乐 1.prproj
	效果文件	光盘 \ 效果 \ 第 20 章 \ 音乐 1.prproj
	视频文件	光盘 \ 视频 \ 第 20 章 \20.3.3 OMF 文件的导出 .mp4

实战 音乐 1

步骤 **01** 按【Ctrl＋O】组合键，打开随书附带光盘中的"素材\第 20 章\音乐 1.prproj"文件，如图 20-24 所示。

步骤 **02** 单击"文件"|"导出"|OMF 命令，如图 20-25 所示。

图 20-24 打开项目文件　　　　　　　　　　　　图 20-25 单击 OMF 命令

步骤 **03** 弹出"OMF 导出设置"对话框，单击"确定"按钮，如图 20-26 所示。

步骤 **04** 弹出"将序列另存为 OMF"对话框，设置文件名和路径，如图 20-27 所示。

图 20-26 单击"确定"按钮　　　　　　　　　　图 20-27 设置文件名和保存路径

步骤 **05** 单击"保存"按钮，弹出"将媒体文件导出到 OMF 文件夹"对话框，显示输出进度，如图 20-28 所示。

步骤 **06** 输出完成后，弹出"OMF 导出信息"对话框，显示 OMF 的输出信息，如图 20-29 所示，单击"确定"按钮即可。

图 20-28 显示输出进度　　　　　　　图 20-29 显示 OMF 导出信息

20.3.4 MP3 音频文件的导出

　　MP3 格式的音频文件凭借高采样率的音质，占用空间少的特性，成为了目前最为流行的一种音乐文件。

素材文件	光盘 \ 素材 \ 第 20 章 \ 音乐 2.prproj
效果文件	光盘 \ 效果 \ 第 20 章 \ 音乐 2.prproj
视频文件	光盘 \ 视频 \ 第 20 章 \20.3.4 MP3 音频文件的导出 .mp4

实战 音乐 2

步骤 01 按【Ctrl ＋ O】组合键，打开随书附带光盘中的"素材 \ 第 20 章 \ 音乐 2.prproj"文件，如图 20-30 所示，单击"文件" | "导出" | "媒体"命令，弹出"导出设置"对话框。

步骤 02 单击"格式"选项右侧的下三角按钮，在弹出的列表框中选择 MP3 选项，如图 20-31 所示。

图 20-30 打开项目文件　　　　　　　图 20-31 选择 MP3 选项

步骤 03 单击"输出名称"右侧的超链接，弹出"另存为"对话框，设置保存位置和文件名，单击"保存"按钮，如图 20-32 所示。

步骤 04 返回相应对话框，单击"导出"按钮，弹出"编码 序列 01"对话框，显示导出进度，如图 20-33 所示。

图 20-32 单击"保存"按钮　　　　　　　　　图 20-33 显示导出进度

步骤 05 导出完成后，即可完成 MP3 音频文件的导出。

20.3.5 WAV 音频文件的导出

在 Premiere Pro CC 中，用户不仅可以将音频文件转换成 MP3 格式，还可以将其转换为 WAV 格式的音频文件。

素材文件	光盘 \ 素材 \ 第 20 章 \ 音乐 3.prproj	
效果文件	光盘 \ 效果 \ 第 20 章 \ 音乐 3.prproj	
视频文件	光盘 \ 视频 \ 第 20 章 \20.3.5 WAV 音频文件的导出 .mp4	

实战 音乐 3

步骤 01 按【Ctrl + O】组合键，打开随书附带光盘中的"素材 \ 第 20 章 \ 音乐 3.prproj"文件，如图 20-34 所示，单击"文件"|"导出"|"媒体"命令，弹出"导出设置"对话框。

步骤 02 单击"格式"选项右侧的下三角按钮，在弹出的列表框中选择"波形音频"选项，如图 20-35 所示。

图 20-34 打开项目文件

图 20-35 选择合适的选项

步骤 03 单击"输出名称"右侧的超链接，弹出"另存为"对话框，设置保存位置和文件名，单击"保存"按钮，如图 20-36 所示。

步骤 04 返回相应对话框，单击"导出"按钮，弹出"编码 序列 01"对话框，显示导出进度，如图 20-37 所示。

图 20-36 单击"保存"按钮　　　　　　　图 20-37 显示导出进度

步骤 05 导出完成后，即可完成 WAV 音频文件的导出。

20.3.6 视频文件格式的转换

随着视频文件格式的多样化，许多文件格式无法在指定的播放器中打开，此时用户可以根据需要对视频文件格式进行转换。

素材文件	光盘 \ 素材 \ 第 20 章 \ 自然风光 .prproj
效果文件	光盘 \ 效果 \ 第 20 章 \ 自然风光 .prproj
视频文件	光盘 \ 视频 \ 第 20 章 \20.3.6 视频文件格式的转换 .mp4

实战 自然风光

步骤 01 按【Ctrl ＋ O】组合键，打开随书附带光盘中的"素材 \ 第 20 章 \ 自然风光 .prproj"文件，如图 20-38 所示，单击"文件"|"导出"|"媒体"命令，弹出"导出设置"对话框。

步骤 02 单击"格式"选项右侧的下三角按钮，在弹出的列表框中选择 Windows Media 选项，如图 20-39 所示。

图 20-38 打开项目文件　　　　　　　图 20-39 选择合适的选项

步骤 **03** 取消选中"导出音频"复选框,并单击"输出名称"右侧的超链接,如图 20-40 所示。

步骤 **04** 弹出"另存为"对话框,设置保存位置和文件名,单击"保存"按钮,如图 20-41 所示。
设置完成后,单击"导出"按钮,弹出"编码 序列 01"对话框,并显示导出进度,导出完成后,
即可完成视频文件格式的转换。

图 20-40 单击"输出名称"超链接   图 20-41 单击"保存"按钮

20.3.7 FLV 流媒体文件的导出

随着网络的普及,用户可以将制作的视频导出为 FLV 流媒体文件,然后再将其上传到网络中。

素材文件	光盘 \ 素材 \ 第 20 章 \ 天空 .prproj	
效果文件	光盘 \ 效果 \ 第 20 章 \ 天空 .prproj	
视频文件	光盘 \ 视频 \ 第 20 章 \20.3.7 FLV 流媒体文件的导出 .mp4	

实战 天空

步骤 **01** 按【Ctrl + O】组合键,打开随书附带光盘中的"素材 \ 第 20 章 \ 天空 .prproj"文件,
如图 20-42 所示,单击"文件"|"导出"|"媒体"命令,弹出"导出设置"对话框。

步骤 **02** 单击"格式"右侧的下三角按钮,在弹出的列表框中,选择 FLV 选项,如图 20-43 所示。

图 20-42 打开项目文件   图 20-43 选择 FLV 选项

步骤 03 单击"输出名称"右侧的超链接，弹出"另存为"对话框，设置保存位置和文件名，如图 20-44 所示。

步骤 04 单击"保存"按钮，设置完成后，单击"导出"按钮，弹出"编码 序列 01"对话框，并显示导出进度，如图 20-45 所示。

图 20-44 设置文件名和保存路径

图 20-45 显示导出进度

步骤 05 导出完成后，即可完成 FLV 流媒体文件的导出。

制作儿童相册
——《快乐童年》

学习提示

　　童年的回忆对每个人来说都是非常有纪念价值的，是一生难忘的记忆。本章将运用 Premiere Pro CC 软件制作儿童生活相册——《快乐童年》，希望读者熟练掌握儿童生活相册的制作方法。

本章重点

- 实战——制作相册片头效果
- 实战——制作相册主体效果
- 实战——制作相册片尾效果
- 实战——制作相册音乐效果
- 实战——导出儿童生活相册

21.1 效果欣赏与技术提炼

在制作儿童生活相册之前，首先带领读者预览儿童生活相册视频的画面效果，并掌握项目技术提炼等内容，这样可以帮助读者更好地学习生活相册的制作方法。

21.1.1 效果欣赏

本实例介绍制作儿童生活相册——《快乐童年》，效果如图 21-1 所示。

图 21-1 儿童生活相册效果

21.1.2 技术提炼

首先在 Premiere Pro CC 工作界面中新建项目并创建序列，导入需要的素材，然后将素材分别添加至相应的视频轨道中，使用相应的素材制作相册片头效果，制作美观的字幕并创建关键帧，通过锚点调整字幕运动路径；添加相片素材至相应的视频轨道中，添加合适的视频过渡并制作相片运动效果，制作出精美的动感相册效果，最后制作相册片尾，添加背景音乐，输出视频，即可完成儿童生活相册的制作。

21.2 制作视频的过程

儿童生活相册的制作过程主要包括导入儿童生活相册的素材、制作相册片头效果、制作相册主体效果等内容。

21.2.1 制作相册片头效果 1

制作儿童生活相册的第一步，就是制作出能够突出相册主题、形象绚丽的相册片头效果。下面介绍制作相册片头效果的操作方法。

素材文件	光盘\素材\第21章儿童照片1-9.jpg、儿童相框.png、相册片头、相册片尾.wmv
效果文件	光盘\效果\第21章\快乐童年.prproj
视频文件	光盘\视频\第21章\21.2.1制作儿童相册——《快乐童年》.mp4

实战 制作儿童相册——《快乐童年》

步骤 01 在 Premiere Pro CC 工作界面中，新建一个项目文件并创建序列，导入随书附带光盘中的 9 个素材文件，如图 21-2 所示。

步骤 02 在"项目"面板中选择"相册片头.wmv"素材文件，将其添加到"时间轴"面板中的 V1 轨道上，如图 21-3 所示。

图 21-2 导入素材文件

图 21-3 添加素材文件

21.2.2 制作相册片头效果 2

步骤 01 选择 V1 轨道上的素材文件，切换至"效果控件"面板，展开"运动"选项，设置"缩放"为 120.0，如图 21-4 所示。

步骤 02 按【Ctrl ＋ T】组合键，弹出"新建字幕"对话框，输入字幕名称为"快乐童年 1"，如图 21-5 所示。

图 21-4 设置"缩放"为 120.0　　　　　　图 21-5 输入字幕名称

21.2.3 制作相册片头效果 3

步骤 01 单击"确定"按钮，打开"字幕编辑"窗口，在工作区的合适位置输入文字"快乐"，选择输入的文字，设置"字体系列"为"方正舒体"、"字体大小"为70.0、"X 位置"为270.0、"Y 位置"为230.0，设置文字样式，如图 21-6 所示。

步骤 02 选择文字"快"，设置"填充类型"为"实底"、"颜色"为红色（RGB 参数值分别为 255、0、0），单击"外描边"选项右侧的"添加"超链接，添加"外描边"效果，如图 21-7 所示。

图 21-6 设置文字样式　　　　　　图 21-7 添加外描边效果

步骤 03 选择文字"乐"，设置"填充类型"为"实底"、"颜色"为黄色（RGB 参数值分别为 255、255、0），单击"外描边"选项右侧的"添加"超链接，添加"外描边"效果，如图 21-8 所示。

步骤 04 执行上述操作后，在工作区中显示字幕效果，如图 21-9 所示。

图 21-8 添加外描边效果　　　　　　　　　　图 21-9 显示字幕效果

21.2.4　制作相册片头效果 4

步骤 01　单击"基于当前字幕新建字幕"按钮，弹出"新建字幕"对话框，输入字幕名称为"快乐童年 2"，如图 21-10 所示。

步骤 02　单击"确定"按钮，基于当前字幕新建字幕，删除原来的文字，输入文字"童年"，选择输入的文字，设置"X 位置"为 450.0，如图 21-11 所示。

图 21-10 输入字幕名称　　　　　　　　　　图 21-11 设置"X 位置"参数

步骤 03　选择文字"童"，设置"填充类型"为"实底"、"颜色"为绿色（RGB 参数值分别为 0、255、0），选择文字"年"，设置"填充类型"为"实底"、"颜色"为紫色（RGB 参数值分别为 255、0、255），在工作区中显示字幕效果，如图 21-12 所示。

步骤 04　关闭"字幕编辑"窗口，将"快乐童年 1"字幕文件添加到 V2 轨道上，调整素材文件的持续时间，与 V1 轨道上的素材持续时间一致，如图 21-13 所示。

图 21-12 显示字幕效果　　　　　　　　　　图 21-13 调整素材的持续时间

21.2.5 制作相册片头效果 5

步骤 01 选择添加的字幕文件，在"效果控件"面板展开"运动"选项，单击"位置"选项左侧的"切换动画"按钮，设置"位置"为（0.0、288.0），添加第 1 个关键帧，如图 21-14 所示。

步骤 02 拖曳时间指示器至 00:00:01:00 的位置，设置"位置"为（160.0、288.0），添加第 2 个关键帧，如图 21-15 所示。

步骤 03 拖曳时间指示器至 00:00:02:00 的位置，设置"位置"为（280.0、288.0），添加第 3 个关键帧，如图 21-16 所示。

步骤 04 拖曳时间指示器至 00:00:03:00 的位置，设置"位置"为（360.0、288.0），添加第 4 个关键帧，选择"运动"选项，如图 21-17 所示。

图 21-14 设置"位置"为（0.0、288.0）　　　　　　图 21-15 添加第 2 个关键帧

图 21-16 添加第 3 个关键帧　　　　　　　　　　　　图 21-17 添加第 4 个关键帧

21.2.6 制作相册片头效果 6

步骤 01 在"节目监视器"面板显示素材的运动路径，如图 21-18 所示。

步骤 02 按住【Ctrl】键的同时，拖曳路径上的锚点，调整路径形状，如图 21-19 所示。

图 21-18 显示运动路径

图 21-19 调整路径形状

步骤 03 将"快乐童年 2"字幕文件添加到 V3 轨道上，调整素材文件的持续时间，与 V1 轨道上的素材持续时间一致，如图 21-20 所示。

步骤 04 选择添加的字幕文件，拖曳时间指示器至 00:00:00:00 的位置，在"效果控件"面板中展开"运动"选项，单击"位置"选项左侧的"切换动画"按钮，设置"位置"为（750.0、288.0），添加第 1 个关键帧，如图 21-21 所示。

步骤 05 拖曳时间指示器至 00:00:01:00 的位置，设置"位置"为（580.0、288.0），拖曳时间指示器至 00:00:02:00 的位置，设置"位置"为（440.0、288.0），拖曳时间指示器至 00:00:03:00 的位置，设置"位置"为（361.6、288.0），添加多个关键帧，如图 21-22 所示。

步骤 06 选择"运动"选项，在"节目监视器"面板显示素材的运动路径，拖曳路径上的锚点，调整路径形状，如图 21-23 所示。

图 21-20 调整素材的持续时间　　　　　图 21-21 添加第 1 个关键帧

图 21-22 添加多个关键帧

图 21-23 调整路径形状

21.2.7 制作相册片头效果 7

步骤 01 拖曳时间指示器至 00:00:05:00 的位置，调整 3 个轨道上素材文件的持续时间，至时间指示器的位置结束，如图 21-24 所示。

步骤 02 单击"播放 - 停止切换"按钮，在"节目监视器"面板中预览视频效果，如图 21-25 所示。

图 21-24 调整素材的持续时间　　　　　　　　　　　图 21-25 预览视频效果

21.2.8 制作相册主体效果 1

在制作相册片头后，接下来就可以制作儿童生活相册的主体效果。本实例首先在儿童相片之间添加各种视频过渡，然后为相片添加旋转、缩放与位移等特效。下面介绍制作相册主体效果的操作方法。

步骤 01 在"项目"面板中选择 5 张儿童相片素材文件，将其添加到 V1 轨道上的"相册片头 .wmv"素材文件后面，如图 21-26 所示。

步骤 02 将"儿童相框 .png"素材文件添加到 V2 轨道上的"快乐童年 1"字幕文件后面，调整素材文件的持续时间，与 V1 轨道上的素材持续时间一致，如图 21-27 所示。

图 21-26 添加素材文件　　　　　　　　　　　　图 21-27 调整素材的持续时间

21.2.9 制作相册主体效果 2

步骤 01 选择"儿童相框 .png"素材文件，在"效果控件"面板展开"运动"选项，设置"缩放"为 120.0，如图 21-28 所示。

步骤 02 在"效果"面板中，依次展开"视频过渡"|"溶解"选项，将"交叉溶解"视频过渡分别添加到"相册片头 .wmv"、"快乐童年 1"、"快乐童年 2"素材文件的结束位置，如图 21-29 所示。

图 21-28 设置 "缩放" 为 120.0　　　　图 21-29 添加视频过渡

21.2.10 制作相册主体效果 3

步骤 01 分别将 "伸展"、"旋转离开"、"筋斗过渡" 与 "星形划像" 视频过渡添加到 V1 轨道上的 5 张相片素材之间，如图 21-30 所示。

步骤 02 选择 "儿童相片 1.jpg" 素材文件，拖曳时间指示器至 00:00:05:00 的位置，在 "效果控件" 面板中展开 "运动" 选项，单击 "缩放" 与 "旋转" 选项左侧的 "切换动画" 按钮，添加第 1 组关键帧，如图 21-31 所示。

图 21-30 添加视频过渡　　　　图 21-31 添加第 1 组关键帧

步骤 03 拖曳时间指示器至 00:00:09:00 的位置，设置 "缩放" 为 27.0、"旋转" 为 342.0°，添加第 2 组关键帧，如图 21-32 所示。

步骤 04 选择 "儿童相片 2.jpg" 素材文件，拖曳时间指示器至 00:00:10:14 的位置，在 "效果控件" 面板中展开 "运动" 选项，单击 "位置" 与 "缩放" 选项左侧的 "切换动画" 按钮，设置 "位置" 为（360.0、288.0）、"缩放" 为 33.0，添加第 1 组关键帧，如图 21-33 所示。

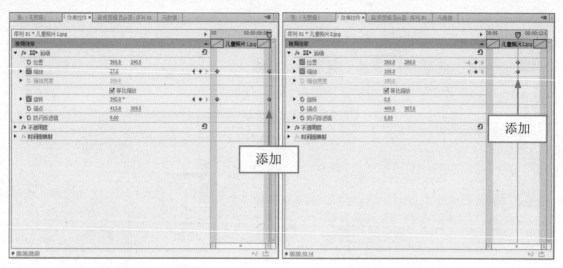

图 21-32 添加第 2 组关键帧　　　　　　　　　图 21-33 添加第 1 组关键帧

21.2.11 制作相册主体效果 4

步骤 01 拖曳时间指示器至 00:00:11:12 的位置，设置"位置"为（396.0、146.0）、"缩放"为 120.0，添加第 2 组关键帧，如图 21-34 所示。

步骤 02 选择"儿童相片 3.jpg"素材文件，拖曳时间指示器至 00:00:16:06 的位置，在"效果控件"面板展开"运动"选项，单击"位置"选项左侧的"切换动画"按钮，设置"位置"为（328.0、454.0）、"缩放"为 100.0，添加第 1 个关键帧，如图 21-35 所示。

图 21-34 添加第 2 组关键帧　　　　　　　　　图 21-35 添加第 1 个关键帧

步骤 03 拖曳时间指示器至 00:00:17:17 的位置，设置"位置"为（482.0、402.0），添加第 2 个关键帧，如图 21-36 所示。

步骤 04 选择"儿童相片 4.jpg"素材文件，拖曳时间指示器至 00:00:20:17 的位置，单击"位置"、"缩放"与"旋转"选项左侧的"切换动画"按钮，设置"位置"为（360.0、288.0）、"缩放"为 110.0、"旋转"为 -17.0°，添加第 1 组关键帧，如图 21-37 所示。

图 21-36 添加第 2 个关键帧　　　　　　　　图 21-37 添加第 1 组关键帧

21.2.12 制作相册主体效果 5

步骤 01 拖曳时间指示器至 00:00:22:05 的位置，设置"位置"为（504.0、416.0）、"缩放"为 128.0、"旋转"为 0.0°，添加第 2 组关键帧，如图 21-38 所示。

步骤 02 选择"儿童相片 5.jpg"素材文件，拖曳时间指示器至 00:00:25:17 的位置，单击"位置"与"缩放"选项左侧的"切换动画"按钮，设置"位置"为（529.0、405.0）、"缩放"为 102.0，添加第 1 组关键帧，如图 21-39 所示。

图 21-38 添加第 2 组关键帧　　　　　　　　图 21-39 添加第 1 组关键帧

步骤 03 拖曳时间指示器至 00:00:27:115 的位置，设置"位置"为（379.0、290.0）、"缩放"为 102.0，添加第 2 组关键帧，如图 21-40 所示。

步骤 04 单击"播放 - 停止切换"按钮，在"节目监视器"面板中预览视频效果，如图 21-41 所示。

图 21-40 添加第 2 组关键帧   图 21-41 预览视频效果

21.2.13 制作相册片尾效果 1

步骤 01 将"相册片尾 .wmv"素材文件添加到 V1 轨道上的"儿童相片 5.jpg"素材文件后面，如图 21-42 所示。

步骤 02 选择添加的素材文件，切换至"效果控件"面板，展开"运动"选项，设置"缩放"为 120.0，如图 21-43 所示。

图 21-42 添加素材文件   图 21-43 设置"缩放"为 120.0

21.2.14 制作相册片尾效果 2

步骤 01 按【Ctrl ＋ T】组合键，弹出"新建字幕"对话框，输入字幕名称为"健康成长"，如图 21-44 所示。

步骤 02 单击"确定"按钮，打开"字幕编辑"窗口，在工作区的合适位置输入相应文字，选择输入的文字，设置"旋转"为 345.0°、"字体系列"为"方正卡通简体"、"字体大小"为 75.0、"X 位置"为 290.0、"Y 位置"为 200.0，设置文字样式，如图 21-45 所示。

图 21-44 输入字幕名称　　　　　　　　　图 21-45 设置文字样式

步骤 03 设置"填充类型"为"实底"、"颜色"为黄色（RGB 参数值分别为 255、255、0），单击"外描边"选项右侧的"添加"超链接，如图 21-46 所示。

步骤 04 添加"外描边"效果，设置"大小"为 25.0、"颜色"为红色（RGB 参数值分别为 255、0、0）；选中"阴影"复选框，设置"距离"为 10.0、"大小"为 20.0、"扩展"为 30.0，设置阴影样式，如图 21-47 所示。

图 21-46 单击"添加"按钮　　　　　　　　图 21-47 设置阴影样式

21.2.15 制作相册片尾效果 3

步骤 01 执行上述操作后，在工作区中显示字幕效果，如图 21-48 所示。

步骤 02 关闭"字幕编辑"窗口，拖曳时间指示器至 00:00:35:00 的位置，将"健康成长"字幕文件添加到 V2 轨道上的时间指示器位置，调整素材文件的持续时间，与 V1 轨道上的素材持续时间一致，如图 21-49 所示。

步骤 03 选择添加的字幕文件，在"效果控件"面板中展开"运动"与"不透明度"选项，单击"缩放"与"不透明度"选项左侧的"切换动画"按钮，设置"缩放"为 0.0、"不透明度"为 0.0%，添加第 1 组关键帧，如图 21-50 所示。

图 21-48 显示字幕效果　　　　　　图 21-49 调整素材的持续时间

步骤 04 拖曳时间指示器至 00:00:36:00 的位置，设置"缩放"为 100.0、"不透明度"为 100.0%，添加第 2 组关键帧，如图 21-51 所示。

图 21-50 添加第 1 组关键帧　　　　　图 21-51 添加第 2 组关键帧

21.2.16 制作相册片尾效果 4

步骤 01 在"时间轴"面板中拖曳时间指示器至 00:00:25:11 的位置，如图 21-52 所示。

步骤 02 在"时间轴"面板中调整"儿童相框 .png"素材文件的持续时间，至时间指示器的位置结束，如图 21-53 所示。

图 21-52 拖曳时间指示器　　　　　图 21-53 调整素材的持续时间

步骤 03 在"效果"面板中选择"交叉溶解"视频过渡，分别将其添加到"儿童相框.png"与"健康成长"素材文件的结束位置，以及"相册片尾.wmv"素材文件的开始与结束位置，如图21-54所示。

步骤 04 单击"播放-停止切换"按钮，在"节目监视器"面板中预览视频效果，如图21-55所示。

图 21-54 添加视频过渡　　　　　　　　图 21-55 预览视频效果

21.3 编辑与输出视频后期

相册片头的背景画面与主体字幕动画制作完成后，接下来向读者介绍视频后期的背景音乐编辑与视频的输出操作。

21.3.1 制作相册音乐效果

在制作相册片尾效果后，接下来就可以创建制作相册音乐效果。添加适合儿童相册主题的音乐素材，并且在音乐素材的开始与结束位置添加音频过渡。下面介绍制作相册音乐效果的操作方法。

步骤 01 将"儿童音乐.mpa"素材添加到"时间轴"面板中的A1轨道上，如图21-56所示。

步骤 02 在"效果"面板中展开"音频过渡"|"交叉淡化"选项，选择"指数淡化"选项，如图21-57所示。

图 21-56 添加音频文件　　　　　　　　图 21-57 选择"指数淡化"选项

步骤 **03** 将选择的音频过渡添加到"儿童音乐 .mpa"的开始位置，如图 21-58 所示。

步骤 **04** 将选择的音频过渡添加到"儿童音乐 .mpa"的结束位置，调整"健康成长"与"相册片尾 .wmv"素材文件的持续时间，与 A1 轨道上的素材持续时间一致，如图 21-59 所示。

图 21-58 添加音频过渡　　　　图 21-59 调整素材的持续时间

步骤 **05** 单击"播放 - 停止切换"按钮，试听音乐并预览视频效果。

21.3.2 导出儿童生活相册

制作出相册片头、主体、片尾效果后，用户便可以将编辑完成的影片导出成视频文件了。下面向读者介绍导出儿童生活相册——《快乐童年》视频文件的操作方法。

步骤 **01** 切换至"节目监视器"面板，按【Ctrl＋M】组合键，弹出"导出视频"对话框，单击"格式"选项右侧的下拉按钮，在弹出的列表框中选择 AVI 选项，如图 21-60 所示。

步骤 **02** 单击"预设"选项右侧的下拉按钮，在弹出的列表框中选择 PAL DV 选项，如图 21-61 所示。

图 21-60 选择 AVI 选项　　　　图 21-61 选择相应选项

步骤 **03** 单击"输出名称"右侧的"序列 01.avi"超链接，弹出"另存为"对话框，在其中设置视频文件的保存位置和文件名，如图 21-62 所示。

步骤 **04** 单击"保存"按钮，返回"导出设置"界面，单击对话框右下角的"导出"按钮，弹出"编码 序列 01"对话框，开始导出编码文件，并显示导出进度，如图 21-63 所示，稍后即可导出儿童生活相册。

图 21-62 设置保存位置和文件名　　　　　　图 21-63 显示导出进度

22 制作婚纱相册
——《真爱永恒》

学习提示

　　结婚是人一生中最重要的事情之一，女人披上婚纱的时候也是一生中最美丽的时候，结婚是新郎与新娘幸福生活的开始，也是人生中最美好的回忆。本章主要介绍运用Premiere Pro CC 软件制作婚纱纪念相册——《真爱永恒》，希望读者熟练掌握婚纱纪念相册的制作方法。

本章重点

- 实战——制作相册片头效果
- 实战——制作相册主体效果
- 实战——制作相册片尾效果
- 实战——制作相册音乐效果
- 实战——导出婚纱纪念相册

22.1 效果欣赏与技术提炼

在制作婚纱纪念相册之前，首先带领读者预览婚纱纪念相册视频的画面效果，并掌握项目技术提炼等内容，这样可以帮助读者更好地学习纪念相册的制作方法。

22.1.1 效果欣赏

在制作《真爱永恒》案例之前，首先可以预览案例效果，如图 22-1 所示。

图 22-1 《真爱永恒》案例效果

22.1.2 技术提炼

首先在 Premiere Pro CC 工作界面中新建项目并创建序列，导入需要的素材，然后将素材分别添加至相应的视频轨道上，使用相应的素材制作相册片头效果；添加相片素材至相应的视频轨道上，添加合适的视频过渡并制作相片运动效果，制作出精美的动感相册效果，最后制作相册片尾，添加背景音乐，输出视频，即可完成婚纱纪念相册的制作。

22.2 制作视频的过程

婚纱纪念相册的制作过程主要包括导入婚纱纪念相册的素材、制作相册片头效果、制作相册动态效果等内容。

22.2.1 制作婚纱片头效果 1

随着数码科技的不断发展和数码相机进一步的普及，人们逐渐开始为婚纱相册制作绚丽的片头，让原本单调的婚纱效果变得更加丰富。下面介绍制作婚纱片头效果的操作方法。

素材文件	光盘\素材\第 22 章\婚纱纪念 1-6.jpg、爱的魔力、文字 .png、片头、片尾 .wmv 音乐 .mpav
效果文件	光盘 \ 效果 \ 第 22 章 \ 真爱永恒 .prproj
视频文件	光盘 \ 视频 \ 第 22 章 \22.2.1 制作婚纱相册——《真爱永恒》.mp4

实战 | 制作婚纱相册——《真爱永恒》

步骤 01 在 Premiere Pro CC 界面中，新建一个项目文件，单击"文件"|"导入"命令，导入随书附带光盘中的 12 个素材文件，如图 22-2 所示。

步骤 02 在"项目"面板中选择"片头 .wmv"素材文件，单击鼠标左键，并将其拖曳至 V1 轨道中，将"爱的魔力 .png"素材文件拖曳至 V2 轨道中，如图 22-3 所示。

图 22-2 导入视频素材　　　　　　　　图 22-3 添加素材文件

步骤 03 选择 V2 轨道中的素材，展开"效果控件"面板，设置"缩放"为 50.0，如图 22-4 所示。

步骤 04 拖曳时间线至 00:00:06:12 的位置，设置"位置"为 (300.0、750.0)，添加关键帧，如图 25-5 所示。

图 22-4 设置缩放值

图 22-5 添加关键帧（1）

22.2.2 制作婚纱片头效果 2

步骤 01 拖曳时间线至 00:00:07:11 位置，设置"缩放"为 50.0；拖曳时间线至 00:00:09:11 的位置，设置"位置"为 (330.0、288.0)、"缩放"为 80.0，添加关键帧，如图 22-6 所示。

步骤 02 在"效果"面板中展开"视频过渡"|"溶解"选项，选择"交叉溶解"特效，如图 22-7 所示。

图 22-6 添加关键帧（2）

图 22-7 选择"交叉溶解"特效

步骤 03 单击鼠标左键，并将其拖曳至 V1 轨道上的视频素材的结束点位置，添加视频特效，如图 22-8 所示。

步骤 04 执行上述操作后，即可制作婚纱片头效果，在"节目监视器"面板中单击"播放 - 停止切换"按钮，即可预览婚纱片头效果，如图 22-9 所示。

图 22-8 添加视频特效　　　　　　　　　　图 22-9 预览片头效果

22.2.3 制作婚纱动态效果 1

　　在 Premiere Pro CC 中，婚纱相册是以照片预览为主的视频动画，因此用户需要准备大量的照片素材，并为照片添加相应动态效果。下面介绍制作婚纱动态效果的操作方法。

步骤 01　切换至"项目"面板，单击面板左下角的"列表视图"按钮，切换至列表视图，按住【Shift】键，先后单击"婚纱纪念 1.jpg"素材文件与"婚纱纪念 6.jpg"素材文件，选择 6 张相片素材，如图 22-10 所示。

步骤 02　选择"项目"面板中的婚纱纪念片素材，单击鼠标左键，并将其拖曳至 V1 轨道中，添加照片素材，如图 22-11 所示。

图 22-10 选择图像素材　　　　　　　　　图 22-11 添加照片素材

步骤 03　选择 V1 轨道中的"婚纱纪念 1"素材，展开"效果控件"面板，设置"缩放"为 150.0，如图 22-12 所示。

步骤 04　在"效果"面板中展开"视频效果"|"生成"选项，选择"镜头光晕"视频特效，如图 22-13 所示。

图 22-12 设置缩放值

图 22-13 选择"镜头光晕"视频特效

22.2.4 制作婚纱动态效果 2

步骤 01 拖曳"镜头光晕"特效至 V1 轨道的"婚纱纪念 1"素材上,展开"效果控件"面板,如图 22-14 所示。

步骤 02 设置当前时间为 00:00:11:05,单击"镜头光晕"特效所有选项左侧的"切换动画"按钮,设置"光晕亮度"为 0%、"光晕中心"为 254.5、192.2,如图 22-15 所示。

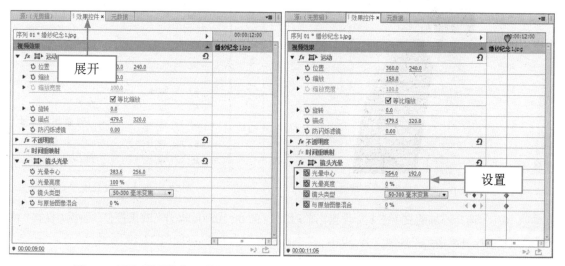

图 22-14 展开"效果控件"面板

图 22-15 设置相应参数

步骤 03 设置当前时间为 00:00:12:12,设置"光晕中心"为 681.2、398.0,"光晕亮度"为 100%,如图 22-16 所示。

步骤 04 设置当前时间为 00:00:13:02,设置"光晕亮度"为 0%、"光晕中心"为 771.0、437.4,如图 22-17 所示。

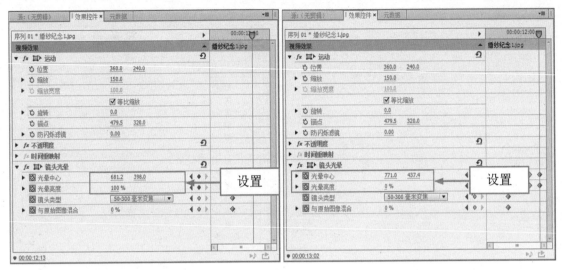

图 22-16 设置相应参数　　　　　　　　图 22-17 设置相应参数

22.2.5　制作婚纱动态效果 3

步骤 01　设置完成后，即可添加"镜头光晕"效果，如图 22-18 所示。

步骤 02　设置当前时间为 00:00:09:18，在"项目"面板中选择"文字.png"素材，单击鼠标左键，并将其拖曳至 V2 轨道的时间线位置，如图 22-19 所示。

图 22-18 添加"镜头光晕"效果　　　　　图 22-19 拖曳至 V2 轨道

步骤 03　选择添加的文字素材，设置当前时间为 00:00:10:00，展开"效果控件"面板，设置"位置"为 (150.0、470.0)、"缩放"为 30.0、"不透明度"为 0.0%，如图 22-20 所示。

步骤 04　设置当前时间为 00:00:12:12，在其中设置"位置"为 (245.0、410.0)、"缩放"为 25.0、"不透明度"为 100.0%，如图 22-21 所示。

步骤 05　设置完成后，即可完成文字效果的制作，如图 22-22 所示。

步骤 06　在 V1 轨道中选择"婚纱纪念 2"素材，设置当前时间为 00:00:15:00，展开"效果控件"面板，单击相应"切换动画"按钮，设置"缩放"为 135.0，如图 22-23 所示。

图 22-20 设置相应参数（1）　　　　　　　图 22-21 设置相应参数（2）

图 22-22 制作文字效果

图 22-23 设置缩放值（1）

22.2.6 制作婚纱动态效果 4

步骤 01　设置当前时间为 00:00:16:00，在其中设置"缩放"为 160.0，如图 22-24 所示。

步骤 02　选择"婚纱纪念 3"素材，设置当前时间为 00:00:20:23，展开"效果控件"面板，单击"位置"左侧"切换动画"按钮，设置"位置"为 290.0、288.0、"缩放"为 135.0，如图 22-25 所示。

步骤 03　设置当前时间为 00:00:22:00，在其中设置"位置"为 360.0、288.0，如图 22-26 所示。

步骤 04　用与上述同样的方法，为其它图像素材设置位置和缩放值，如图 22-27 所示，制作动态效果。

图 22-24 设置缩放值（2）　　　　　　　　　　图 22-25 设置相应参数

图 22-26 设置位置值　　　　　　　　　　　图 22-27 设置相应参数

22.2.7 制作婚纱动态效果 5

步骤 01　执行上述操作后，即可完成图像动态效果的制作，在"节目监视器"面板中单击"播放 - 停止切换"按钮，即可预览动态效果，如图 22-28 所示。

步骤 02　在"效果"面板中展开"视频过渡"|"伸缩"选项，选择"伸展"特效，如图 22-29 所示。

步骤 03　拖曳"伸展"特效至 V1 轨道中"婚纱纪念 1"素材与"婚纱纪念 2"素材之间，添加"伸展"特效，如图 22-30 所示。

步骤 04　在"节目监视器"面板中单击"播放 - 停止切换"按钮，预览伸展特效，如图 22-31 所示。

图 22-28 预览动态效果   图 22-29 选择"伸展"特效

图 22-30 添加"伸展"特效   图 22-31 预览伸展特效

22.2.8 制作婚纱动态效果 6

步骤 01 用与上述相同的方法，在其他图像素材之间添加视频过渡特效，如图 22-32 所示，制作转场效果。

步骤 02 在"项目"面板中将"婚纱边框 .png"素材拖曳至 V2 轨道的相应位置，并调整素材的时间长度，如图 22-33 所示。

图 22-32 添加视频过渡特效

图 22-33 调整时间长度

步骤 **03** 选择添加的边框素材，展开"效果控件"面板，在其中设置"缩放"为80.0，如图 22-34 所示。

步骤 **04** 在"效果"面板中选择"交叉溶解"特效，单击鼠标左键并将其拖曳至 V2 轨道中 的两个素材之间，添加"交叉溶解"特效，如图 22-35 所示。

图 22-34 设置缩放值   图 22-35 添加"交叉溶解"特效

步骤 **05** 执行上述操作后，即可完成婚纱动态效果的制作，在"节目监视器"面板中单击"播 放 - 停止切换"按钮，即可预览婚纱动态效果，如图 22-36 所示。

图 22-36 预览婚纱动态效果

22.2.9 制作婚纱片尾效果 1

在 Premiere Pro CC 中，当相册的基本编辑接近尾声时，用户便可以开始制作相册视频的片尾 和音频了。下面介绍添加片尾音频效果的操作方法。

步骤 **01** 将"片尾 .mp4"素材文件添加至 V1 轨道上的"婚纱纪念 6.jpg"素材后面，如图 22-37 所示。

步骤 **02** 按【Ctrl + T】组合键，弹出"新建字幕"对话框，输入字幕名称为"真爱永恒"， 如图 22-38 所示。

图 22-37 添加素材文件　　　　　　　　　　　图 22-38 输入字幕名称

22.2.10 制作婚纱片尾效果 2

步骤 01 打开"字幕编辑"窗口,在其中输入文字"真爱永恒",在字幕属性窗口设置"字体系列"为"华文新魏", 如图 22-39 所示。

步骤 02 关闭"字幕编辑"窗口,在"项目"面板中将创建的字幕拖曳至 V2 轨道的相应位置,添加字幕,如图 22-40 所示。

图 22-39 设置字体　　　　　　　　　　　图 22-40 添加字幕

22.2.11 制作婚纱片尾效果 3

步骤 01 在"时间线"面板中调整字幕的时间长度,并为其添加"交叉溶解"特效,如图 22-41 所示。

步骤 02 选择字幕文件,设置当前时间为 00:00:40:00,展开"效果控件"面板,设置"位置"为 (-300.0、288.0)、"不透明度"为 0.0%,如图 22-42 所示。

图 22-41 添加"交叉溶解"特效   图 22-42 设置相应参数

步骤 **03** 设置当前时间为 00:00:41:23，在其中设置"位置"为 (360.0、288.0)、"不透明度"为 100.0%，如图 22-43 所示。

步骤 **04** 设置当前时间为 00:00:44:00，在其中设置"位置"为 (360.0、288.0)、单击"不透明度"右侧的"添加 / 移除关键帧"按钮，添加一组关键帧，如图 22-44 所示。

图 22-43 设置相应参数   图 22-44 添加关键帧

步骤 **05** 设置当前时间为 00:00:46:23，在其中设置"位置"为 (1000.0、288.0)、"不透明度"为 0.0%，如图 22-45 所示。

步骤 **06** 单击"播放 - 停止切换"按钮，在"节目监视器"面板中预览视频效果，如图 22-46 所示。

图 22-45 设置相应参数   图 22-46 预览视频效果

22.3 编辑与输出视频后期

相册片头的背景画面与主体字幕动画制作完成后，接下来向读者介绍视频后期的背景音乐编辑与视频的输出操作。

22.3.1 相制作册音乐效果

在制作相册片尾效果后，接下来就可以创建制作相册音乐效果。添加适合婚纱纪念相册主题的音乐素材，并且在音乐素材的开始与结束位置添加音频过渡。下面介绍制作相册音乐效果的操作方法。

步骤 01 在"项目"面板中选择音乐素材，单击鼠标左键，并将其拖曳至 A1 轨道中，调整音乐的时间长度，如图 22-47 所示。

步骤 02 在"效果"面板中展开"音频过渡"|"交叉淡化"选项，选择"指数淡化"特效，如图 22-48 所示。

图 22-47 调整时间长度   图 22-48 选择"指数淡化"特效

步骤 **03** 单击鼠标左键，并将其拖曳至音乐素材的起始点与结束点，添加音频过渡特效，如图 22-49 所示。

步骤 **04** 执行上述操作后，在"节目监视器"面板中单击"播放 - 停止切换"按钮，预览片尾音频特效，如图 22-50 所示。

图 22-49 添加音频过渡特效　　　　　　　　　　图 22-50 预览片尾音频特效

22.3.2 导出婚纱纪念相册

制作出相册片头、主体、片尾效果后，用户便可以将编辑完成的影片导出成视频文件了。下面向读者介绍导出婚纱纪念相册——《真爱永恒》视频文件的操作方法。

步骤 **01** 切换至"节目监视器"面板，按【Ctrl＋M】组合键，弹出"导出视频"对话框，单击"格式"选项右侧的下拉按钮，在弹出的列表框中选择 AVI 选项，如图 22-51 所示。

步骤 **02** 单击"预设"选项右侧的下拉按钮，在弹出的列表框中选择 PAL DV 选项，如图 22-52 所示。

图 22-51 选择 AVI 选项　　　　　　　　　　图 22-52 选择相应选项

步骤 **03** 单击"输出名称"右侧的"序列 01.avi"超链接，弹出"另存为"对话框，在其中设置视频文件的保存位置和文件名，如图 22-53 所示。

步骤 **04** 单击"保存"按钮,返回"导出设置"界面,单击对话框右下角的"导出"按钮,弹出"渲染所需音频文件"对话框,开始导出编码文件,并显示导出进度,如图 22-54 所示,稍后即可导出婚纱纪念视频。

图 22-53 设置保存位置和文件名

图 22-54 显示导出进度